JN091584

TWELITE（トワイライト）ではじめるカンタン電子工作

改訂版

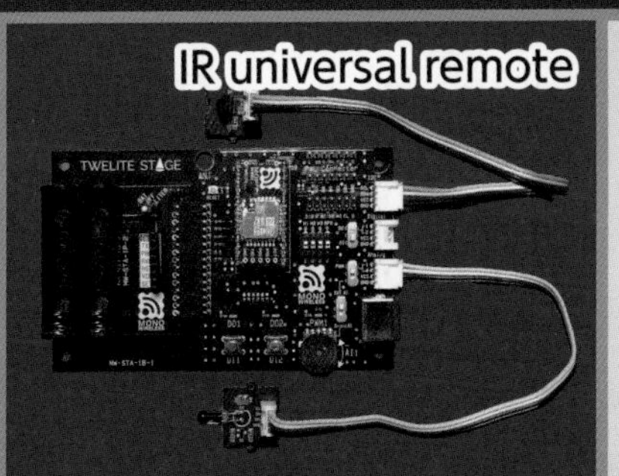

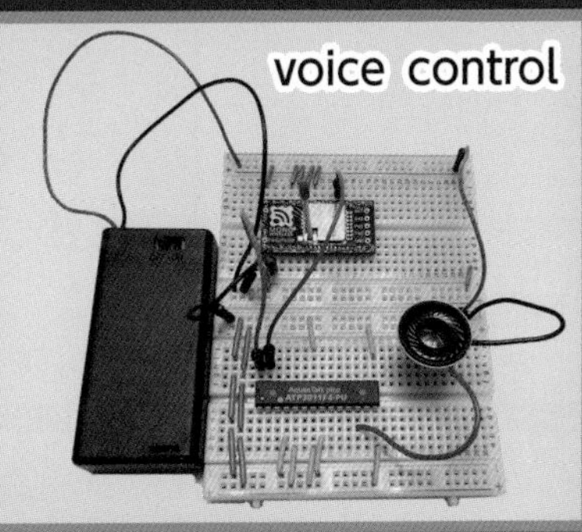

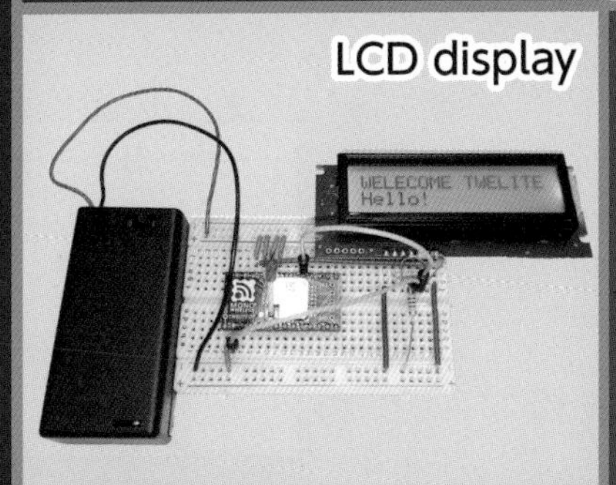

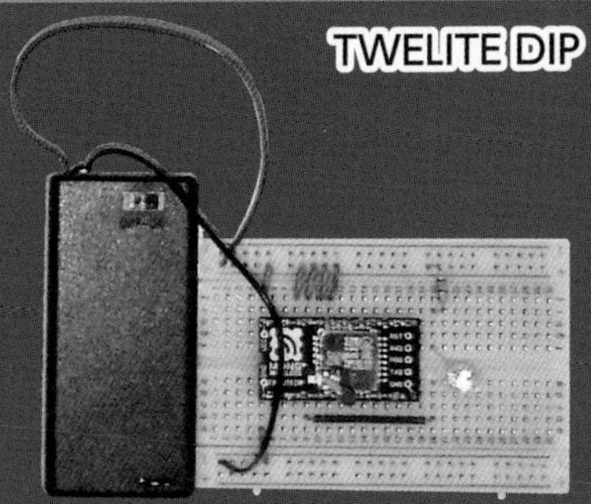

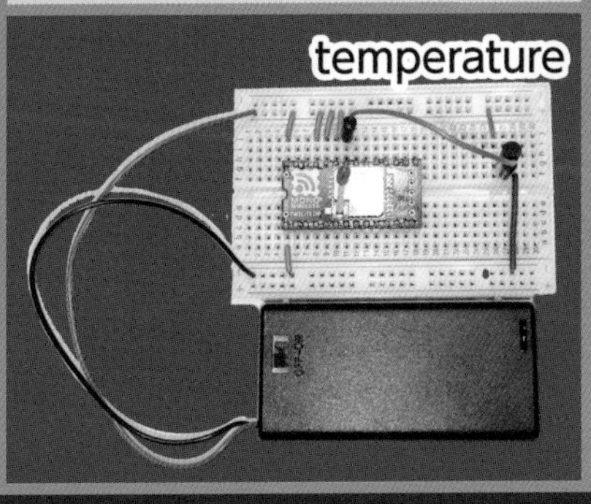

Color Index（作例）

■ 基本デジタル入出力回路（第２章）

親機のスイッチを「オン」にすると、子機の LED が光る。

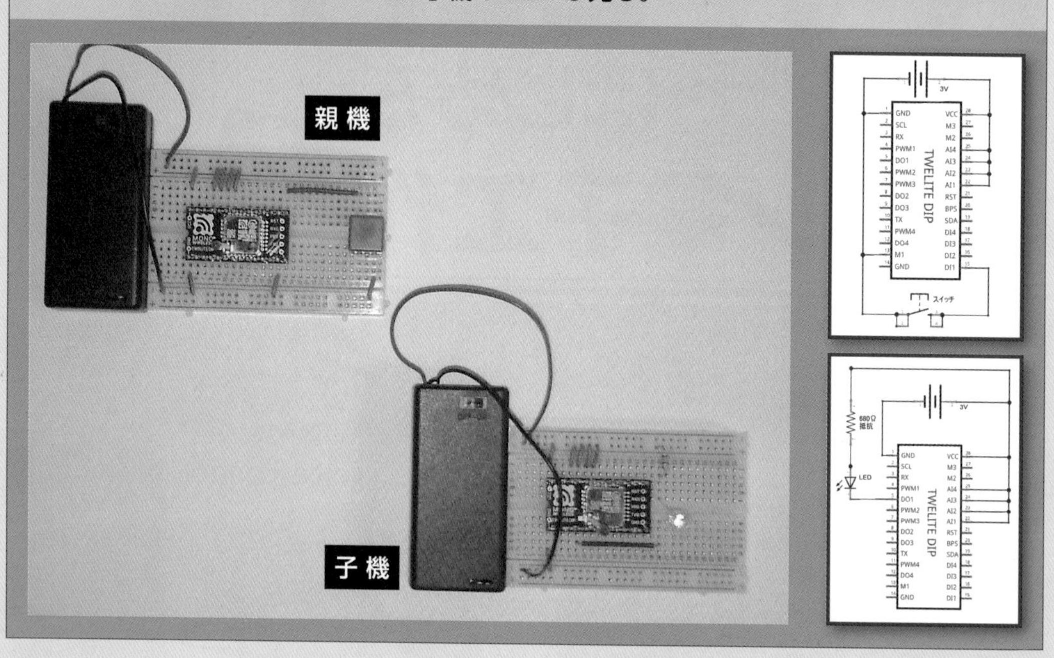

■ 基本アナログ入出力回路（第２章）

親機のボリュームを調整すると、子機の LED の明るさが変化。

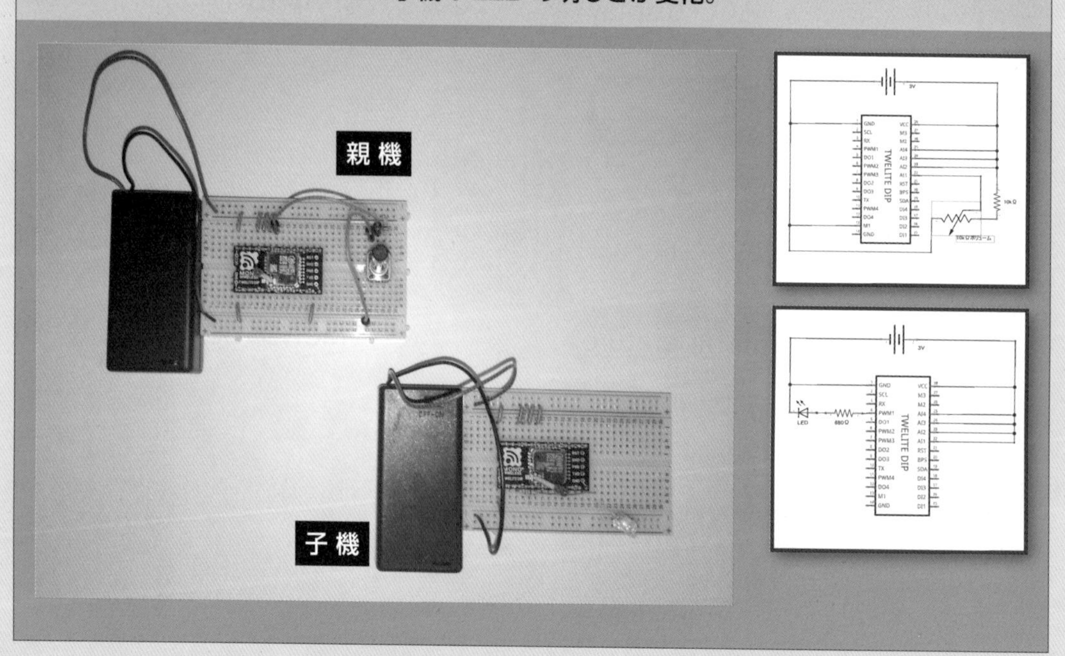

■ フルカラー LED の調光（第 3 章）

トランジスタを用いて出力を増幅。
子機のボリュームを調整すると、親機のフルカラー LED の色が変わる。

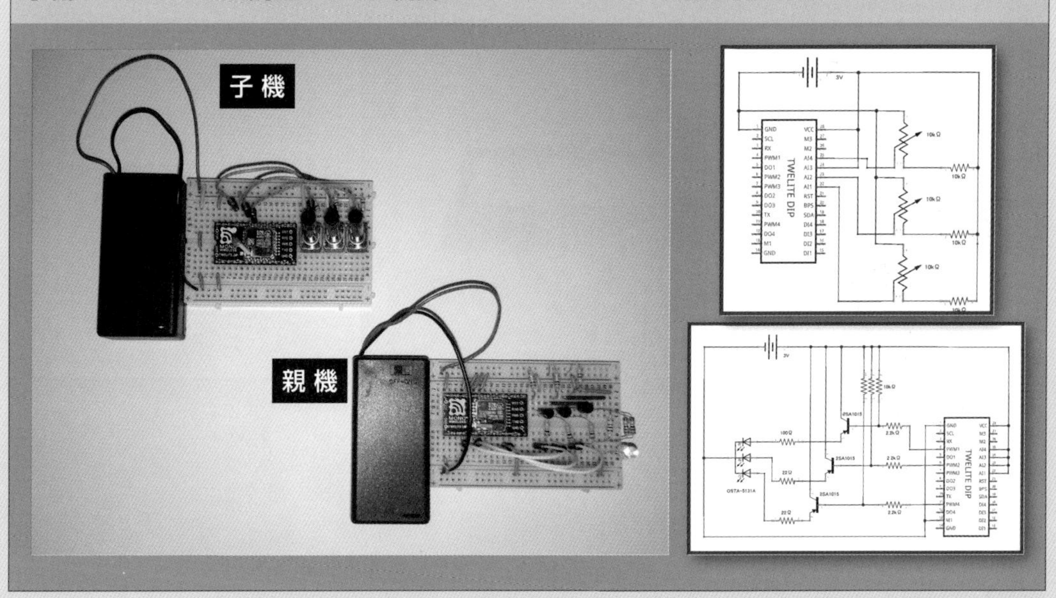

■ 温度センサー（LM61）の利用（第 5 章）

Python のプログラムを作って、遠隔の温度を取得。

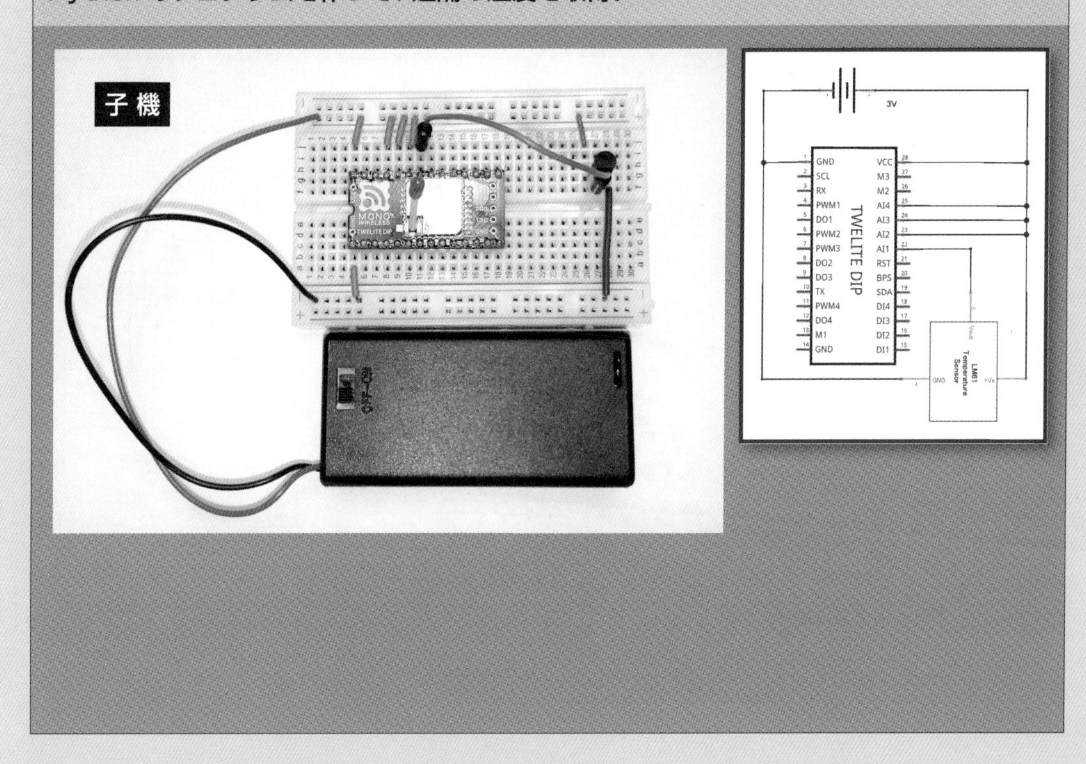

■ 液晶モジュールの利用（第６章）

パソコンから操作して、遠隔に設置した液晶に文字を表示。

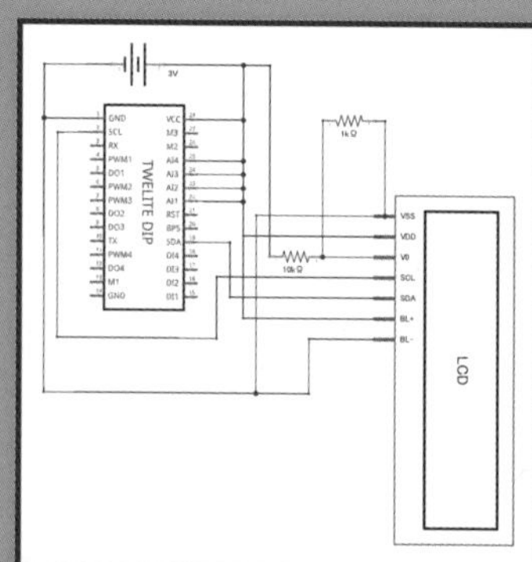

■ 音声の出力（第６章）

パソコンからローマ字で入力した内容を発声。

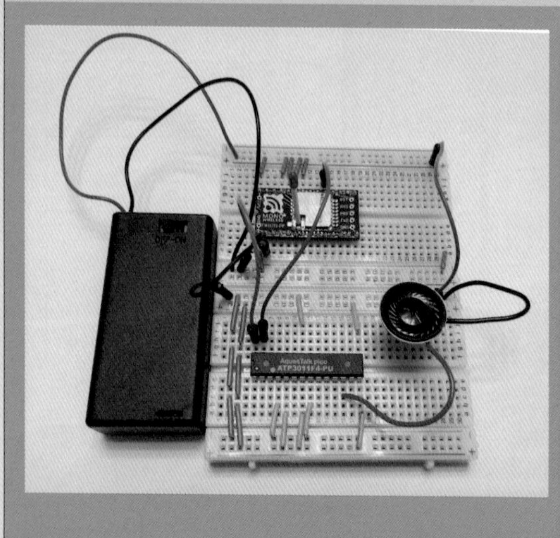

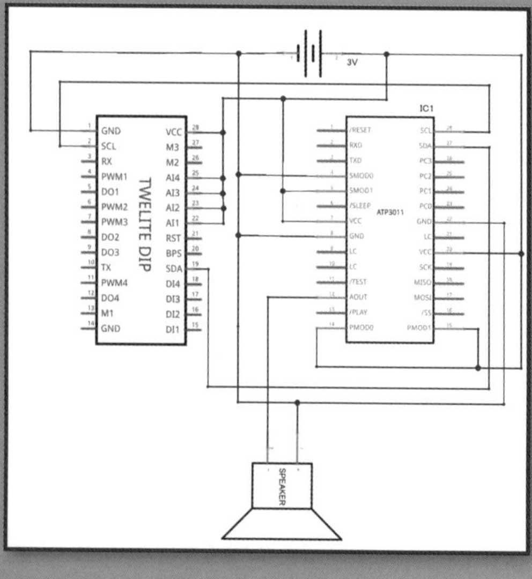

■無線 MIDI（第 7 章）

MIDI 機器を遠隔で操作。

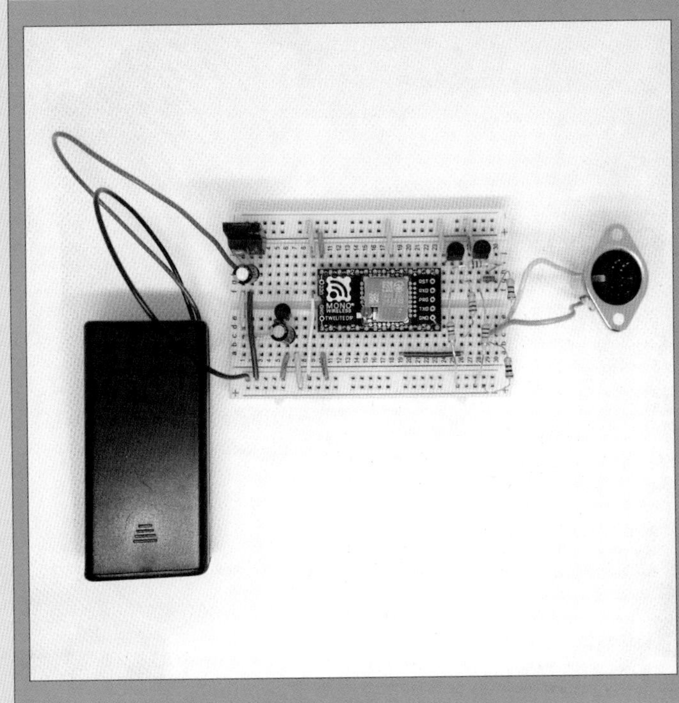

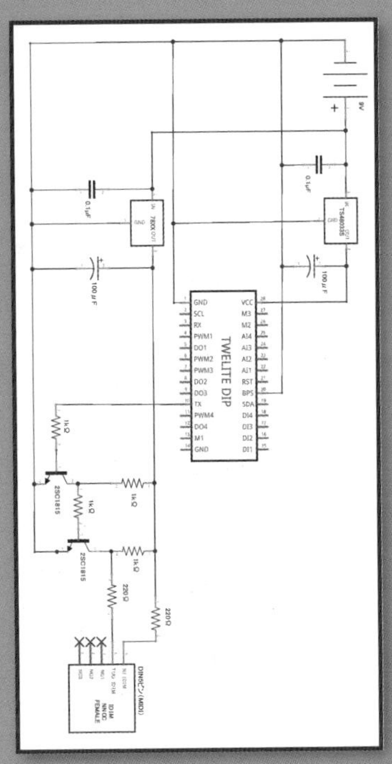

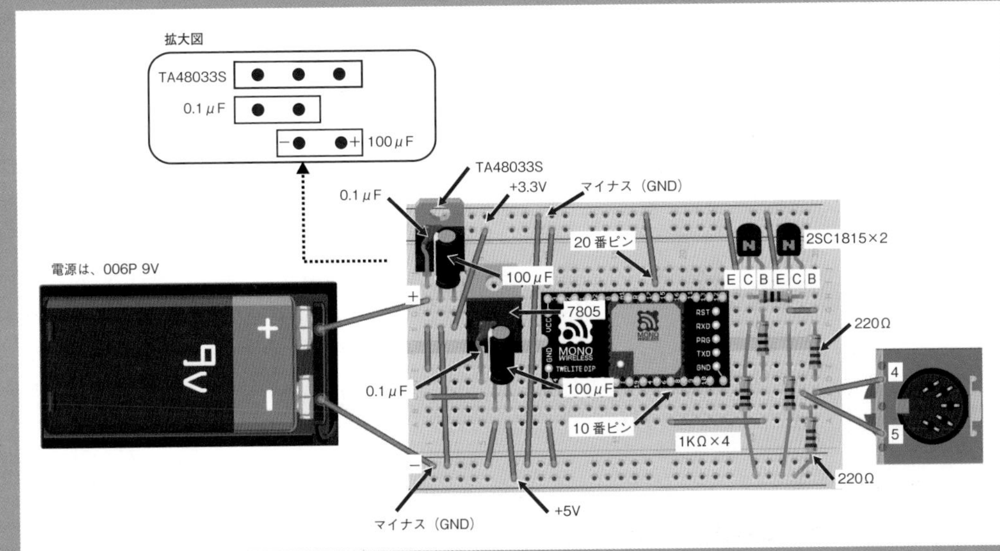

■ 無線操作できる赤外線学習リモコンの製作（第８章）

TWELITE の ROM プログラムをカスタマイズし、
無線操作できる赤外線学習リモコンを製作。

はじめに

「TWELITE」(トワイライト)は、モノワイヤレスが開発した「無線内蔵マイコン」です。

製品ラインナップも増え、趣味の電子工作から工場やオフィスにおける無線IoTまで、幅広く使われるようになりました。

この本は、そうした「TWELITE」の使い方を記した書です。

「TWELITE」の特徴は、3つあります。

① 配線するだけで手軽に使える

「電池」「スイッチ」「LEDなど」をつなぐだけで、簡単に無線電子回路を作ることができます。

② パソコンと連携できる

パソコンとUSB接続できる「MONOSTICK」(モノスティック)を使えば、①の無線電子回路をパソコンからコントロールできます。

たとえば、温度センサーを接続しておけば、各部屋の温度をパソコンで集中管理できます。

また、リレー回路を付ければ、パソコンから離れた場所の機器の「オン」「オフ」を制御できます。

③ マイコンのプログラムを書き換えられる

マイコンのプログラムは書き換えることができます。そのため、「PICマイコン」や「Arduino」などの各種マイコンと同様に、複雑な動作も可能です。

*

本書は、全体として、「電子回路がはじめての人」を対象としています。

回路の製作には、「ブレッドボード」を使っているため、製作に「半田付け」は必要はありません。

「温度センサーで温度を測る」程度の回路なら、本書に掲載している「ブレッドボードの図」の通りに部品を挿すだけなので、1時間もあれば、完成するはずです。また評価開発用基板の「TWELITE STAGE BOARD」を使えば、簡単な実験なら単体で、複雑なものでも周辺の部品をつなぐだけで試せます。

*

本書の後半は、中上級者向けの応用例です。「音声合成ICで喋らせる方法」「液晶モジュールに文字を表示する方法」、さらには、「TWELITE」のROMを書き換えて、「離れた場所のMIDI音源を鳴らす方法」や「無線で操作できる赤外線学習リモコンを作る方法」など、作例とともに、「TWELITE」のマイコンプログラミングまで、「TWELITE」の魅力を伝えます。

*

改訂版となる本書では、「Arduinoプログラミング」と似た書き方で簡単に無線マイコン・プログラミングできる「act」に準拠。マイコン・プログラミングに関する記述を大幅に改訂し、前著に比べて、圧倒的に短く簡単なコードで無線プログラミングする方法を説明しています。

なお、本書の執筆にあたり、モノワイヤレス様のご助言ご協力をいただきました。深く感謝いたします。

本書が、皆様のさまざまな「無線化」の実現に、役立てば幸いです。

大澤 文孝

CONTENTS

はじめに ……… 7
サンプルプログラムについて ……… 10

第1章 TWELITEで無線電子工作をはじめよう

[1-1] 電子回路を無線化する「TWELITE」シリーズ ……… 11
column 「BLUE」と「RED」はマイコンが違う ……… 13
column アンテナのバリエーション ……… 17
[1-2] つなぐだけで電子回路を「無線化」……… 17
[1-3] さまざまなところで使われる「TWELITE」……… 20
[1-4] 「STARTER KIT」と「TWELITE STAGE BOARD」……… 21
[1-5] 本書の流れ ……… 25

第2章 遠くの「LED」を光らせる

[2-1] この章で作る回路 ……… 26
[2-2] 「TWELITE DIP」の「ピン配置」と「電源」……… 28
[2-3] 「TWELITE DIP」の基本的配線 ……… 32
column 「ブレッドボード」とは ……… 34
[2-4] スイッチで、離れたLEDの光を「オン/オフ」する ……… 39
column 「LED」と「抵抗」……… 41
column 電波が届かないときの「データの取りこぼし」……… 43
[2-5] 「LED」の明るさを「ボリューム」で変える ……… 44
[2-6] 「親機」と「子機」を互いに操作する ……… 47
column 「PWM出力」とは ……… 49
[2-7] TWELITE STAGE BOARDを使った試作 ……… 50

第3章 種類を増やす

[3-1] 「トランジスタ」を使って、流す電流を大きくする ……… 53
column PWM3にPNPのトランジスタを接続しない ……… 63
[3-2] 「リレー」を使って制御 ……… 66
column リレーの幅がブレッドボードに刺さらない ……… 69
[3-3] 「フォトカプラ」を使って「無線」で「カメラ」の「シャッター」を切る ……… 69

第4章 「MONOSTICK」と「パソコン」を連携させる

[4-1] 「TWELITE」と「パソコン」を連携させてできること ……… 73
[4-2] 「TWELITE」を「パソコン」に接続する ……… 75
[4-3] 「TWELITE STAGE APP」の設定 ……… 76
column 他のビューア ……… 81
column TWELITE STAGE APPの基本操作 ……… 82
column Tera Termで通信する ……… 83
column 「TWELITE DIP」を「親機」にする ……… 84
[4-4] 「TWELITE」の状態を読み取る ……… 87
column 「16進数」と「2進数」の計算 ……… 94
[4-5] 「パソコン」から「TWELITE」をコントロールする ……… 95
column チェック・サムの計算を省略する ……… 97

第5章 「TWELITE」を操作するプログラム

[5-1] 「Python」で「TWELITE」を操作するプログラムを作る …… 101
[5-2] 「アナログ温度計」で「温度」を調べる …… 106
column 「間欠モード」を使って「電池」の持ちを良くする …… 110
column 「TWELITE STAGE BOARD」で作る場合 …… 111

第6章 「液晶モジュール」や「温度センサー」を「I2C」でつなぐ

[6-1] 「I2C」とは …… 112
[6-2] 「I2C」に対応するデバイス …… 113
[6-3] 「I2C」接続で「液晶モジュール」をコントロールする …… 113
[6-4] 「I2C接続」の「音声合成LSC」を使って、喋(しゃべ)らせる …… 129
column 「アンプ」を付ける …… 132
[6-5] 「I2C」接続の「温度センサー」をコントロール …… 135
column 複数の「子機」からのそれぞれの「温度」を調べる …… 142
column TWELITE STAGE BOARDでI2C接続する …… 143

第7章 「TWELITE」のプログラムを書き換える

[7-1] 「超簡単!標準アプリ」以外のプログラム …… 144
[7-2] 「TWELITE」のプログラムを書き換える …… 146
column アタッチメントキット …… 147
[7-3] 「シリアル通信アプリ」を使ってみる …… 152
column 「シリアル通信アプリ」での「ピン配置」 …… 153
column Tera Termで通信する …… 158
column 元の「チャット・モード」に戻すには …… 161
[7-4] 「透過モード」で「MIDI機器」を制御 …… 162
column 「MONOSTICK」の通信速度を変更 …… 163
column 「エラー」と「再送処理」をしたいときは、「書式モード」を使う …… 171
column 「リモコンアプリ」を使ってみる …… 172
column 「リモコンアプリ」の「ピン配置」 …… 174

第8章 「TWELITE」に独自のプログラムを書き込む

[8-1] 独自のプログラムで、できるようになること …… 175
[8-2] 「TWELITE APPS」と「act」 …… 177
[8-3] 開発環境の準備とサンプル・プログラムの実行 …… 183
[8-4] actプログラミングの基本 …… 180
column シリアル・ポートを使ったデバッグ …… 189
[8-5] タイマ処理とボタンの処理 …… 190
[8-6] 無線通信する …… 196
column アプリケーションIDの決め方 …… 202
[8-7] 無線で動く「赤外線リモコン」を作る …… 214
column ブレッドボードで試作する場合 …… 219
[8-8] まとめ …… 238

[Appendix]

[Appendix A] インタラクティブ・モード …… 239
[Appendix B] Pythonのインストール …… 243

索 引 …… 246

サンプルプログラムについて

本書のサンプルプログラムは、サポートページからダウンロードできます。

http://www.kohgakusha.co.jp/support.html

ダウンロードしたファイルを解凍するには、下記のパスワードが必要です。

2pRjuYbAwHm2

すべて半角で、大文字小文字を間違えないように入力してください。

第1章

TWELITEで無線電子工作をはじめよう

「TWELITE」(トワイライト)は、「無線機能」を内蔵した1円玉大の「マイコン」です。
この「マイコン」を、一般的なICの形状にした「TWELITE DIP」(トワイライトディップ)を使うと、電子回路を手軽に「無線化」できます。
また、「MONOSTICK」(モノスティック)を使うと、「パソコン」「タブレット」「スマートフォン」からも無線操作できるようになります。

1.1 電子回路を無線化する「TWELITE」シリーズ

「TWELITE」は、「無線機能」を内蔵した1円玉大の「マイコン」です。

このマイコンを電子工作組み込むと、さまざまな無線化ができます。

たとえば、離れたところから「オンオフ」を制御したり、センサーの値をパソコンに送信したりできます(**図1-1**)。

「TWELITE」は、「アナログ入力」「PWM出力」「デジタル入力」「デジタル出力」「シリアル入力」「シリアル出力」の端子を備えています(**図1-2**)。

メモ 「PWM」(pulse width modulation)とは、デジタル出力の「オン/オフ」の比率を変えることで、流れる電流を制御する方法です。

「TWELITE」はアナログ出力をもちません。「PWM出力」が、「アナログ出力」の代わりになります。

たとえば、「オン/オフ」を50%の割合で出力する信号線にLEDをつなげば、そのLEDは、普段の半分の輝度で光っているように見えます(詳細は**第2章**)。

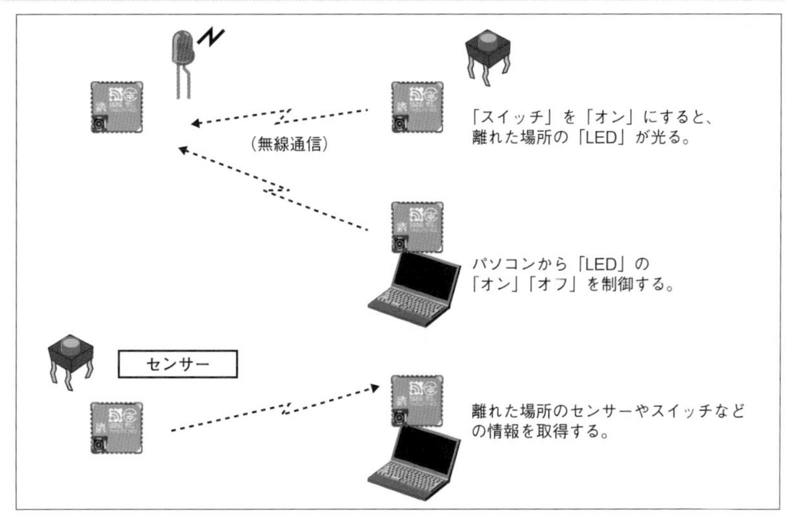
(無線通信)
「スイッチ」を「オン」にすると、
離れた場所の「LED」が光る。
パソコンから「LED」の
「オン」「オフ」を制御する。
センサー
離れた場所のセンサーやスイッチなど
の情報を取得する。

図1-1 「TWELITE」でできること

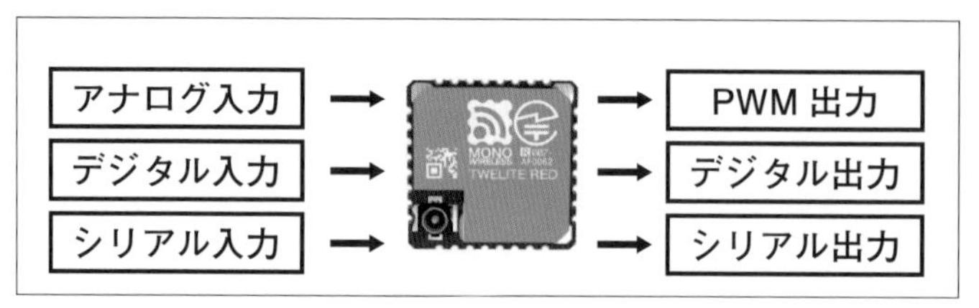

図1-2 「TWELITE」が持つ「入出力インターフェイス」

■遠くに届き、省電力

「TWELITE」は、「IEEE802.15.4」という「2.4GHz」帯の無線規格を使って通信します。

通信速度は、250kbps。

通信可能な範囲は、環境にもよりますが、見通し理想条件で最長1km〜3km程度（製品モデルによる）です。

日本国内の電波法認証（技適）はもちろん、海外での電波認証も通っており、世界38ヶ国で、免許なしで利用できます（本書執筆時点）。

「TWELITE」は、省電力なのも特徴です。

2.0V〜3.6Vの電圧で動作し、ボタン型電池1つ（CR2032：220mAh）で、5〜6年間、動作します（*註1）。

*註1 センサー類を装着せず（外部入出力なし）、10秒に1回電波を送受信した場合。

■標準出力の「BLUE」と高出力の「RED」

「TWELITE」には「BLUE」と「RED」の2種類があります。

その名の通り、チップを搭載している「基板の色」が違うモデルで、「電波出力」の「ワット数」が違います。「REDモデル」のほうが高出力で、より安定して、遠くまで通信できます。

①BLUEモデル

「標準出力」モデル。「1mW級」の出力です。

理想環境下で「マッチ棒アンテナ」を使った場合、最大で約1kmの通信ができます。

②REDモデル

「高出力」モデル。「10mW級」の出力です。「BLUE」に比べて、より遠くに飛ばすことができ、「TWELITE BLUE」と同様な条件で最大3kmの通信ができます。

「BLUE」と「RED」は互換性があり、混在できます。

本書では、基本的に「RED」を使って説明していきます。

コラム 「BLUE」と「RED」はマイコンが違う

「BLUE」と「RED」とでは、「マイコンのコア(SoC)」「フラッシュメモリの搭載量」「AD コンバータの数」が違います。

詳しくは**第7章**で説明しますが、「TWELITE」にはプログラムが書き込まれていて、それを書き換えることで動作を変更できます。

「SoC」が異なるため、書き込むプログラムは「BLUE」と「RED」で異なり、それぞれ別のバイナリが提供されています。

表1-1 「BLUE」と「RED」の違い

	TWELITE BLUE	TWELITE RED
SoC	JN5164	JN5169
フラッシュメモリ	160k バイト	512k バイト
AD コンバータ	10ビット4チャンネル	10ビット6チャンネル

■「TWELITE」を搭載したシリーズ製品

電子工作に「TWELITE」を、そのまま使うこともできますが、小さなサイズなので、「半田付け」が困難です。

そこで、「TWELITE」を搭載した次のようなシリーズ製品を使うと、より簡単に「無線電子工作」を楽しめます。

① 「TWELITE DIP」(トワイライトディップ)

「TWELITE」を、2.54mm ピン間隔の「28 ピン IC」(DIP パッケージ)に変換したものです。

「BLUE モデル」と「RED モデル」があります。

「マッチ棒」の形状の「アンテナ」が付いており、このアンテナで通信します(コラム参照)。

半田付けが簡単で、電子回路に組み込んで、簡単に回路を無線化できます(**図1-3**)。

ブレッドボードを使った試作にも向きます。

「電源」と、「無線化したい信号線」(「スイッチ」「LED」など)をつなぐだけで、電子回路をすぐに無線化できます。

図1-3 TWELITE DIP

② 「MONOSTICK」(モノスティック)

「TWELITE」をプラスチックパッケージに収めて、USB端子でパソコンなどに接続できるようにした製品です。

「BLUEモデル」と「REDモデル」があります。

アンテナは内蔵されています(**図1-4**)。

「パソコン」「スマートフォン」「タブレット」などから、「TWELITE」を搭載したシリーズ製品を操作できます(「Raspberry Pi」などのUSB対応マイコンでも利用できます)。

「MONOSTICK」には、工場出荷時に、「親機・中継器アプリ(App_Wings)」が書き込まれており、「TWELITE DIP」や「TWELITE CUE」など、さまざまな「TWELITE」の「親機」や「中継器」として動作します(子機が「TWELITE DIP」か「TWELITE CUE」かなどの種類によって、プログラムを書き換える必要がありません)。

図1-4 MONOSTICK

③ TWELITE CUE(トワイライトキュー)

「ボタン電池」で動く、25mm四方の「センター・タグ」製品です。「BLUEモデル」と「REDモデル」があります。

「3軸センサー」と「磁気センサー」を搭載していて、「動き」や「傾き」、「磁気の有無のスイッチ」として機能します。ケース付きなので、どこにでも置いたり貼ったりして使えます。

「3軸センサー」の利用としては、ガラス戸などに貼り付けて「叩かれたときの振動を感知する」とか、モノに貼り付けて移動を検知することで「盗難を感知する」などの利用が考えられます。また、どの面が上を向いているかもわかるので「傾けたときに信号を送るスイッチ」などの目的でも使えます。

「磁気センサー」の利用としては、ドアの扉に本機を取り付け、ドアの柱に磁石を取り付けることで、「ドアの開閉センサー」としての使い方が考えられます。

詳細については、姉妹図書「**TWELITEではじめるセンサー電子工作**」を参照してください。

図 1-5　TWELITE CUE

※「TWELITE CUE」は同社の「TWELITE 2525A」に「磁気センサー」を追加した後継版です。「TWELITE 2525A」よりも、さらに消費電力が抑えられているほか、「アンテナが一体型の基板アンテナになっている」「専用ケースが付いている」という違いがあります。従来の「TWELITE 2525A」は、新規採用非推奨となりました。新規採用の場合は、「TWELITE CUE」を使ってください。

④ TWELITE PAL（トワイライトパル）

「コイン電池」で動く、「無線タグシステム」です。「無線モジュール」である「BLUE PAL」または「RED PAL」と、さまざまなセンサーを搭載した「拡張モジュール」を組み合わせて使います（**図 1-6**）。

専用ケースも販売されているため、「どこかに置いたり貼ったりして、温度や照度を測る」といった使い方ができます。

詳細については姉妹書籍「**TWELITE PAL ではじめるクラウド電子工作**」を参照してください。

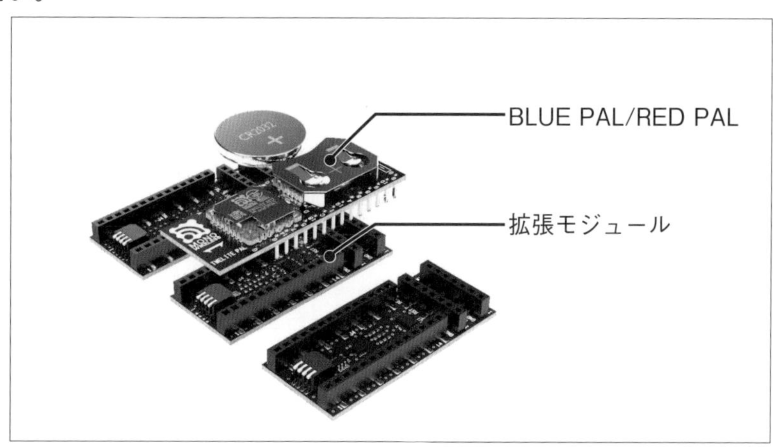

図 1-6　TWELITE PAL

・BLUE PAL/RED PAL

TWELITEが搭載された無線モジュールです。「BLUE PAL（TWELITE BLUEが搭載されたもの）」と「RED PAL（TWELITE REDが搭載されたもの）」の2種類があります。

「コイン電池」を装着して動かせます。

※「BLUE PAL」や「RED PAL」のピン配置は、「TWELITE DIP」と同じです。コイン電池を抜けば、「TWELITE DIP」としても使えます。ただし初期出荷時のプログラムが異なるため、プログラムの書き換えが必要です（**第7章**を参照）。

・**拡張モジュール（センサー）**

各種センサーモジュールです。本書の執筆時点では、**表1-2**に示す4種類の拡張モジュールがあります。

表1-2 拡張モジュール

モジュール名	概要
開閉センサーパル（OPEN-CLOSE SENSE PAL）	マグネットセンサーを搭載したモジュールです。ドアに「本機」、ドアの壁に「磁石」を取り付けて、ドアの開け閉めを通知するなどの用途が想定されています
環境センサーパル（AMBIENT SENSE PAL）	湿度・温度・照度センサーを搭載したモジュールです
動作センサーパル（MOTION SENSE PAL）	3軸加速度センサーを搭載した、モノの動きを測れるモジュールです。ガラス戸などに貼り付けて「叩かれたときの振動を感知する」とか、モノに貼り付けて移動を検知することで「盗難を感知する」などのほか、どの面が上を向いているかもわかるので「傾けたときに信号を送るスイッチ」など、さまざまな使い方が考えられます
通知パル（NOTICE PAL）	3軸加速度センサーに加え、高輝度カラーLEDを搭載したモジュールです。異常などの現在の状態をLEDの色で表現するなどの使い方ができます

上記①～④のシリーズ製品は、互いに通信できます。

たとえば、①の「TWELITE DIP」を②の「MONOSTICK」で操作するとか、③の「TWELITE CUE」の「傾き」を②の「MONOSTICK」で受け取るというような組み合わせができます。

本書では、主に①の「TWELITE DIP」と②の「MONOSTICK」を使って、無線を使ったさまざまな電子回路を作っていきます。

コラム　アンテナのバリエーション

「TWELITE DIP」はマッチ棒型のアンテナのもののほか、アンテナが付いておらず、「外部アンテナ」を別途付けられる「同軸コネクタモデル」もあります。

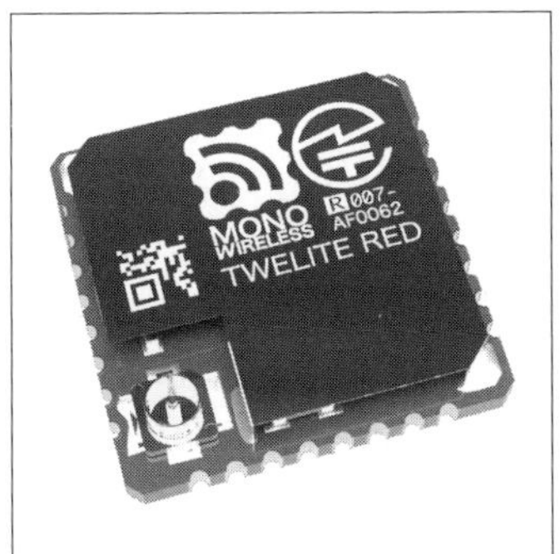

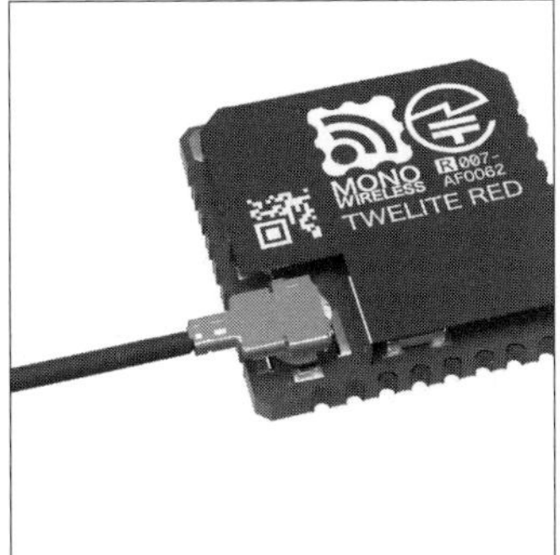

図 1-7　同軸コネクタモデル

1.2　つなぐだけで電子回路を「無線化」

「TWELITE」は、「マイコン」なので、制御するには、本来は、プログラムが必要です。

しかし、「TWELITE」は、「配線するだけで、電子回路を無線化するプログラム」が書き込まれた状態で出荷されています。
そのため、マイコンのプログラムを書き込まなくても、作った「電子回路」に「TWELITE」を組み込んで配線するだけで、電子回路を無線化できます。

工場出荷時に書き込まれている「超簡単！標準アプリ（App_Twelite)」は、「配線するだけで無線化できるプログラム」です。

メモ　「TWELITE」は「マイコン」なので、どのようなプログラムを組み込むかによって、その挙動が変わります。
モノワイヤレス社のサイトには、「TWELITE APPS（トワイライトアプリ)」と称して、さまざまな種類の TWELITE 用のプログラム（ROM のコード）がアップロードされています（https://mono-wireless.com/apps/)。
プログラムは、「TWELITE R2」（トワイライター 2）という「ROM ライタ」を使って入れ替えることができます。

■「親機」と「子機」で通信する

「超簡単！標準アプリ」が書き込まれた工場出荷時の状態では、1台が「親機」となり、それ以外が「子機」という構成をとります。

「親機」で入力したデータは、そのまま「子機」へと出力されます。

＊

[1] たとえば、「親機」の信号線に「スイッチ」を取り付けて、それに対応する「子機」の信号線に「LED」を取り付けたとします。

[2] すると、「親機」の「スイッチ」を入れたときに、「子機」の「LED」が一斉に光ります（**図1-8**）。

また、逆に、この構成で、「子機」から「親機」に向けて、データを送信することもできます。

つまり、「親機」と「子機」とで、「双方向」の通信を実現できます（**図1-9**）。

「TWELITE」で、これを実現するには、「配線するだけ」です。それ以外のことは、必要ありません。
論理上、「子機」をコントロールする台数に制限はありません。

> **メモ**　「TWELITE」を、「親機」と「子機」、そして、「中継機」の、どの動作にするのかは、「TWELITE」のピンで切り替えます。
> つまり、どのように配線するかによって、「親機」「子機」「中継機」を切り替えることができます。

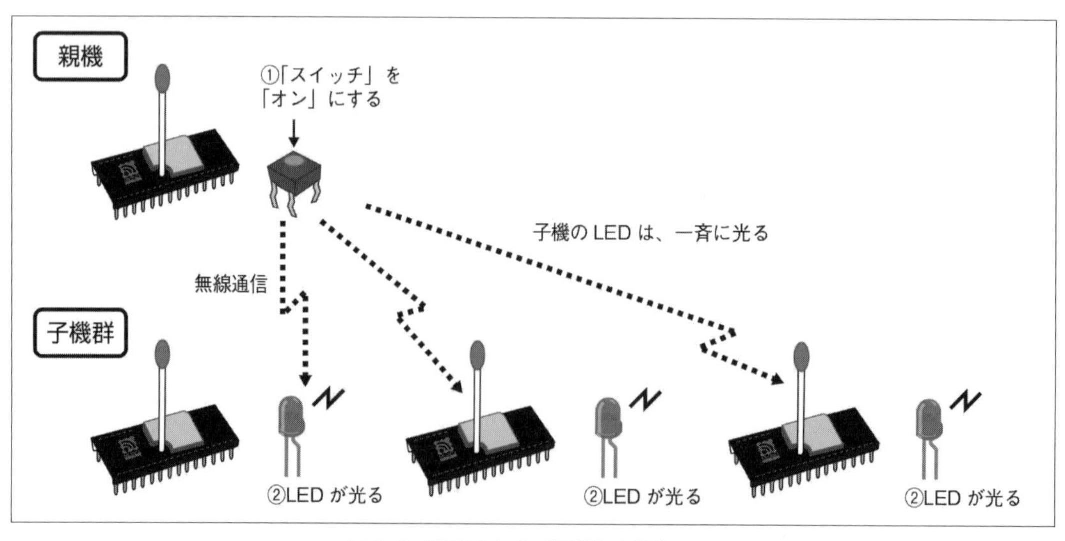

図1-8「親機」から「子機」を操作する

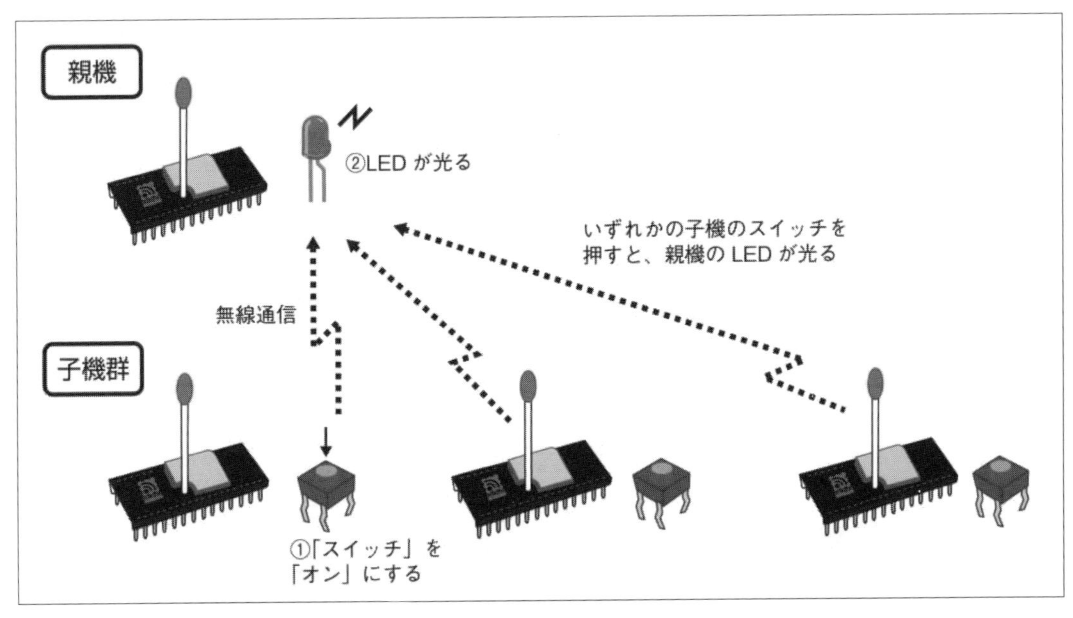

図 1-9 「子機」から「親機」を操作する

■「グループ化」する

ときには、「親機」1 台でなく、いくつかの「親機」に分けて「グループ化」して制御したいこともあります。

そのようなときには、「親機」や「子機」に「アプリケーション ID」を割り当てます。
すると、同じ「アプリケーション ID」のもの同士しか反応しなくなり、「グループ化」できます（図 1-10）。

また、「混信」を防ぐため、利用する「周波数チャンネル」を変更することもできます。

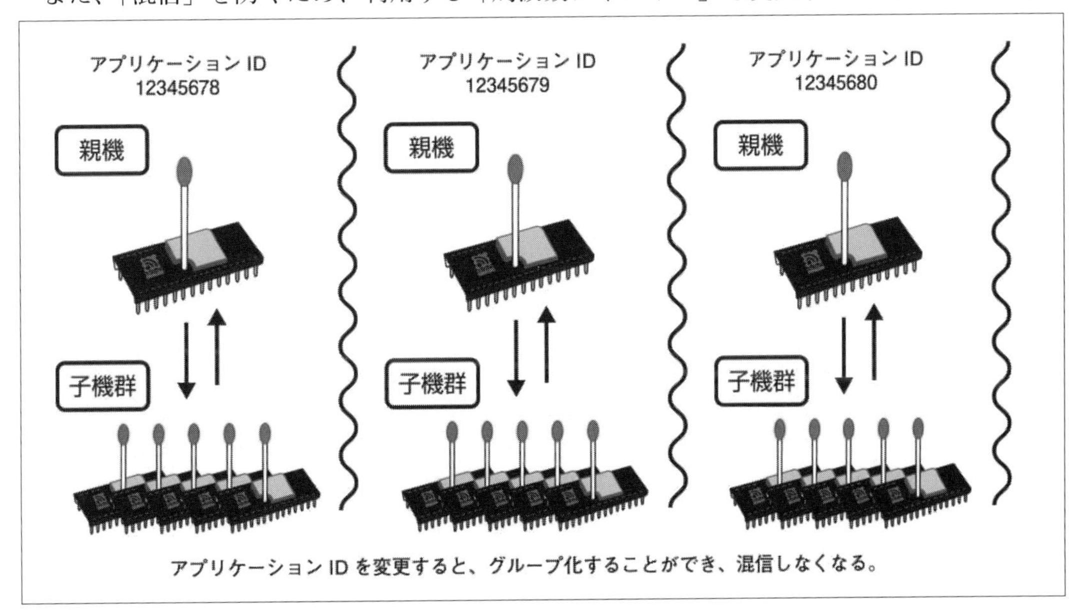

図 1-10 「グループ化」する

■「中継機」として使う

しかし、見通しの悪いところなどでは電波を中継したいこともあります。

そのようなときには、「中継器モード」に設定した「MONOSTICK」を使うとよいでしょう。「MONOSTICK」には、親機や中継器として動作する「親機・中継器アプリ(App_Wings)」が書き込まれており、「TWELITE STAGE APP」を使って設定変更するだけで、中継器として動作します。

「MONOSTICK」は「USB給電」できるため、スマホのUSB充電器などに接続して稼働させることもできます。

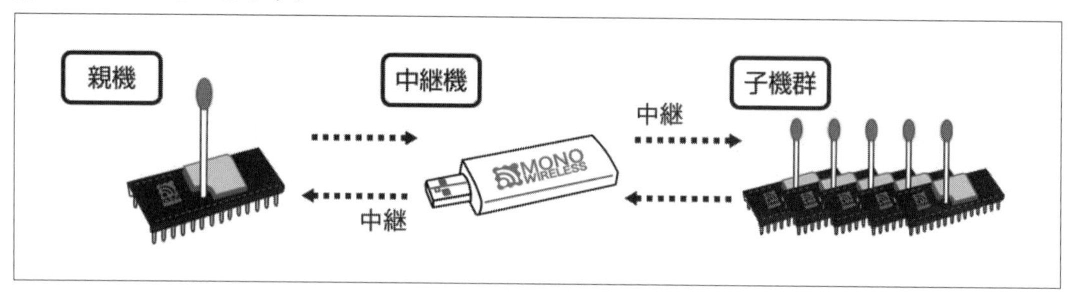

図1-11 「中継機」として使う

> **メモ** 「MONOSTICK」でなくとも、「親機・中継機アプリ(App_Wings)」を「TWELITE DIP/PAL/CUE」などに書き込めば、種別を問わずどれでも、親機・中継器として利用できます。

1.3 さまざまなところで使われる「TWELITE」

「TWELITE」は、手軽に無線化でき、遠くまで飛ばせて、また省電力であるため、さまざまな分野に使われています。

■採用事例

主に使われている分野は、「センサーをつないで、遠方で監視する」という使い方です。

たとえば、介護分野で「徘徊検知システム」や「緊急通報システム」に、「TWELITE」や「MONOSTICK」が採用されているケースがあります。

また、ファッションショーなどの舞台演出で使われている事例もあります。

【採用事例】

https://mono-wireless.com/jp/casestudies/

■販売店

「TWELITE」や「MONOSTICK」などは、東京の秋葉原や大阪の日本橋などの主要な「パーツ・ショップ」の他、「Amazon」などのネット通販でも購入できます。

販売店のリストについては、取扱店一覧

https://mono-wireless.com/jp/retail/

を参照してください。

1.4 「STARTER KIT」と「TWELITE STAGE BOARD」

これから「TWELITE」をはじめようという人は、ひとつずつ揃えるのはたいへんです。そんな人には、「STARTER KIT」がお勧めです（**図 1-12**）。

■ STARTER KIT

「STARTER KIT」には、「TWELITE DIP」が2つ含まれているほか、パソコンと接続するための「TWELITE R2」も含まれているため、一通りの「TWELITE」の実験ができます（**表 1-3**）。

【STARTER KIT】

https://mono-wireless.com/kit

※頻繁に「TWELITE DIP」を抜き差しする場合には、IC ソケットである「アタッチメントキット 」を別途購入するとよいでしょう（p.147 のコラム を参照）。

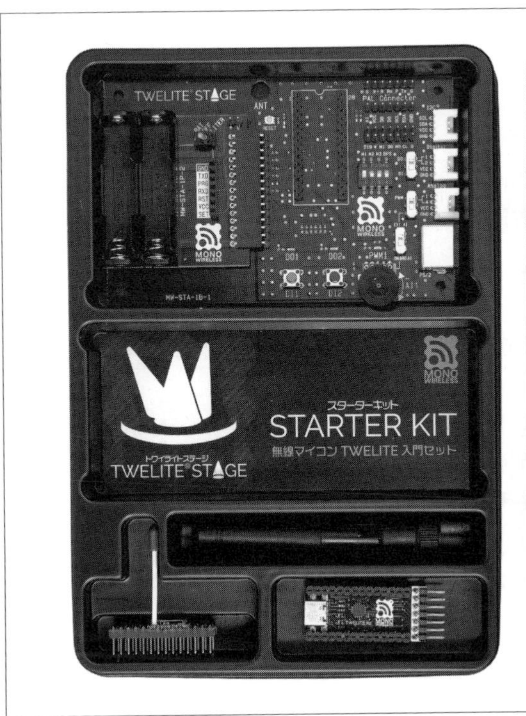

図 1-12 STARTER KIT

表1-3　STARTER KITに含まれている製品

品名	用途	個数
TWELITE STAGE BOARD	TWELITE DIPやTWELITE PALを接続する試作基板	2
TWELITE DIPマッチ棒アンテナ	TWELITE DIP（BLUE）のマッチ棒アンテナ版	1
TWELITE DIP同軸コネクタ	TWELITE DIP（BLUE）の同軸コネクタ版。下記の「ダイポールアンテナ」か「薄型アンテナ」のいずれかのアンテナを付けて利用する	1
SMA変換ケーブル	「ダイポールアンテナ」を付けるためのケーブル	1
ダイポールアンテナ	ダイポール型のアンテナ	1
薄型アンテナ	薄型のアンテナ	1
TWELITE R2	パソコンと接続して、「TWELITE」と通信したりプログラムを書き換えたりするときに使う装置（**第7章**を参照）	1

■TWELITE STAGE BOARD

「STARTER KIT」に同梱されている「TWELITE STAGE BOARD」は、「単四電池」を直接装着できる「電池ボックス」や、「スイッチ」「LED」「可変抵抗（ボリューム）」が付いたもので、回路を組むことなく、「Lチカ（LEDをチカチカさせる回路）」や「片方でスイッチを押すと、もう片方でLEDが点く」などの試作実験ができます（**図1-13**）。

「TWELITE STAGE BOARD」は、単品で購入できます。本書では、いくつかの場面で、この「TWELITE STAGE BOARD」を使う方法も紹介します

【TWELITE STAGE BOARD】

https://mono-wireless.com/jp/products/stage-board/

また「TWELITE STAGE BOARD」には、「GROVE」と呼ばれる端子も付いています。「GROVE」は、Seeed社が提供する「4本の配線で、さまざまなモジュールを接続する規格」です。「温度センサー」「湿度センサー」「液晶モジュール」「赤外線モジュール」など、さまざまなモジュールがあり、それらを「TWELITE」に接続して制御できます。

※利用できるのは、「3.3V」で動作する「GROVEモジュール」に限られます。「5V」で動作するものは利用できません。また「TWELITE」は省電力なため、電力を多く消費するモジュールは利用できないことがあります。

ほかにもM5Stack社の「M5Stack」をつないで、パソコンなしでアプリの書き換えやTWELITEの操作（インタラクティブモードでの操作）ができる機能もあります（**図1-14**）。

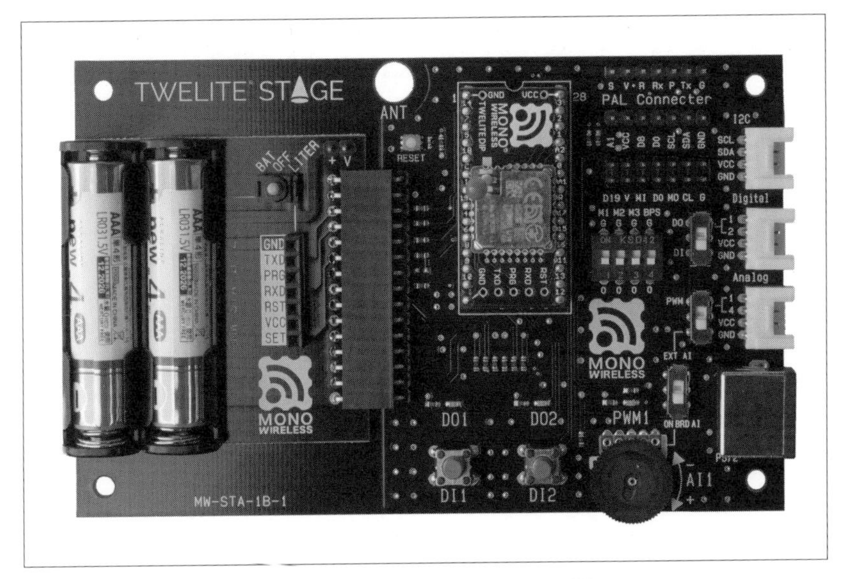

図 1-13 TWELITE STAGE BOARD

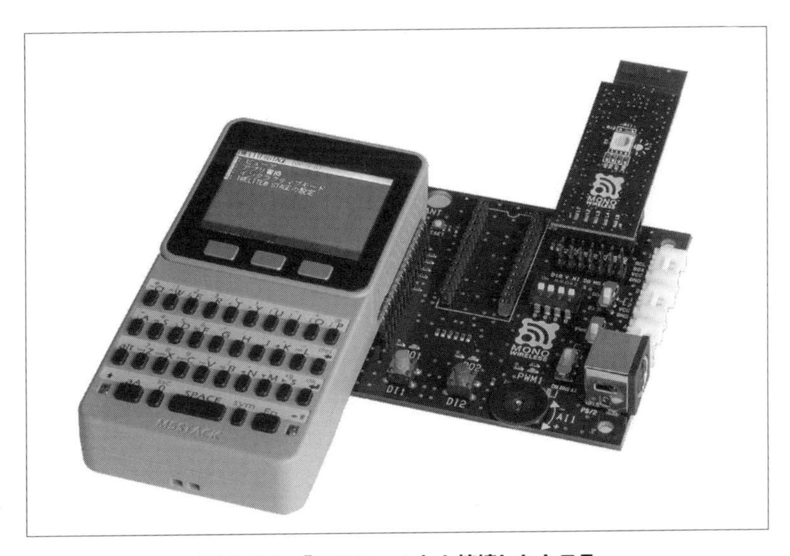

図 1-14 「M5Stack」と接続したところ

1.5 本書の流れ

本書では、この「TWELITE」の活用法を説明していきます。

■本書の構成

本書の構成は、大きく次のように分かれます。

---

①「TWELITE DIP」の基礎

第2章と**第3章**では、2台のTWELITE DIPを用意し、それぞれLEDやスイッチ、ボリュームなどを接続して、片方を操作すると、もう片方が動く、というTWELITE DIP間を無線で操作する方法を説明します。

②「MONOSTICK」と「TWELITE DIP」を組み合わせる

第4章から**第6章**では、パソコンからTWELITE DIPを操作する方法を説明します。

これらの章では、「パソコン」に「MONOSTICK」を接続します。

「パソコン」から特定のコマンドを送信することで「TWELITE DIP」を操作します。

第4章では「LED」などの制御、**第5章**では「TWELITE DIP」に「温度センサー」を付けて、その値を読み込む方法を説明します。

そして**第6章**では、「液晶モジュール」を接続したり、「音声合成IC」をつないだりする方法も説明します。

④「TWELITE APPS」の書き込み

モノワイヤレス社のサイトには、「TWELITE」の動きを標準とは違うものにする、さまざまな「TWELITE APPS」が公開されています。

第7章では、これらをダウンロードして入れ替える方法を説明します。

具体的には、「シリアル通信アプリ」というものに入れ替えて、MIDI楽器のデータを無線で飛ばす電子工作を作ってみます。

⑤オリジナルのプログラムを開発する

最後の**第8章**では、「TWELITE　STAGE SDK」を使って、オリジナルのプログラムを開発する方法を説明します。

「MWXライブラリ」を使うことで、「Arduinoアプリ」と似た書き方で、「TWELITE」のオリジナルアプリを作れます。

■本書の電子工作に必要なもの

本書では、たくさんの作例を掲載しています。その作品によって必要なものは違いますが、使っているTWELITE製品は、以下の通りです。

---

① TWELITE DIP

「TWELITE DIP」を用いて、互いに通信する電子工作を作っています。互いに通信するので2つ必要です。

② MONOSTICK

パソコンから「TWELITE DIP」を操作するのに必要です。

第4章以降で必要です。

TWELITE DIPとMONOSTICKとで通信するのであれば1つ、2台のパソコンを用意してMONOSTICK同士で通信を試したいのなら2つ必要です。

③ TWELITE R2

「TWELITE DIP」のプログラムを書き換えるのに使います。**第7章**以降で必要です。

*

それでは、次の章からはじめていきましょう。

まずは、「TWELITE DIP」同士の通信からです。

第2章

遠くの「LED」を光らせる

「TWELITE DIP」を使うと、配線するだけで無線回路が作れます。
この章では、「TWELITE DIP」の基本的な構成や、「親機・子機の作り方」「デジタル送受信とアナログ送受信」などについて説明します。
作例では、1つの「ブレッドボード」に対して1つの「LED」で作りますが、「TWELITE DIP」には、4本の「デジタル入出力」「アナログ入出力」があるので、実際にはたくさんのLEDをつなぐこともできます。
親機と子機は、1対多の関係です。「子機」を複数台作れば、「親機」の「スイッチ」を入れたときに、すべての「子機」の「LED」が一斉に光ります。

2.1　この章で作る回路

この章では、2台の「TWELITE DIP」を使って、「無線」で「LED」をコントロールする例を示します。

次の2つの回路を作ります。

①「デジタル」コントロール回路

「親機」と「子機」のそれぞれに、「スイッチ」と「LED」を配線して、「親機」の「スイッチ」を「オン」にすると、「子機」の「LED」が光るという、基本的な無線回路を作ります（図2-1）。

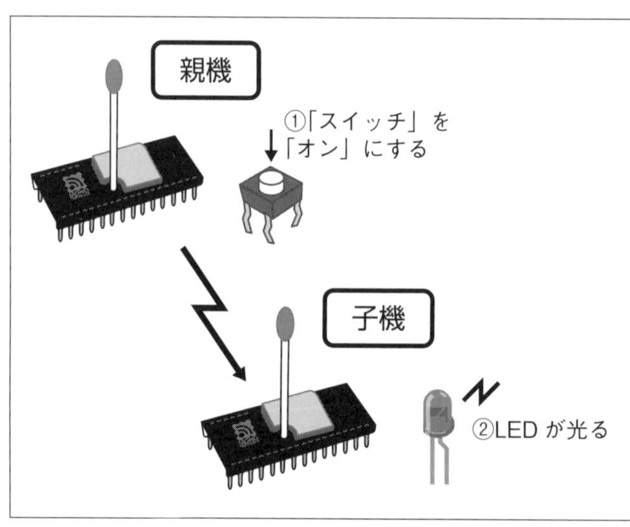

図2-1　デジタルの「親子回路」

② 「アナログ」コントロール回路

①と同様ですが、スイッチの代わりに「ボリューム」（可変抵抗器）を取り付けます。
「ボリューム」の大きさで、「LED の明るさ」が変わるようにします（**図 2-2**）。

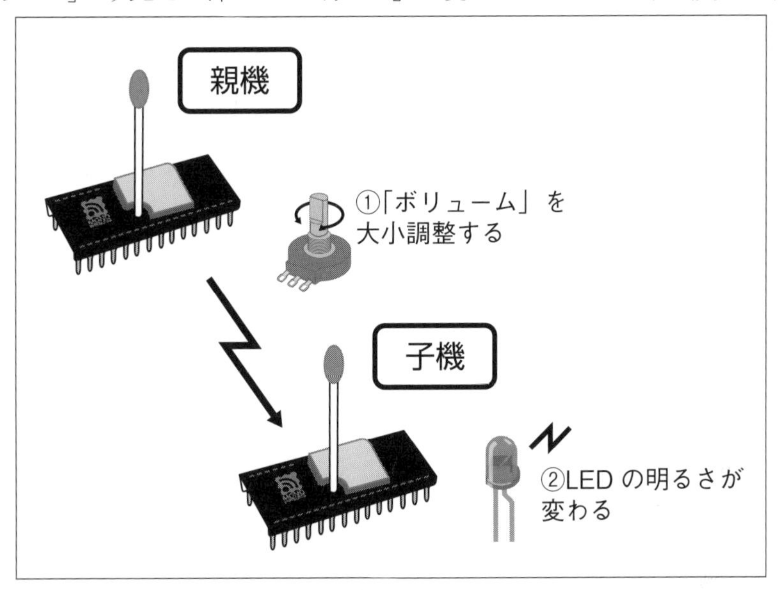

図 2-2　アナログ回路①（「親機」→「子機」）

	機能	信号名	シルク	ピン
	電源グラウンド	GND	GND	1
	I2C クロック	SCL	14	2
	UART 受信	RX	7	3
OUT	PWM 出力 1	PWM1	5	4
OUT	デジタル出力 1	DO1	18	5
OUT	PWM 出力 2	PWM2	C	6
OUT	PWM 出力 3	PWM3	I	7
OUT	デジタル出力 2	DO2	19	8
OUT	デジタル出力 3	DO3	4	9
	UART 送信	TX	6	10
OUT	PWM 出力 4	PWM4	8	11
OUT	デジタル出力 4	DO4	9	12
	モード設定ビット 1	M1	10	13
	電源グラウンド	GND	GND	14

ピン	シルク	信号名	機能	
28	VCC	VCC	電源（2.3 ～ 3.6V）	
27	3	M3	モード設定ビット 3	
26	2	M2	モード設定ビット 2	
25	1	AI4	アナログ入力 4	IN
24	A2	AI3	アナログ入力 3	IN
23	0	AI2	アナログ入力 2	IN
22	A1	AI1	アナログ入力 1	IN
21	R	RST	リセット入力	
20	17	BPS	UART 速度設定	
19	15	SDA	I2C データ	
18	16	DI4	デジタル入力 4	IN
17	11	DI3	デジタル入力 3	IN
16	13	DI2	デジタル入力 2	IN
15	12	DI1	デジタル入力 1	IN

図 2-3　「TWELITE DIP」のピン（「超簡単！　標準アプリ」の場合）

メモ　本書ではブレッドボードを使って開発していきますが、「TWELITE STAGE BOARD」を持っている人は、より簡単に試作できます。**2-3 節**から **2-5 節**で作成する回路は実際に作成せず、「**2.7　TWELITE STAGE BOARD を使った試作**」に進んでください。

2.2 「TWELITE DIP」の「ピン配置」と「電源」

まずは、「TWELITE DIP」の「ピン配置」と「電源」を説明します。

■「TWELITE DIP」の「ピン配置」

「TWELITE DIP」は、「28ピンDIP」（上部に14ピン、下部に14ピン）の形状をしています。

「切り欠き」部分を左にして置いたとき、「左下（GND）が1番ピン」、反時計回りに数えて、「左上（VCC）が28番ピン」です（**図2-4**）。

それぞれのピンの意味は、前ページの **図2-3** の通りです。
ピンの左側には「3」「14」などのピンの意味を示すシルクが書かれています（「GND」と「VCC」はズレて書かれています）。このシルクの番号は、中心に搭載されている「TWELITE本体（1円玉大のチップ）」のピン番号です。

> **メモ** 「TWELITE DIP」は、「マイコン」に内蔵されているプログラムを書き換えることで、各ピンの動作を変更できます。
> **図2-3** は、工場出荷時に組み込まれている「超簡単！標準アプリ」の場合です。

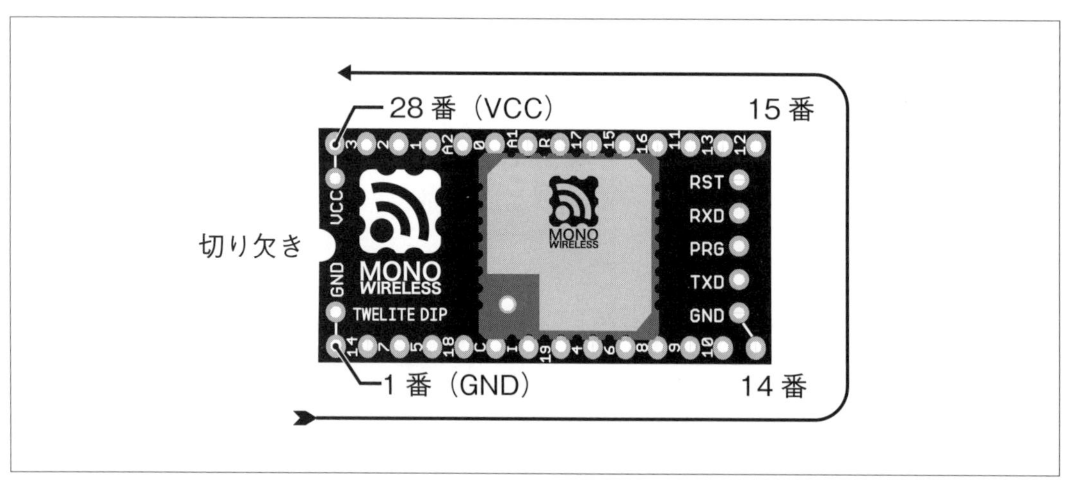

図2-4 「TWELITE DIP」のピン配置

■「アナログ入出力」と「デジタル入出力」

「TWELITE DIP」には、「アナログ入力」「PWM出力（アナログの出力に相当）」「デジタル入力」「デジタル出力」「I2C」「UART」の端子があります。

この章では、これらの入力ピンに、スイッチやボリューム（可変抵抗器）を接続します。また出力ピンには、LEDを接続します。

メモ 入出力ピンに流せる電流は、標準で2.5mA～4mA程度です。

この電流を超える負荷を加えると、動かないばかりか、「TWELITE」が壊れる可能性もあるので、注意してください。

・アナログ入力（AI1～AI4：計4本）

「22番ピン」（アナログ入力1）から「25番ピン」（アナログ入力4）が「アナログ入力端子」です。

「分解能」は10ビットです。0～2.4Vまで計測できます。

未使用の「アナログ入力ピン」は、無駄な通信による電池の消費を抑えるため、「VCC」（プラス側）と接続してください。

・PWM出力（PWM1～PWM4：計4本）

「PWM出力」は、「アナログ出力」に相当するものです。

「超簡単！標準アプリ」では、マイコンから設定した出力値に相当するパルス幅が出力されるように調整されています。（PWM出力については、p.49のコラムを参照）。

メモ 「超簡単！標準アプリ」は、工場出荷時に「TWELITE DIP」に初期インストールされている機能です。

「4番ピン（PWM出力1）」「6番ピン（PWM出力2）」「7番ピン（PWM出力3）」「11番ピン（PWM出力4）」がPWM出力端子です。「アナログ入力」とは異なり、「出力ピン」の番号は連続していないので注意してください。

・デジタル入力（DI1～DI4：計4本）

「15番ピン（デジタル入力1）」から「18番ピン（デジタル入力4）」が「デジタル入力端子」です。

・デジタル出力（DO1～DO4：計4本）

「5番ピン（デジタル出力1）」「8番ピン（デジタル出力2）」「9番ピン（デジタル出力3）」「12番ピン（デジタル出力4）」が「デジタル出力端子」です。「入力」とは異なり、「出力ピン」の番号は連続していないので、注意してください。

・I2C

「2番ピン（SCL）」「19番ピン（SDA）」は、「I2C」です。「I2C」に対応した「センサー」などをつなぐときに用います。

（詳細は、**第6章**で説明します）。

・UART
「3番ピン（RX）」「10番ピン（TX）」は、「UARTの端子」です。この端子を使うと、「シリアル通信」ができます。

工場出荷時に組み込まれている「超簡単！標準アプリ」では、利用できません。
（利用する方法については、**第7章**で説明します）。

■「GND」と「VCC」

「TWELITE DIP」は、「2.0Vから3.6V」の範囲で動作します。本書では、「単三乾電池」を2本使って、「3V」で使います。

電池の「マイナス側」は「TWELITE DIP」の「GND」（1番ピンか14番ピン）に接続し、「プラス側」は「VCC」（28番ピン）に接続します。

・GND（マイナス側）
「1番ピン」と「14番ピン」の2箇所あります。内部で結線されているので、どちらに接続してもかまいません。

・VCC（プラス側）
「28番ピン」に接続します。

■各「入出力端子」と「ピン」間の無線通信

「親機」と「子機」とが無線通信をした場合、片方の「入力ピン」の状態が、対応する他方の「出力ピン」に出力されます（**図2-5、図2-6**）。

【デジタル端子の例】
たとえば、「親機」の「DI1（デジタル入力1）」にスイッチをつないで「オン」にしたとします。すると、「子機」の「DO1（デジタル出力1）」が「オン」になります。同様に、「DI2」は「DO2」に対応します。

逆に、「子機」から「親機」の通信においても、「子機」の「DI1」を「オン」にすれば、「親機」の「DO1」が「オン」になります。

【アナログ端子の例】
「アナログ端子」も同様です。「アナログ入力」は、「PWM出力」に対応します。

「AI1」（アナログ入力1）に「可変抵抗器」（ボリューム）を接続して「電圧」を変化させると、「PWM1」から出力される「パルス幅」が、「アナログ入力」に加えられた「電圧」に応じて変わります。

＊

これらの動作によって、「親機」に「スイッチ」を付け、「子機」に「LED」を付けた場合、「親機」の「スイッチ」を入れると、「子機」の「LED」が光るという動作を実現できるようになっています。

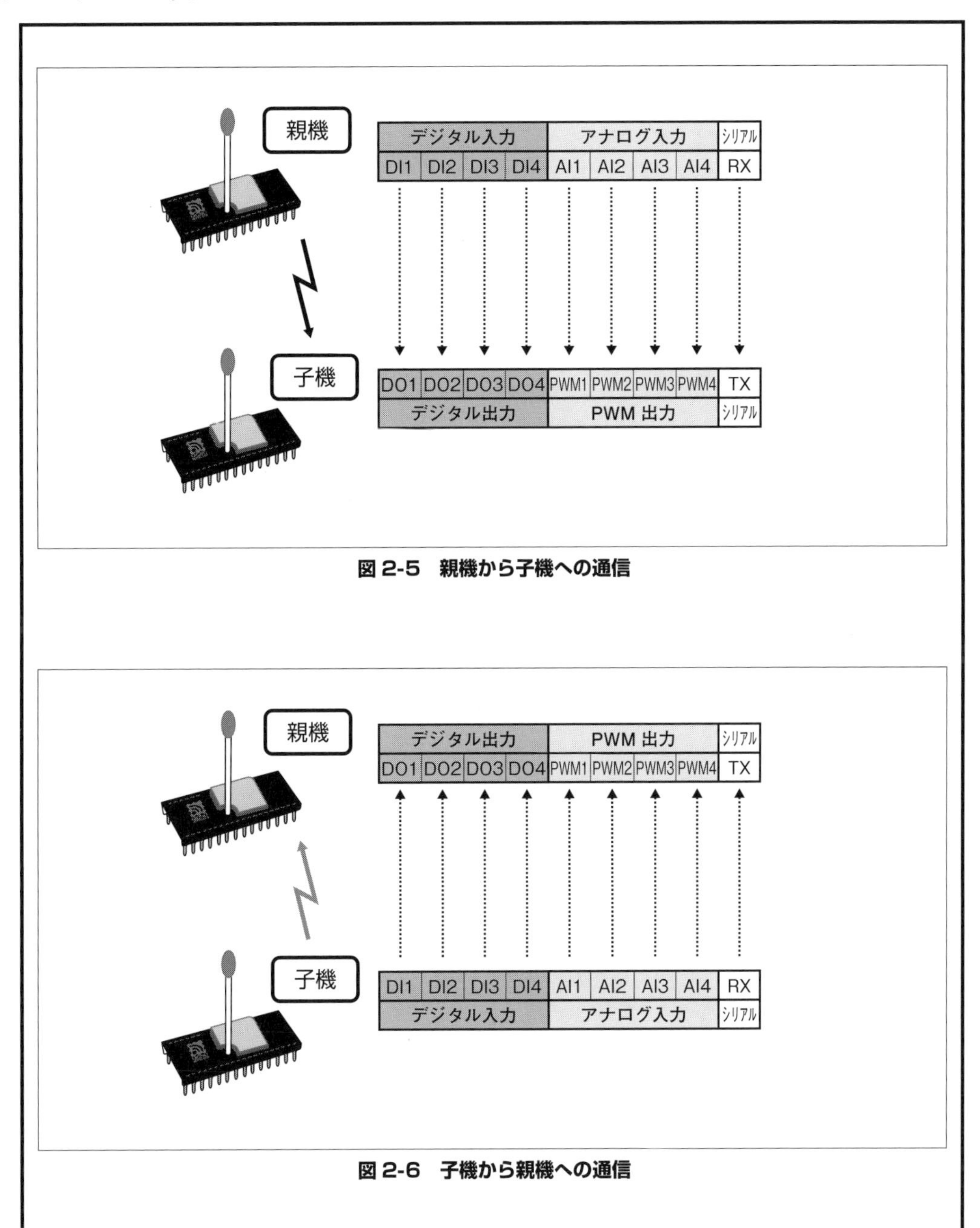

図 2-5 親機から子機への通信

図 2-6 子機から親機への通信

2.3 「TWELITE DIP」の基本的配線

ここではまず、「TWELITE DIP」の基本的な配線方法を説明します。
「親機」と「子機」とで、少し配線が異なります。

■「ブレッドボード」に配置し、電源をつなぐ

「ブレッドボード」とは、電子回路の試作に使う部品です。
「電子部品」や「ジャンパ線」を挿し込むだけで、電子回路が組めるため、ハンダ付けの必要がありません。
本書では、この「ブレッドボード」を使って「TWELITE DIP」を利用したさまざまな回路を作っていきます。

*

まずは、「TWELITE DIP」を配置し、電源をつなぎましょう。

手順 「TWELITE DIP」に電源をつなぐ

[1] 「TWELITE DIP」を配置

「ブレッドボード」上に「TWELITE DIP」を装着します。
本書では、番号が振ってある、一般的な「ブレッドボード」を使って説明します。
「ブレッドボード」を、向って左側に若い番号（1、2、3、…）が来るように置き、「ブレッドボード」の中央をまたぐように配置してください。

今回は、「TWELITE DIP」の左上 (28 番ピン) を、「ブレッドボード」の「5G」あたりに挿します。

[2] 電源の「マイナス」を接続

電源の「マイナス」(ほぼすべての電池ボックスでは、「黒い線」がマイナス) を、下から2行目の「−」と書かれた行に接続します（脇に「青い線」が走っています)。
2行目の穴同士は内部でつながっているため、どこにつないでも良いのですが、線が絡まらないように、いちばん左端に挿します。

[3] 電源の「プラス」を接続

電源の「プラス」(ほぼすべての電池ボックスでは、「赤い線」がプラス) を、上から2行目の「+」と書かれた行に接続します（脇に「赤い線」が走っています)。
2行目の穴同士は内部でつながっているため、「マイナス」と同じようにどこにつないでもいいのですが、線が絡まらないように、いちばん左端に挿します。

[4] 「TWELITE DIP」の「GND」と「マイナス」を接続

「TWELITE DIP」の「GND」と「マイナス」を接続します。

「GND」は、「1 番ピン」または「14 番ピン」です。
内部でつながっているため、どちらに接続してもいいのですが、ここでは「1 番ピン」

を「マイナス」に接続することにします。

手順 **[1]** で「TWELITE DIP」を「ブレッドボード」上の「5 列目」の左端を合わせている場合、「1 番ピン」も「5 列目」のはずです。
そこで、「5A」または「5B」から「マイナス」に接続します。

「マイナス」の接続先は、手順 **[2]** で配線した、「ブレッドボード」の下部にある「電池のマイナス側を接続したライン」です。
ライン上なら、どの位置でもかまいませんが、もっとも近い、左から 5 つ目の穴に接続します。

[5]　「TWELITE DIP」の「VCC」と「プラス」を接続する

「TWELITE DIP」の「VCC」（28 番ピン）と「プラス」を接続します。

「マイナス」と同じように「5I」または「5J」と、「プラス側」のラインを接続します。

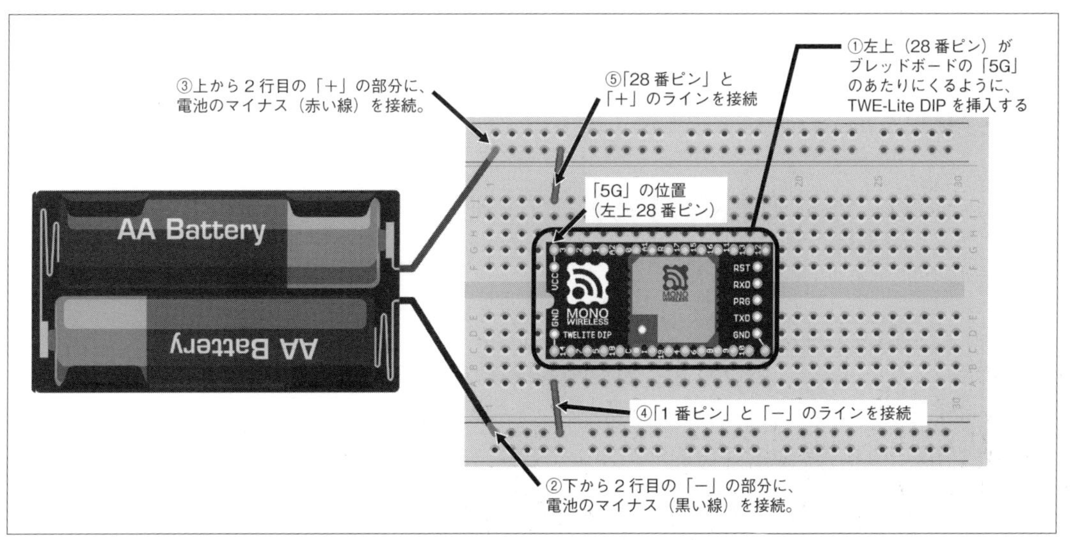
③上から 2 行目の「+」の部分に、
電池のマイナス（赤い線）を接続。
⑤「28 番ピン」と
「+」のラインを接続
①左上（28 番ピン）が
ブレッドボードの「5G」
のあたりにくるように、
TWE-Lite DIP を挿入する
「5G」の位置
（左上 28 番ピン）
AA Battery
AA Battery
MONO
WIRELESS
TWELITE DIP
VCC
GND
RST
RXD
PRG
TXD
GND
④「1 番ピン」と「ー」のラインを接続
②下から 2 行目の「ー」の部分に、
電池のマイナス（黒い線）を接続。

図 2-7　「TWELITE DIP」を「ブレッドボード」に配置し、電源をつなぐ

メモ　上下の「+」「ー」はどちらを使っても良いですが、2本の「+」「ー」は、それぞれ独立しています。

コラム 「ブレッドボード」とは

「ブレッドボード」(ソルダーレス・ブレッドボード)とは、電子回路の試作に使う部品です。

ボードの穴に「電子部品」や「ジャンパ線」を挿し込むだけで電子回路が組めます。ハンダ付けの必要はありません。

「ブレッドボード」の内部は、穴と穴が接続されており、「プラスの線」と「マイナスの線」が水平になるようにボードを寝かせた場合、「A～E」、「F～J」の穴が垂直方向につながっています(**図2-A**)。
(「E」と「F」の間は中央を水平に走る溝で分断されているため、つながっていません)。

また、「プラス」と「マイナス」の線も、それぞれ「水平方向」につながっていますが、上部の「プラス」「マイナス」と、下部の「プラス」「マイナス」はつながっていません。

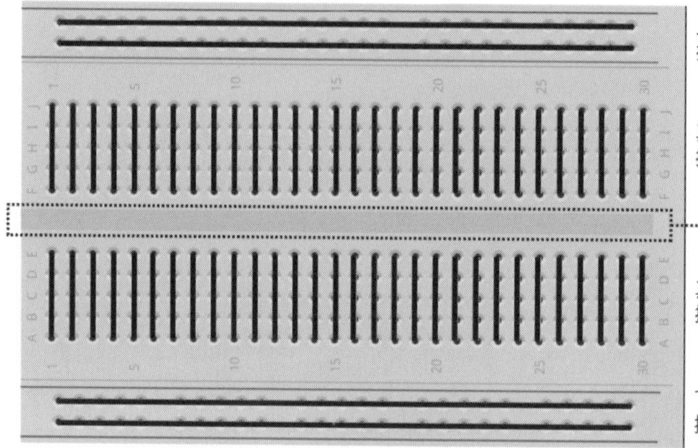
上の2行ぶんは、横方向に接続されている
真ん中は、5行ぶんが縦方向に接続されている
この溝部分で配線は分断されている(上と下とはつながっていない)
真ん中は、5行ぶんが縦方向に接続されている
下の2行ぶんは、横方向に接続されている

図2-A 「ブレッドボード」の内部配線

本書では、小さめの一般的な「ブレッドボード」を使っていますが、さまざまなサイズや形のものが販売されています。作りたい回路の規模に応じて選んでください。

■「子機」の場合の基本配線

「子機」は、次のように配線して作ります。

手 順 「子機」の基本配線をする

[1] 「電源」を接続

「電池」を「ブレッドボード」に接続し、「TWELITE DIP」に配線しておきます（**図 2-8** を参照）。

[2] 未使用の「アナログ・ピン」を「電源」に接続

「AI1（22 番ピン）」「AI2（23 番ピン）」「AI3（24 番ピン）」「AI4（25 番ピン）」を、すべて、「VCC」（プラス側）に接続します。

> **メ モ** 未使用の「アナログ入力」がオープンのままだと、入力がバタつき、それが入力信号の変化とみなされて無線通信が起きてしまいます。そのため約束事として、未使用の「アナログ・ピン」（AI1 ～ AI4）は、「VCC」（プラス側）に接続しておく必要があります。

[3] 「子機」に設定

「子機」や「親機」の切り替えは、「M1（13 番ピン）」「M2（26 番ピン）」「M3（27 番ピン）」を「GND」に接続、または接続しないことで指定します（ピンの意味は、すぐ後で説明します）。

一般的な「子機」の場合、これらのピンは、どこにも接続しない（「オープン」「開放」）とするので、「子機」の場合は、配線不要です。

＊

実際に、「ブレッドボード」上で組むと、**図 2-8** のようになります。

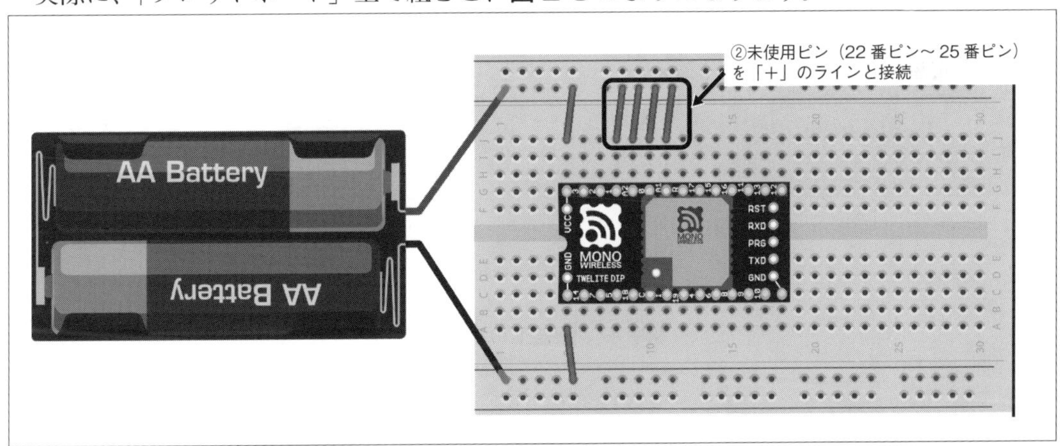

図 2-8 「子機」の基本回路

■「親機」の場合の基本配線

「親機」は、次のように配線して作ります。

基本的な配線は「子機」と同じで、「『子機』『親機』の設定モード」だけが異なります。

手順「親機」の基本配線をする

[1]「電源」を接続

「電池」を「ブレッドボード」に接続し、「TWELITE DIP」に配線しておきます（**図2-7**を参照）。

[2] 未使用の「アナログ・ピン」を電源に接続（「子機」と同じ）

「AI1（22番ピン）」「AI2（23番ピン）」「AI3（24番ピン）」「AI4（25番ピン）」を、すべて、「VCC」（プラス側）に接続します。

[3]「親機」に設定する

「M1（13番ピン）」「M2（26番ピン）」「M3（27番ピン）」のうち、「M1（13番ピン）」だけを「GND」（マイナス側）に接続します。（「M2」と「M3」はオープン）

「子機」との違いは、上記の［3］だけです。

「ブレッドボード」上では、「M1（13番ピン）」を「GND」（マイナス側）につなぐ配線が増え、**図2-9**のようになります。

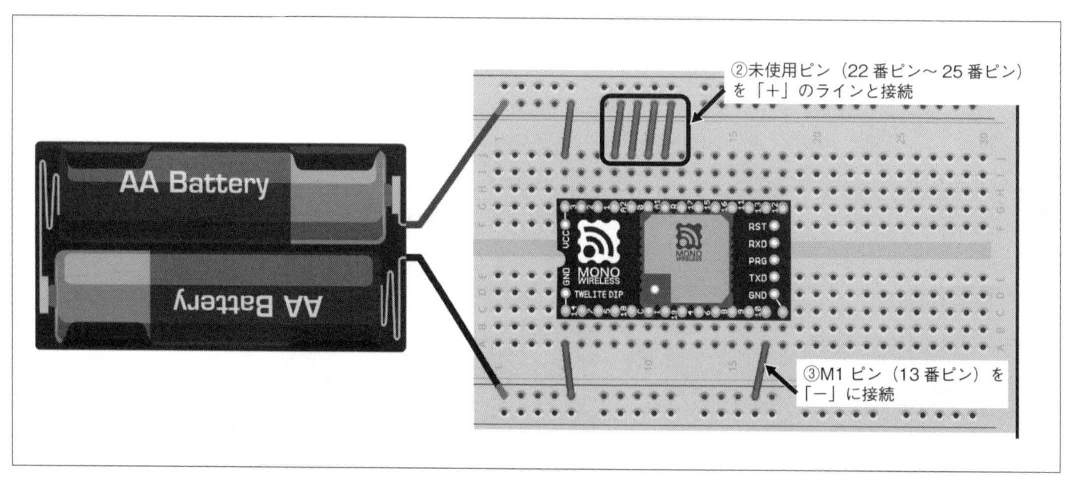

図2-9 「親機」の基本回路

■「親機」と「子機」の切り替え

「**[1-2] つなぐだけで電子回路を無線化**」で説明したように、「TWELITE DIP」には、「親機」「子機」「中継機」の3つのモードがあります。

これらは、「M1（13番ピン）」「M2（26番ピン）」「M3（27番ピン）」の、どれをGND

側に接続するのかで切り替えます (**表 2-1**)。

表 2-1 中の「G」は「GND に接続する」ことを意味し、「O」は「何も接続しない (Open: 開放)」を意味します。

表 2-1 「親機」「子機」「中継機」の切り替え

【子機の場合】				
モード	動 作	M3	M2	M1
連 続	受信:常時受信。 送信:入力変化時送信。 ・電池持ちが悪いが、応答速度が速い。	O	O	O
連続 0.03 秒	受信:常時受信。 送信:0.03 秒ごと送信。 ・電池持ちが悪いが、応答速度が速い。 ・「親機→子機」の速度は、上記よりも遅くなる。	O	G	G
間欠 1 秒	受信:1 秒ごと 送信:できない ・節電モードを利用し、1 秒ごとに「送信状態」になる。 ・電池持ちは良くなるが、親機からの制御を受けられない。	G	O	O
間欠 10 秒	受信:10 秒ごと 送信:10 秒ごと ・節電モードを利用し、10 秒ごとに「送信状態」になる。 ・電池持ちは最も良いが、親機からの制御を受けられない	G	G	G
間欠受信 1 秒	受信:I/O の定期データ 送信:1 秒ごと ・節電モードを利用し、1 秒ごとに「送受信状態」になる。 ・間欠 1 秒の場合と違って受信できる	G	O	G
【親機の場合】				
モード	動 作	M3	M2	M1
連 続	受信:常時 送信:入力変化時送信	O	O	G
【中継機の場合】				
モード	動 作	M3	M2	M1
連 続	受信:常時 送信:常時	O	G	O

■「子機」の電力モード

「親機」と「中継機」は一種類しか選択がありませんが、「子機」の場合は、いくつかのモードがあります。

これは、どのタイミングでデータを送信するのかを決めるもので、設定によって、消費電力が異なります。

① 連続モード

「親機」からの無線にいつでも応答できます。

「TWELITE DIP」に接続されているピンの入力状態が変わったときに、「子機→親機」の向きに、無線を飛ばします。

もっともリアルタイム性が高いモードですが、消費電力は大きくなります。

② 連続 0.03 秒

「親機」からの無線にいつでも応答できます。「子機から親機」へのデータは、（接続されているピンの入力状態が変わらなくても）「0.03 秒」ごとに送信されます。

帯域の大半を「子機→親機」の通信で使うため、「親機→子機」の通信は、①より遅くなったり、通信が失敗したりすることがあります。

③ 間欠 1 秒

スリープし、1 秒間隔で起動します。スリープ中は、送信も受信もしません。

④ 間欠 10 秒

③と同じですが、スリープして起動する間隔が「10 秒」です。もっとも消費電力が小さくなります。

⑤ 間欠受信 1 秒

③と同じですが、親機からの定期受信ができます。

＊

本書では、上記①の「連続モード」で使います。

「TWELITE DIP」は、無線でデータを送受信する際に、概ね「20mA」程度を消費します。

仮に、「約 2,000mAh」の「単三電池」で動作させるとした場合、「2,000mAh ÷ 20mA=100h ≒ 4 日」程度で電池が切れることになります。

もし、数ヶ月～数年程度、稼働させ続けたいのなら、「間欠モード」を利用してください。

「間欠モード」では、「スリープ中に起動するためのタイマー」以外の電力を落とすため、より長時間稼働させることができます。

メモ 「間欠モード」の「秒数」は、「インタラクティブモード」で変更できます。
10 秒よりも長い間隔に設定することもできます（Appendix A を参照）。

2.4 スイッチで、離れたLEDの光を「オン/オフ」する

説明はこのぐらいにして、実際に、回路を作ってみましょう。

まずは、「スイッチ」と「LED」を使った回路です。

「親機」で「スイッチ」を押すと、離れた場所に置いた、「子機」の「LED」が光る回路を作ります。

【製作に必要なもの】

- 「子機セット」(「ブレッドボード」「TWELITE DIP」「単三電池2本」「『単三電池』2本用の『電池ボックス』」「ジャンパ線適量」)
- 「親機セット」(「ブレッドボード」「TWELITE DIP」「単三電池2本」「『単三電池』2本用の『電池ボックス』」「ジャンパ線適量」)
- 「抵抗」680Ω　1本
- 「LED」　1個
- 「タクト・スイッチ」　1個

■「子機」の製作

まずは、「子機」から作ります。

「『VCC』→『抵抗』→『LED』→『TWELITE DIP』」となるように「LED」を配線します。

手順 「子機」を作る

[1] 「子機セット」を組む

図2-8の「子機」の基本回路に従って、「子機」を作ります。

[2] 「LED」を配置

「LED」を取り付けます。「ブレッドボード」の中央の溝をまたぐように配置してください。

左右の場所はどこでもかまいませんが、ここでは、「20E」「20F」につなぎます。

「LED」には「極性」があるので、注意してください(コラム参照。「抵抗」には「極性」はありません)。

「LED」の「アノード」(長いほうの足)が「VCC側」(20F)にくるように取り付けます。

[3] 「抵抗」と「LED」を配線

「DO1」(デジタル出力1。5番ピン)と「LED」の「カソード側」(短いほうの足)をつなぎます(「9A」または「9B」と「20A～20D」のどこかをつなぐ)。

「アノード側」(長い足)は、「680Ω」の「抵抗」を経由して、「VCC」とつなぎます。(「20G～20J」のどこかと、「ブレッドボードの+のライン」をつなぐ)(**図2-10**)。

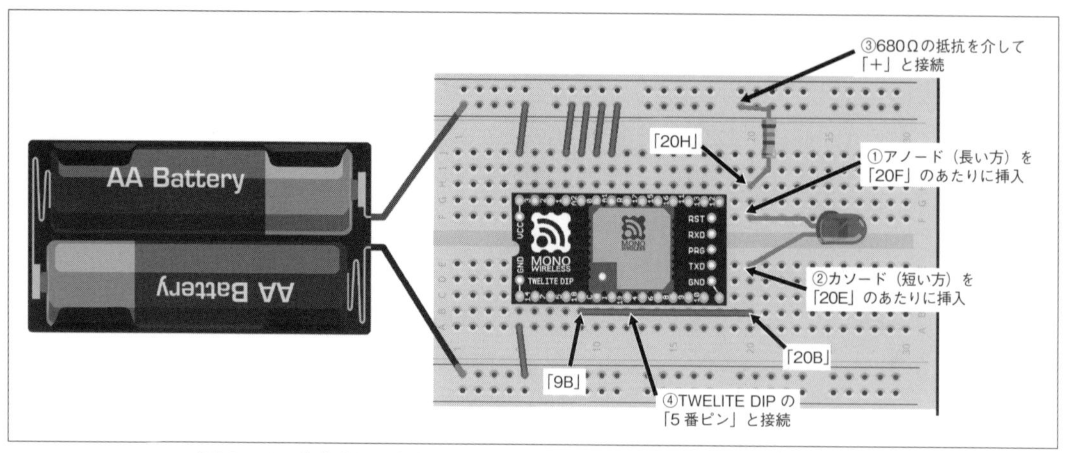

図2-10 「デジタル出力」の「抵抗」と「LED」の接続（「子機」の完成図）

「ブレッドボード」に配線した「子機」の回路図を、**図2-11**に示します。

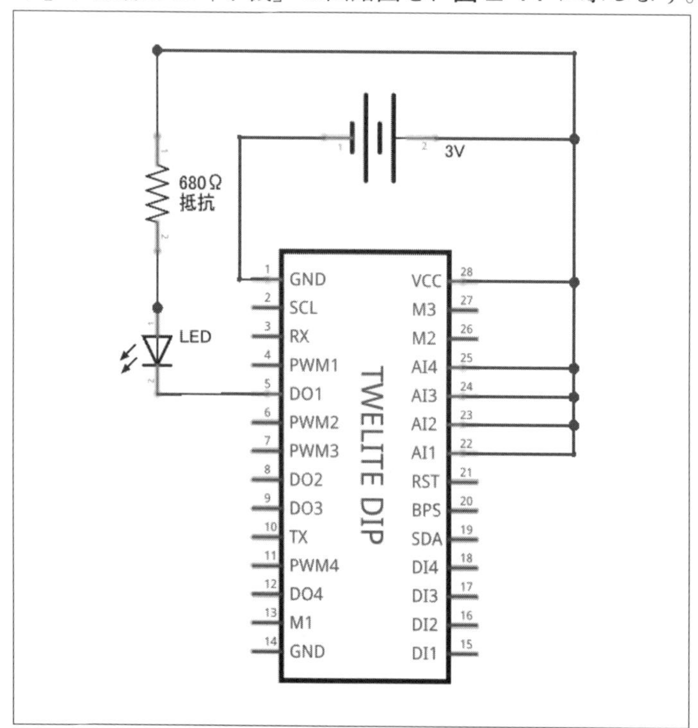

図2-11 「デジタル入出力」の「子機」の回路図

コラム 「LED」と「抵抗」

「LED」には、「プラス / マイナス」の極性があります。

長い足のほうを「アノード」と呼び、「プラス側」に接続します。

短い足のほうを「カソード」と呼び、「マイナス側」に接続します(図2-B)。

接続する際には、方向を間違えないようにしてください。

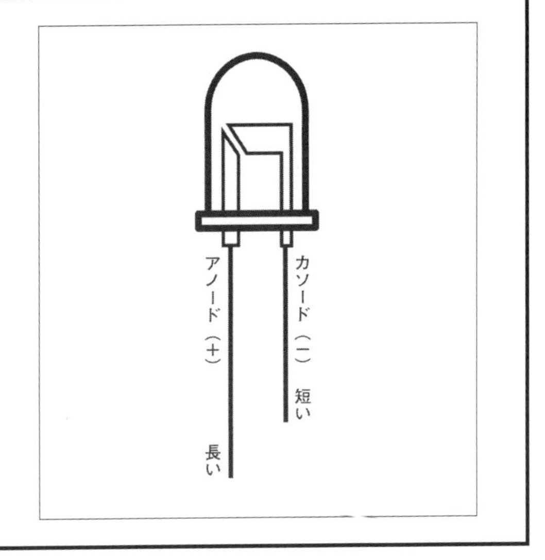

図2-B LEDの極性

■「親機」の製作

次に、「親機」を作ります。
「親機」には「オン／オフ」できる「スイッチ」を取り付けます。

手順 「親機」を作る

[1] 「親機セット」を組む

図2-9の「親機」の基本回路に従って、「親機」を作ります。

[2] 「スイッチ」を配置

「スイッチ」を取り付けます。
「ブレッドボード」中央の溝をまたぐように取り付けてください。

場所はどこでもかまいませんが、ここでは「30E」「30F」に取り付けます。

[3] 「スイッチ」を配線

「DI1」(「デジタル入力1」「15番ピン」)とスイッチの片側をつなぎます。ここでは、「18J」と、「28J」をつなぎました。

「スイッチ」のもう一方(「30A～30D」のどこか)と、「GND」(「ブレッドボードの㊀のライン」)もつなぎます。

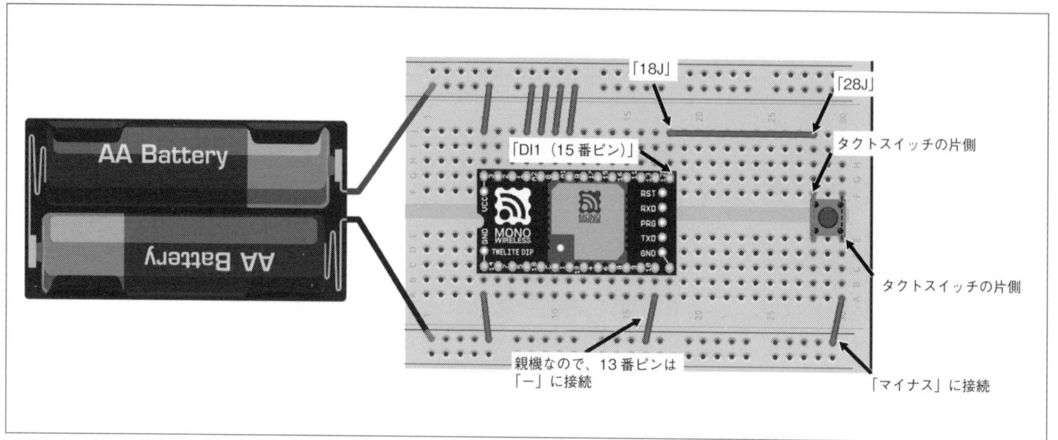

図 2-12 「デジタル入出力」の「親機」の完成図

「ブレッドボード」に配線した「親機」の回路図を、**図 2-13** に示します。

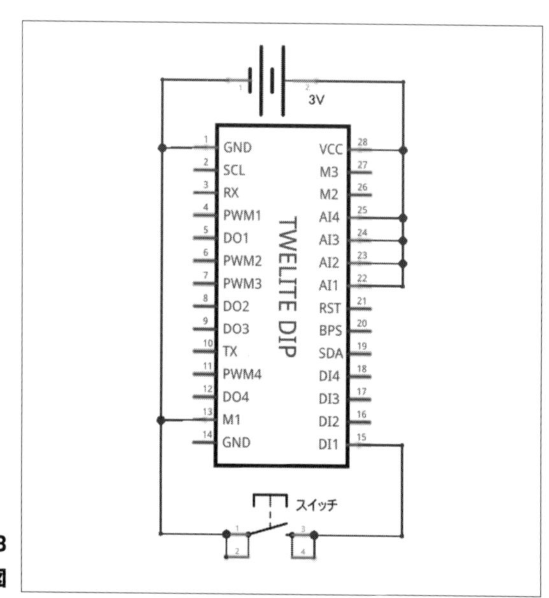

図 2-13
「デジタル入出力」の「親機」の回路図

■ 動作テストをする

「子機」「親機」とも完成したら、実際にテストしてみましょう。

＊

両者の電源を入れて、「親機」のスイッチを押してみてください。

「子機」の「LED」が点灯するはずです（**巻頭カラー写真参照**）。

「TWELITE DIP」は、室内で条件が悪いところでも、「5m」以上は電波が飛びます。(屋外の見通しがいいところなら、「数百 m」は飛びます)。

少し離れた場所に置いて、無線の電波が届くかどうか確かめてみましょう。

コラム　電波が届かないときの「データの取りこぼし」

「超簡単!標準アプリ」では、「親機」と「子機」の間で、相手にデータが届いたかの確認はされません。
もし何らかの理由で、電波が届かなかったり、相手がスリープしていたりしたときには、そのデータは「取りこぼし」になります。
相手が受け取ったかどうか確かめる方法は、ありません。
(独自のカスタムアプリを作って、相手が受け取ったか確認することはできます)。

*

たとえば、「子機」の「LED」が光った状態で、「親機」の「電源」を切ったり、「親機」を無線の電波が届かないところに持っていったりして通信が途絶えても、「子機」の「LED」は、光ったままとなります。

これは、「『親機』からの『オン/オフ』の信号がきたときに、『子機』の信号を『オン/オフ』する」という挙動になっていて、「子機」が「親機」の状態を監視しているわけではないからです。

(ただし、「TWELITE」にパソコンを接続して「インタラクティブモード」に入り、オプションを変更すると、この挙動を変えることができます)。

*

「TWELITE」は、「IEEE802.15.4」の「2.4GHz帯」の無線規格を使って通信します。
多数の「TWELITE」があって、それらが互いに送受信するような環境だと、電波を送信する空きのタイミングがとれず、送受信に失敗しやすくなります。

*

たとえば、「1台の親機」からの送信を「複数台の子機」が受け取る場合、電波を出すのは「親機」だけなので、「子機」の数が多くても、あまり問題になりません。

しかし逆に、それぞれの「子機」が親機に対して送信する場合には、それぞれの「子機」が電波を出すため、「子機」が多くなると失敗しやすくなります。

特に、「子機」が「連続0.03秒モード」で動作する場合は、「0.03秒」ごとに「子機」が電波を発信するため、「親機」や「他の子機」が電波を送信するタイミングをなかなかつかめず、送信に失敗する可能性があります。

もし、台数が多くて送信に失敗しやすくなったときには、「無線」の「チャンネル」を変更してみてください。
チャンネルは、インタラクティブモードで変更できます。その詳細は、Appendix Aを参照してください。

2.5 「LED」の明るさを「ボリューム」で変える

では次に、「アナログ入出力」の回路を作ってみましょう。

「スイッチ」の代わりに、「ボリューム」(可変抵抗器) を使います。光の強さをボリュームで変えることができます。

*

「デジタル回路」では、「LED」周りの回路が「『VCC』→『抵抗』→『LED』→『TWELITE DIP』」の順でしたが、「アナログ回路」では、「『TWELITE DIP』→『抵抗』→『LED』→『GND』」となるように「LED」を配置します。

> **メモ** これは、「デジタル回路」では、「ピンが『LO』の状態で『LED』を光らせ、『HI』の状態で『LED』を消す」(**負論理**) のに対し、「アナログ回路」では、「ピンが『LO』の状態で『LED』を消し、『HI』の状態で『LED』を光らせる」(**正論理**) からです。

【製作に必要なもの】

・「子機セット」(「ブレッドボード」「TWELITE DIP」「単三電池 2 本」「『単三電池』2 本用の『電池ボックス』」「ジャンパ線適量」)
・「親機セット」(「ブレッドボード」「TWELITE DIP」「単三電池 2 本」「『単三電池』2 本用の『電池ボックス』」「ジャンパ線適量」)
・「抵抗」680Ω　1 本
・「抵抗」10kΩ　1 本
・「LED」　1 個
・「ボリューム」(可変抵抗器) 10kΩ　1 個

■「子機」の製作

「デジタル回路」では、「デジタル出力 1」である「5 番ピン」に「LED」をつないでいましたが、「アナログ回路」では、「アナログ出力 1」である「4 番ピン」に「LED」をつなぎます。

「デジタル回路」とは異なり「『TWELITE DIP』→『抵抗』→『LED』→『GND』」となるように「LED」を配線します。

手順 「子機」を作る

[1] 「子機セット」を組む

図 2-8 の「子機」の基本回路に従って、「子機」を作ります。

[2] 「LED」を配置

「LED」を取り付けます。「カソード」(短い足) を「ブレッドボードの⊖のライン」につなぎます。

アノード(長い足)は、その真上の A 列のところにつなぎます。どこでもかまいませんが、ここでは「20A」に挿しました。

[3] 「抵抗」と「LED」を配線

「PWM1」(「PWM出力1」「4番ピン」)と「LED」の「アノード側」(長い足)を「680Ω」の抵抗を経由してつなぎます。

(「8A」または「8B」と「20B～20E」のどこかをつなぐ)(図2-14)。

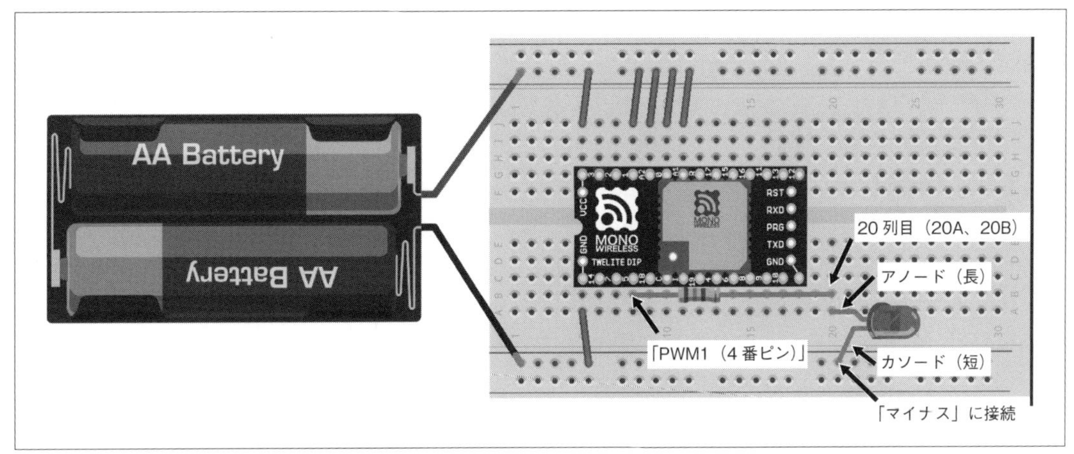

図2-14 「アナログ出力」の「抵抗」と「LED」の接続(「子機」の完成図)

「ブレッドボード」に配線した「子機」の回路図を、図2-15に示します。

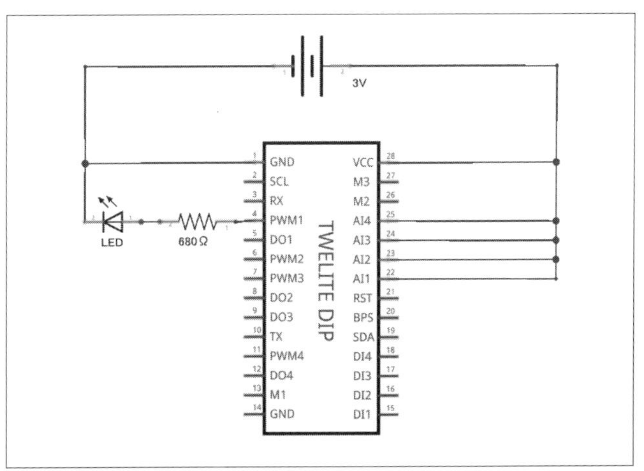

図2-15 「アナログ入出力」の「子機」の回路図

■「親機」の製作

同様にして「親機」を作ります。

「親機」には「電圧」を調整する「ボリューム」を取り付けます。

ボリュームは、「TWELITE DIP」の「アナログ入力端子」に接続します。

「使わないアナログ端子」として、「ブレッドボードの⊕側」に接続していた端子を1つ外して接続することになります。

手順 「親機」を作る

[1] 「親機セット」を組む

図2-9の「親機」の基本回路に従って、親機を作ります。

[2] 「ボリューム」を配置

「ボリューム」を取り付けます。
場所はどこでもかまいませんが、ここでは「26～28」の列に取り付けました。

[3] 「抵抗」と「ボリューム」を配線

「AI1」(「アナログ入力1」「22番ピン」)と「ボリュームの真ん中のピン」をつなぎます。

「親機」の基本回路では、「AI1」は「ブレッドボードの⊕のライン」に接続されているはずなので、それを取り外して接続します。
ここでは、「11J」と、「27J」をつなぎました(**図2-16**)。

ボリュームの右のピンは、「GND」に接続します(「26I」と「ブレッドボードの⊖のライン」)。

そして「ボリューム」の左のピンを、「抵抗」(10kΩ)を介して、「VCC」に接続します(「28I」と「ブレッドボードの+ライン」)。

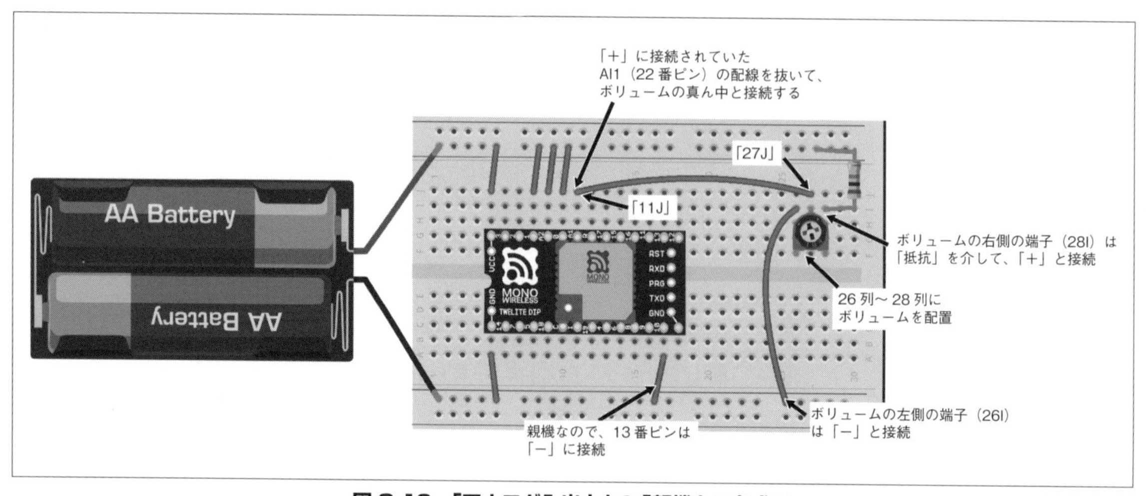
「+」に接続されていた
AI1(22番ピン)の配線を抜いて、
ボリュームの真ん中と接続する
「27J」
「11J」
AA Battery
AA Battery
ボリュームの右側の端子(28I)は
「抵抗」を介して、「+」と接続
26列～28列に
ボリュームを配置
ボリュームの左側の端子(26I)
は「−」と接続
親機なので、13番ピンは
「−」に接続

図2-16 「アナログ入出力」の「親機」の完成図

「ブレッドボード」に配線した「親機」の回路図を、**図2-17**に示します。

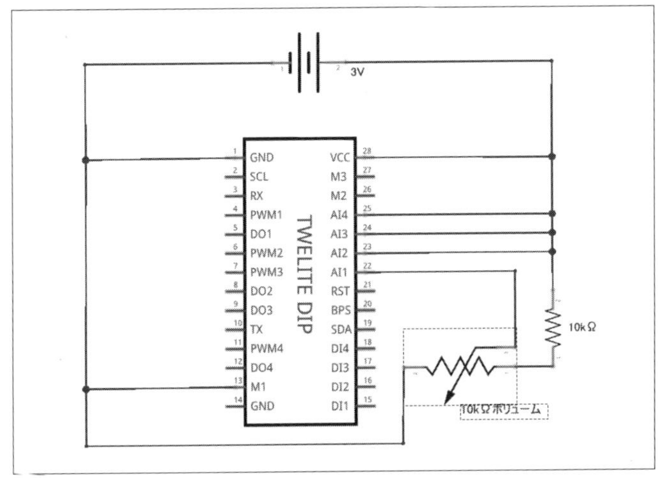

図 2-17 「アナログ入出力」の「親機」の回路図

■ 動作テストをする

「子機」「親機」ともに完成したら、テストしてみましょう。

＊

両者の「電源」を入れて、片方の「ボリューム」を上げてみてください。
もう片方の「LED」が、だんだん明るくなるはずです（**巻頭カラー写真参照**）。

2.6 「親機」と「子機」を互いに操作する

「親機」の「スイッチ」で「子機」の「LED」を操作しました。
今度は、「『子機』にボリューム」「『親機』にLED」を、それぞれ追加して、互いに操作できるようにしましょう。

「**[2-5]「LED」の明るさを「ボリューム」で変える**」で作った回路に、それぞれボリュームとLEDを追加します。

【製作に必要なもの】
・「子機セット」（「ブレッドボード」「TWELITE DIP」「単三電池２本」「『単三電池』２本用の『電池ボックス』」「ジャンパ線適量」）
・「親機セット」（「ブレッドボード」「TWELITE DIP」「単三電池２本」「『単三電池』２本用の『電池ボックス』」「ジャンパ線適量」）
・「抵抗」680Ω　２本
・「抵抗」10kΩ　２本
・「LED」　２個
・「ボリューム」（可変抵抗器）10kΩ　２個

■「子機」の製作

「**[2-5]「LED」の明るさを「ボリューム」で変える**」で作った「子機」を利用します。
親機の回路（**図 2-16**）と同様に、ボリュームを取り付けてください。**図 2-18** のように配線してください。

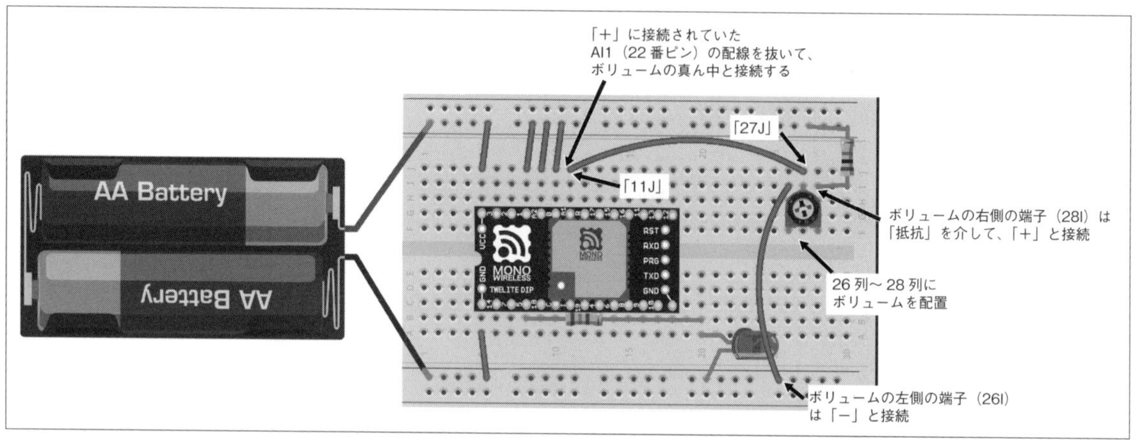
「＋」に接続されていた
AI1（22番ピン）の配線を抜いて、
ボリュームの真ん中と接続する
「27J」
「11J」
AA Battery
AA Battery
ボリュームの右側の端子（28I）は
「抵抗」を介して、「＋」と接続
26列～28列に
ボリュームを配置
ボリュームの左側の端子（26I）
は「－」と接続

図 2-18 「アナログ出力」の「抵抗」と「LED」の接続（子機の完成図）

■「親機」の製作

「親機」も「**[2-5]「LED」の明るさを「ボリューム」で変える**」で製作したものを改造して利用します。
子機の回路（**図 2-14**）と同様に、LED を取り付けてください。**図 2-19** のように配線してください。

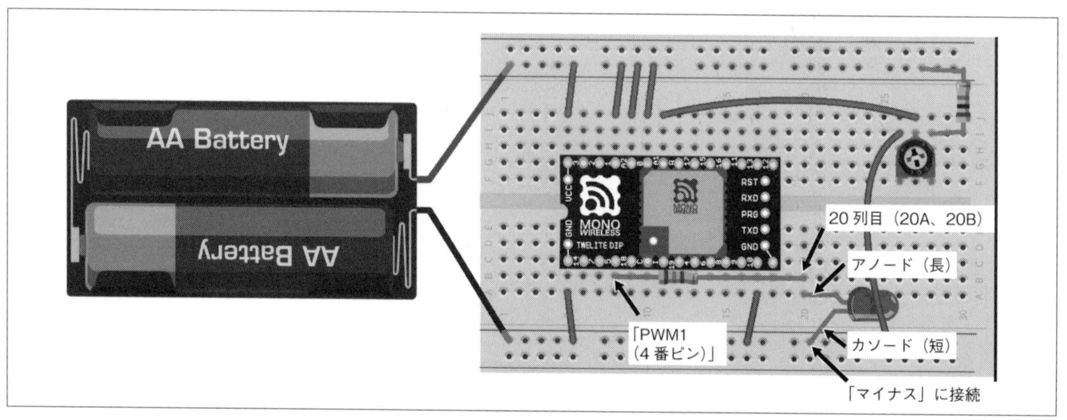
AA Battery
AA Battery
20列目（20A、20B）
アノード（長）
カソード（短）
「PWM1
（4番ピン）」
「マイナス」に接続

図 2-19 「アナログ入出力」の「親機」の完成図

■ 動作テストをする

「子機」「親機」ともに完成したら、テストしてみましょう。

＊

両者の「電源」を入れて、片方の「ボリューム」を上げてみてください。
もう片方の「LED」が、だんだん明るくなるはずです。
このように「TWELITE DIP」では、双方向に通信できます。

コラム 「PWM出力」とは

「PWM（Pulse Width Modulation）出力」とは、「パルス波」（「LO」（オフの状態）と「HI」（オンの状態）の状態が切り替わる波）の「周期」と「パルス幅」を変化させて変調する方法です。

簡単に言うと、「値が大きいときほど、『HI』の割合を多くし、値が小さいときほど『LO』の割合を多くする」という制御方法です。

「HI」と「LO」の割合のことを「デューティ比」と言います。
「デューティ比100%」は「HI」がずっと出ている状態であり、「デューティ比50%」は、半々で出ている状態、「デューティ比0%」は、「LO」しか出ていない状態です。
「TWELITE」では、「アナログ入力」と「PWM出力」が連動しています。
つまり、「親機」の「アナログ入力」に大きな電圧を加えるほど、「子機」の「PWM出力」からは、「HI」の割合が多くなった「パルス波」が出力されます。

ここで製作している回路では、「LED」を「PWM出力」で光らせています。
そのため、実は、「アナログ回路」といっても明るさが変わっているのではなく、「LED」は「高速」で「オン（HI）/オフ（LO）」を繰り返しているだけです。

つまり、実際には「点滅」しているのですが、「点滅速度」が速いため、人間の目には点滅しているようには見えません。
その代わり、人間の目には、「HI」の割合が多いときには「明るく」見え、「LO」の割合が多いときには「暗く」見えます。
そのため、「親機」のボリュームを「小さく」すると「暗く」見え、「大きく」すると「明るく」見えるのです（**図2-C**）。

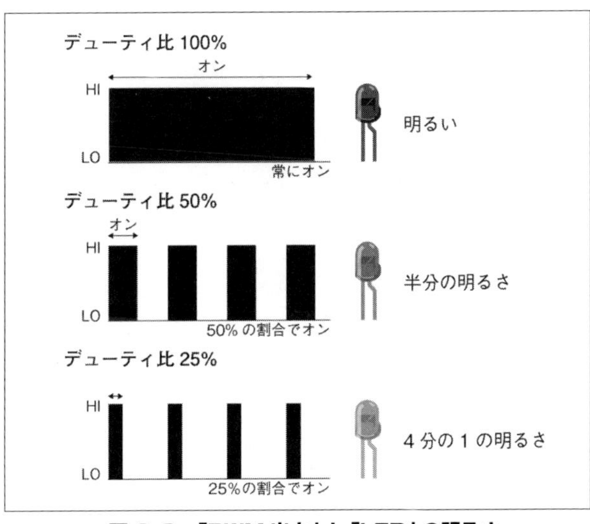

図2-C 「PWM出力」と「LED」の明るさ

2.7 TWELITE STAGE BOARDを使った試作

「TWELITE STAGE BOARD」を使えば、これまで説明してきたようなブレッドボードの回路を作らなくても試作できます。「TWELITE STAGE BOARD」には、「押しボタン」「LED」「ボリューム」などが搭載されているからです。

■ TWELITE STAGE BOARDを使った回路の構成

「TWELITE STAGE BOARD」は、「TWELITE」のための評価開発用基板です。

電池ボックスや「スイッチ」「LED」「ボリューム」のほか、さまざまな端子が付いています。

全体については、公式ドキュメントに譲るとして、ここでは本章の回路を試作するための基本的な構成について説明します。

【TWELITE STAGE BOARD】

https://mono-wireless.com/jp/products/stage-board/

●部品の配置

図2-20に示すように、「電池」や「TWELITE」を装着します。「TWELITE」を装着するときは、その向きに注意してください。

※頻繁にTWELITE DIPを抜き差しする場合には、ICソケットである「アタッチメントキット」を使ってください（p.147のコラムを参照）。

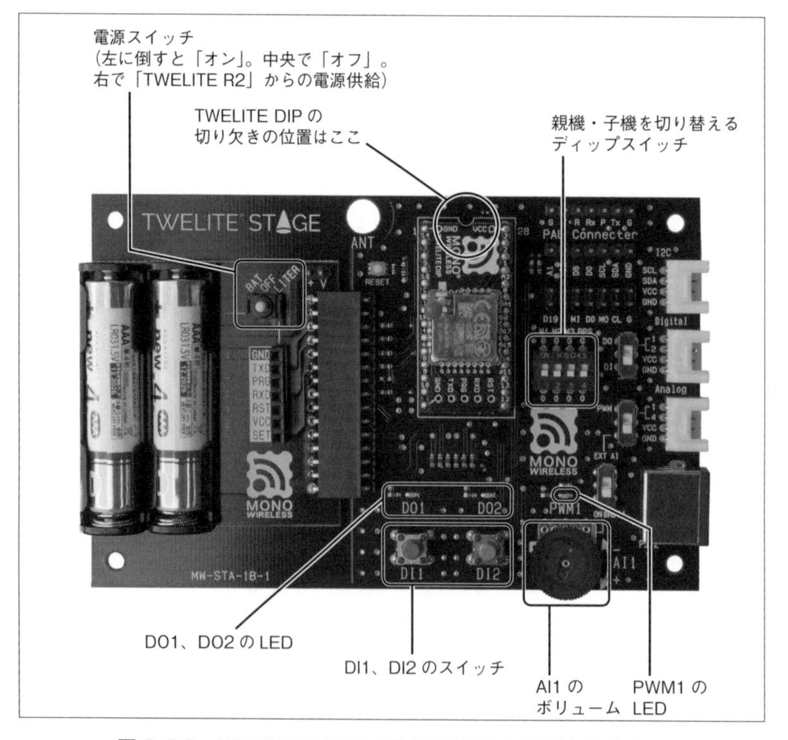

図2-20　TWELITE STAGE BOARDに部品を装着する

・**電源スイッチ**

「電池ボックス」の右側にあります。「中央でオフ」「電池ボックス側に倒すとオン」です。

> **メモ** 「TWELITE側に倒したとき」は、接続した「TWELITE R2」の電源を用いるという意味です（シリアル・ポートを使ったデバッグ（p.189）を参照）。なお、「TWELITE R2」接続時に、「OFF-LITER」のスイッチ操作をすると、PCのUSB接続が切断されることがあります。

・**押しボタンスイッチ**

「赤」と「緑」の押しボタンスイッチがあります。それぞれ「DI1」「DI2」に接続されています。

・**デジタルのLED**

押しボタンスイッチの上には、「赤」と「緑」のLEDがあります。それぞれ「DO1」「DO2」に接続されています。

・**ボリューム**

ボリュームは、「AI1」に接続されています。

・**アナログのLED**

ボリュームの上には「黄」のLEDがあります。「PWM1」に接続されています。

・**ディップスイッチ**

「M1」「M2」「M3」「BPS」の設定があります。「親機」や「子機」を切り替えます。

■「親機」と「子機」の切り替え

本章で、これまで説明してきた回路を、「TWELITE STAGE BOARD」で試すには、2枚用意し、それぞれを「親機」と「子機」に設定します。これらは「ディップスイッチ」で切り替えます（前掲の**表2-1**を参照）。

①子機の場合

表2-1に示したようにいくつかのモードがありますが、「連続モード」にするのであれば、「M3」「M2」「M1」を「O」に設定します。「BPS」（ボーレートの設定）も通常は「O」に設定しておきます（**図2-21**）。

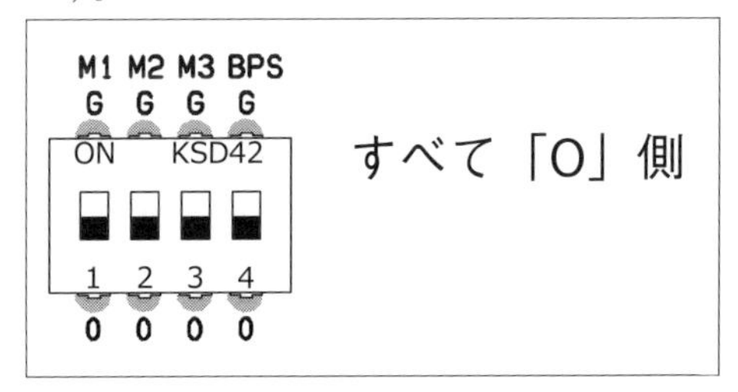

図2-21 「子機」の場合のディップスイッチの設定

②親機の場合

「親機」の場合は、「M3」と「M2」を「O」にし、「M1」を「G」にします。

「BPS」は、通常は「O」にしておきます（図2-22）。

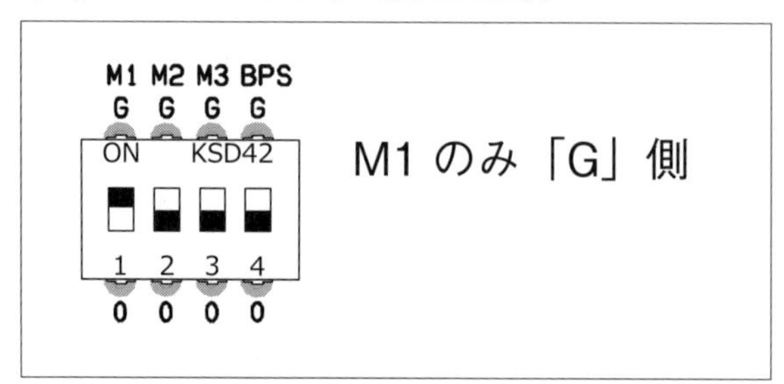

図2-22 「親機」の場合のディップスイッチの設定

このように「親機」と「子機」を用意すると、次のように実験できます。

- 「親機の押しボタンスイッチを押す」→「子機の押したボタンの上にあるLED（赤や緑）が光る」
- 「子機の押しボタンスイッチを押す」→「親機の押したボタンの上にあるLED（赤や緑）が光る」
- 「親機のボリュームを操作する」→「子機のボリューム上のLED（黄）の明るさが変わる」
- 「子機のボリュームを操作する」→「親機のボリューム上のLED（黄）の明るさが変わる」

第3章 種類を増やす

第2章では、「LED」を取り付けて、その「オン・オフ」や「明るさ」を、「スイッチ」や「ボリューム」で操作する方法を説明しました。
しかし、接続するのが「LED」だけでは面白くありません。この章では、「TWELITE」に、さまざまなものを接続して制御する方法を説明します。

3.1 「トランジスタ」を使って、流す電流を大きくする

「TWELITE」には、「アナログ入出力」が4本、「デジタル入出力」が4本あります。

前章では、そのうちの1回路しか使いませんでしたが、もっとたくさんの回路を使うこともできます。

たとえば、

- 「子機」にボリューム（可変抵抗器）を3個接続（**図3-1**、**図3-2**）
- 「親機」にLEDを3個接続（**図3-3**、**図3-4**）

した回路を作ると、ボリュームのツマミで、対応したLEDの明るさを変えることができます（図3-5）。

【製作に必要なもの】

① 子 機

- 「子機セット」（「ブレッドボード」「TWELITE DIP」「単三電池2本」「『単三電池』2本用の『電池ボックス』」「ジャンパ線適量」）
- 「抵抗」10kΩ　　3本
- 「ボリューム」（可変抵抗器）10kΩ　　3個

② 親 機

- 「親機セット」（「ブレッドボード」「TWELITE DIP」「単三電池2本」「『単三電池』2本用の『電池ボックス』」「ジャンパ線適量」）
- 「抵抗」680Ω　　3本
- 「LED」　　3個

メモ この回路では、「PWM1」「PWM2」「PWM4」を利用しています。「PWM3」を利用しない理由は、63ページのコラムを参照してください。

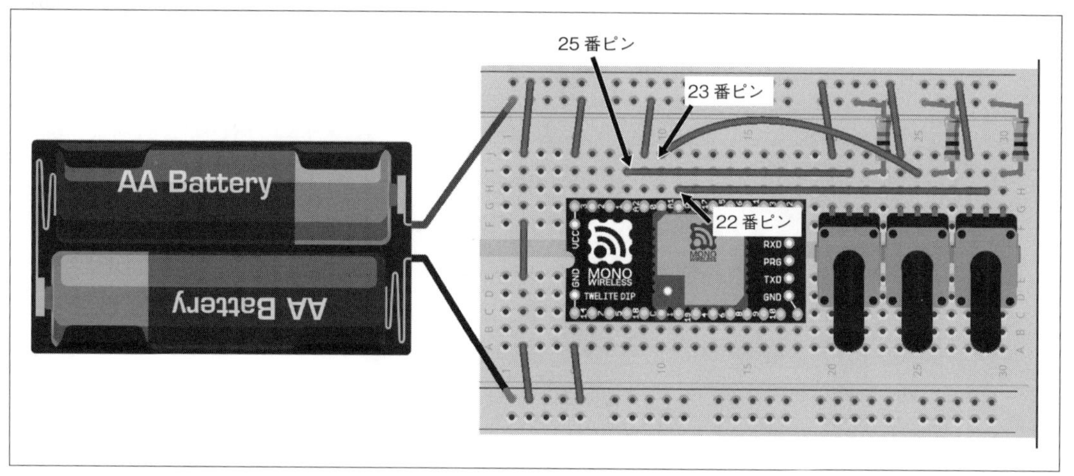

図 3-1 「子機」にボリューム 3 個を接続する例

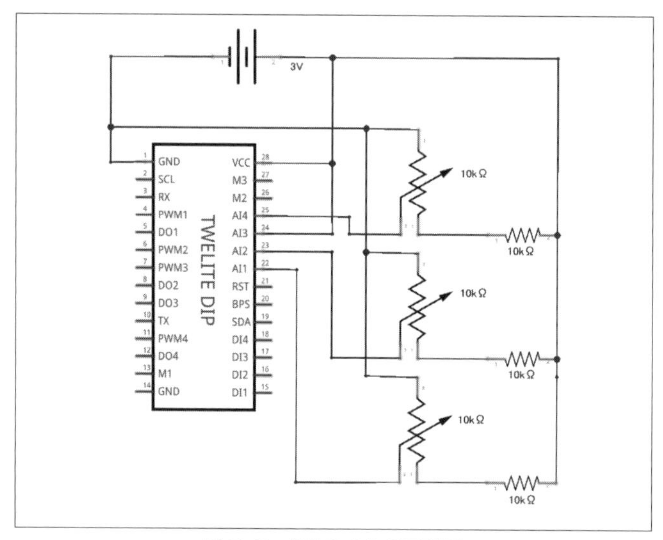

図 3-2 「図 3-1」の回路図

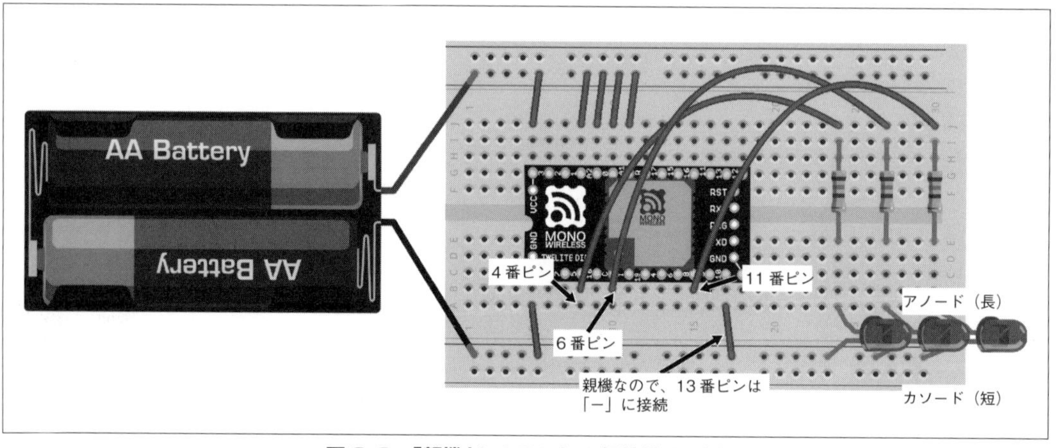

図 3-3 「親機」に LED を 3 個接続する例

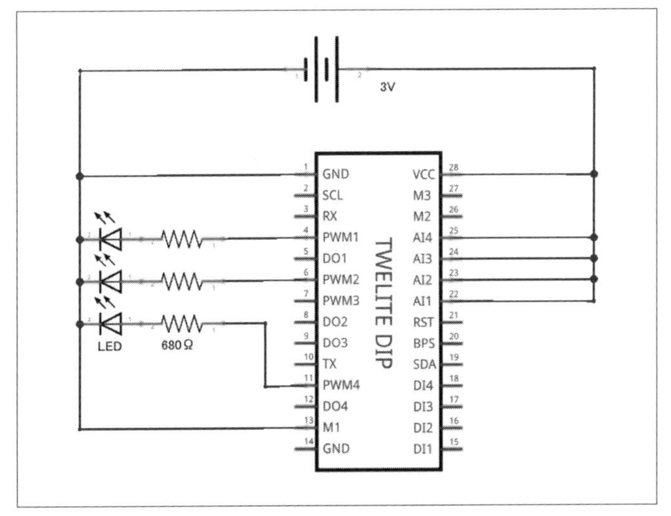

図3-4 「図3-3」の回路図

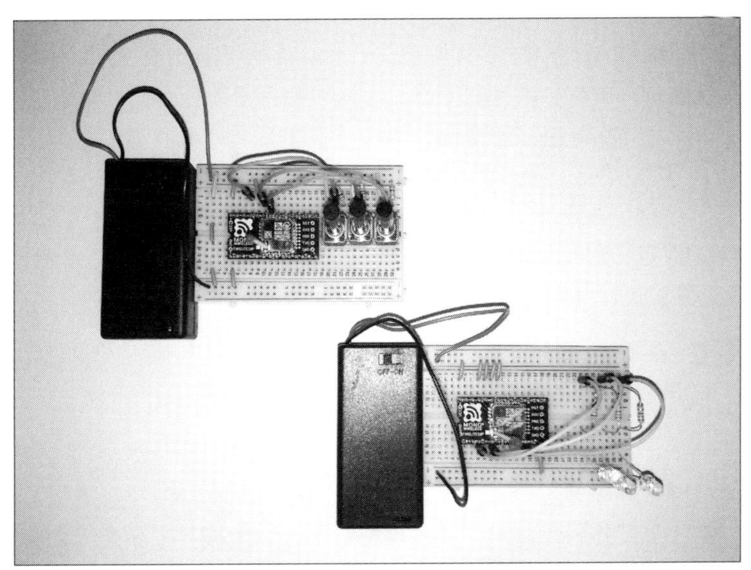

図3-5 「図3-1・図3-3」の製作例

■「親機」の製作

3つのツマミでLEDを調整していると、「このツマミを使って、調光（色を変える）」はできないか、というアイデアが浮かびます。

＊

「パーツ・ショップ」では、「フルカラーLED」を売っています。

「赤LED」「緑LED」「青LED」が1つのパッケージに封入されたもので、それぞれの電流を調整することで、いろいろな色を作ることができます（図3-6）。

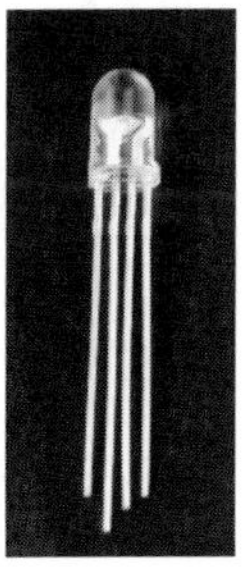

図3-6 フルカラーLEDの例（写真はOSTA-5131A）
一番長い足が「コモン」、二番目に長い足は「青」、同様に、三番目は「緑」、もっとも短い足が「赤」

「フルカラー LED」には、4 本の端子が出ています。
「カソード・コモン」(カソード側が共通) と「アノード・コモン」(アノード側が共通) の 2 種類があり、それぞれの配線は、**図 3-7** の通りです。

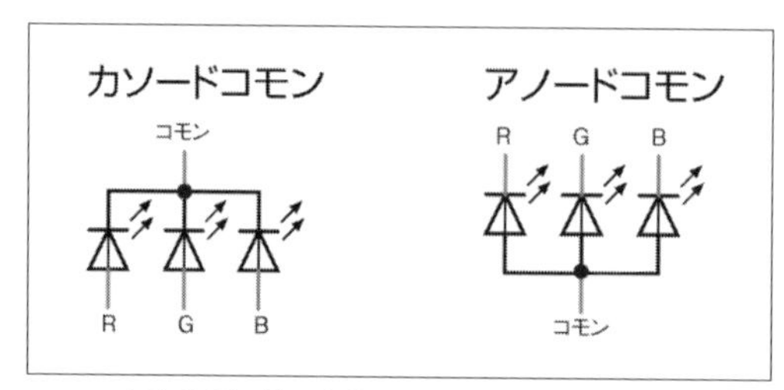

図 3-7 「フルカラー LED」の配線図

図 3-7 に示すように、「カソード・コモン」と「アノード・コモン」との違いは、流れる電流の向きです。

たとえば、「カソード・コモン」の「フルカラー LED」の場合、「R (赤) →コモン」「G (緑) →コモン」「B (青) →コモン」の方向で電流を流すと、その色が光ります。
「アノード・コモン」の場合、逆方向になり、「コモン→ R (赤)」「コモン→ G (緑)」「コモン→ B (青)」に流すと、その色が光ります。

光の 3 原色の原理で、流す電流の割合を変えると、いろいろな色で発光します。すべてに同じ量の電流を流すと、「白色」になります。

> **メモ** 実際には、RGB の各要素によって、「流す電流」と「明るさ」との関係が違うため、同じ電流を流すのではなく、「白く」光るように、電流の割合の調整が必要です。

実際に、「カソード・コモン」の「フルカラー LED」を使って、「親機」を**図 3-8** のように接続すると、**図 3-1** で作った「ボリュームを 3 個もつ子機」で調光できます。

しかし実際にやってみると分かりますが、「緑」が相当暗く、「青」に至っては、ほとんど光りません。
その理由は、加える電流が不足しているからです。

「抵抗」の値を小さくすれば、流れる「電流」が大きくなるので、少し「明るく」できます。
しかしそれは、「TWELITE」に負荷をかけるため、危険です。
「TWELITE」は、標準的に「4mA」しか電流が流せず、それより大きな電流を流そうとすると、壊れる恐れがあります。

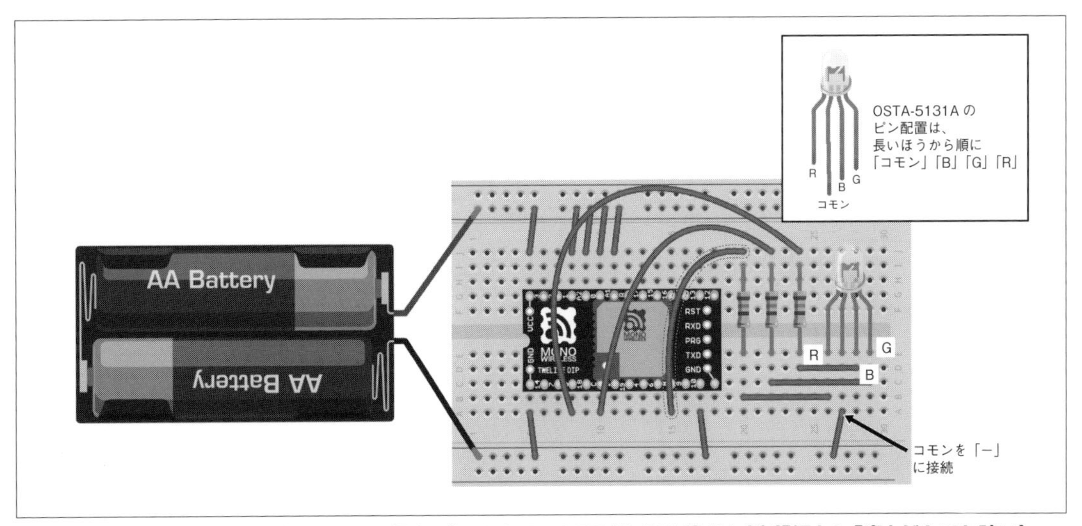

図 3-8 「図 3-3」の回路の LED3 個を、「フルカラー LED」に置き換えた例（「緑」と「青」がとても暗い）

■トランジスタによるスイッチング回路

そこで、「TWELITE」と「LED」を直結するのではなく、もう少し電流を流せるものを間に挟みます。

その代表的な部品が、「トランジスタ」です。

●トランジスタの基本

トランジスタは、「エミッタ（E）」「コレクタ（C）」「ベース（B）」の 3 本の足がある電子部品です（図 3-9）。

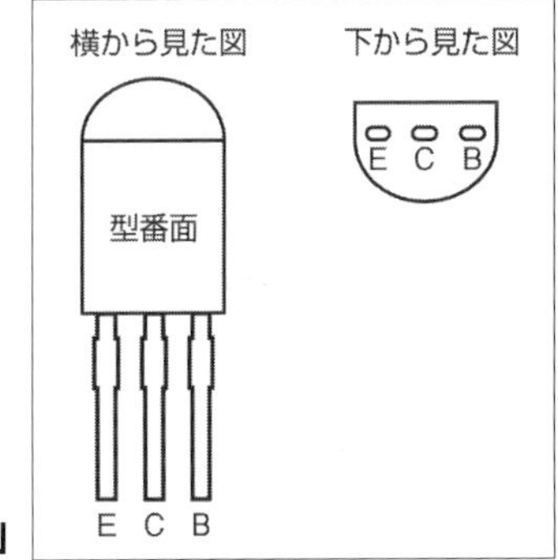

図 3-9 トランジスタの「足」

トランジスタには、「NPN 型」と「PNP 型」があります。

「NPN 型」と「PNP 型」とで、電流の流れる方向が違いますが、どちらも、「ベース・エミッタ」を流れる電流を何倍かしたものが、「コレクタ・ベース」の間を流れる、という基本動作に違いありません（図 3-10）。

何倍になるのかは、トランジスタの性能（型番）によって異なり、スペックシートに、「hFE」として示されます。

電子工作でよく使われるトランジスタの代表は、NPN 型の「2SC1815」と PNP 型の「2SA1015」です。

これらのトランジスタの場合、hFE は、概ね、100 ～ 400 程度です。

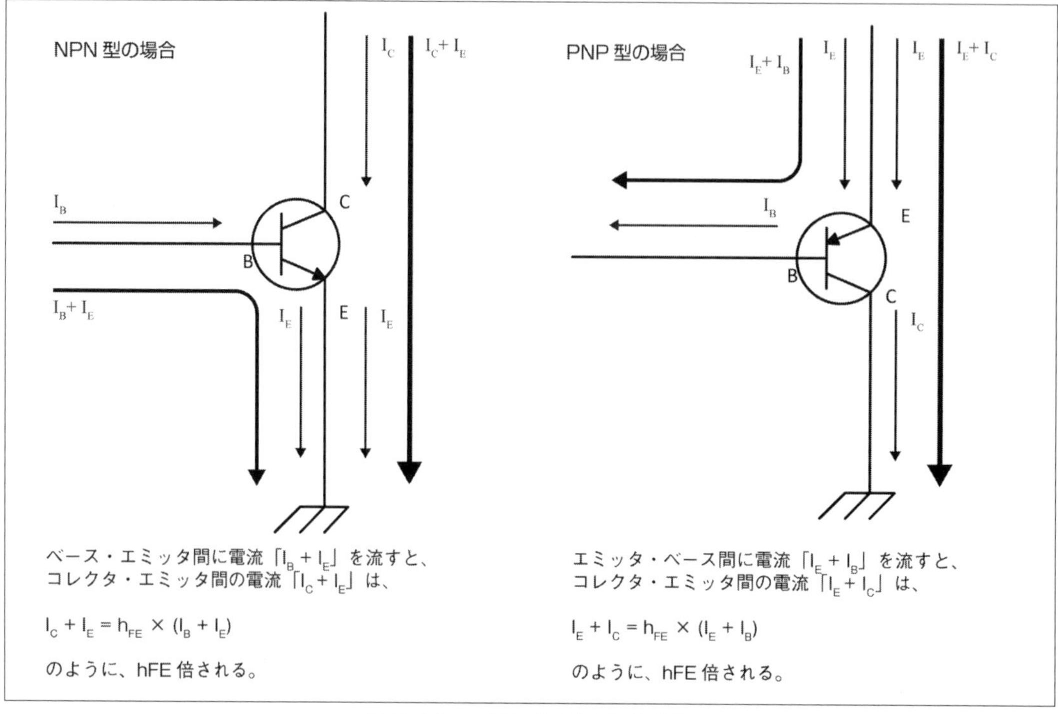
NPN型の場合
I_C
$I_C + I_E$
I_B
C
B
E
$I_B + I_E$
I_E
I_E
ベース・エミッタ間に電流「$I_B + I_E$」を流すと、
コレクタ・エミッタ間の電流「$I_C + I_E$」は、
$I_C + I_E = h_{FE} \times (I_B + I_E)$
のように、hFE倍される。
PNP型の場合
$I_E + I_B$
I_E
I_E
$I_E + I_C$
I_B
E
B
C
I_C
エミッタ・ベース間に電流「$I_E + I_B$」を流すと、
コレクタ・エミッタ間の電流「$I_E + I_C$」は、
$I_E + I_C = h_{FE} \times (I_E + I_B)$
のように、hFE倍される。

図3-10 トランジスタ回路の基本

さて、いま我々がやりたいことは、「TWELITEの出力以上の電流をLEDに流したい」ということです。

このようなときには、トランジスタの仕組みを使った「スイッチング回路」を使います。

「スイッチング回路」には、いくつか方法がありますが、「ベースにオンやオフの状態を与えたとき、エミッタ・コレクタ間の電流が流れるか流れないのかをスイッチする」のが、基本回路です。

基本回路の構成は、NPN型とPNP型の場合とで異なります。

> **メモ** 「TWELITE」では、ボリュームを変化させることでLEDの明るさが変わっていますが、これはアナログではなくてPWM信号です。すなわち、「オン」「オフ」の割合を変えることで、明るさを変えているにすぎません。
>
> 以下の説明では、アナログの増幅ではなく、デジタルの「オン・オフ」だけを大きくする「スイッチング回路」について言及しているので、注意してください。

● NPN型のスイッチング回路の基本

「NPN型」の「スイッチング回路」の基本は、**図3-11**のようになります。

図3-11で「負荷」と示してある部分は、「LED」や「ブザー」「モーター」など、「動かしたいもの」の総称です。

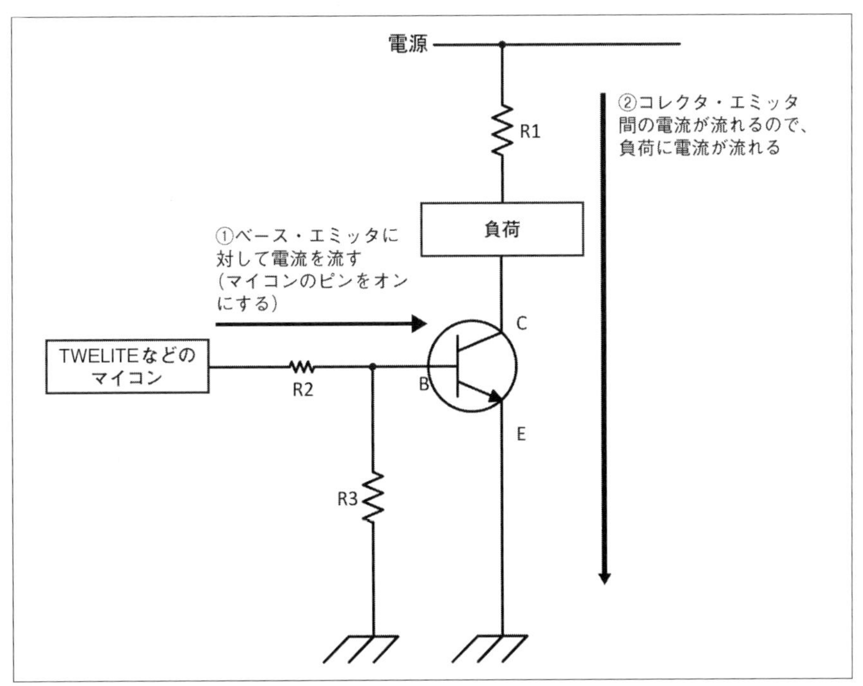
電源
R1
②コレクタ・エミッタ
間の電流が流れるので、
負荷に電流が流れる
負荷
①ベース・エミッタに
対して電流を流す
(マイコンのピンをオン
にする)
C
TWELITEなどの
マイコン
R2
B
E
R3

図 3-11 「NPN 型」スイッチング回路の基本

図 3-11 には、3 つの抵抗があります。これらの値は、次のように定めます。

① 負荷に加える電流を制限する「R1」

まずは、負荷に加える電流を制限する「R1」を定めます。

ここでは、「LED」を光らせる例を示します。

電源電圧は電池の 3V とします。
OSTA-5131A の仕様によると、

・赤　　2.0V、20mA
・緑・青 3.6V、20mA

が定格です。ここでは、安全を考え、定格の半分の「10mA」流すことにします。

「フルカラー LED」の「緑」や「青」を光らせるには、3.6V 必要ですが、電池 2 本では、3.6V 用意できないので、ここでは、少し小さめの「2.8V」を加えることにしましょう。

メモ 厳密に言うと、コレクタとエミッタの間には、「0.06V」程度の電位差が生じます。(トランジスタのデータシートの「VCE」として記されています)。しかし、ごくわずかな電位差なので、**図 3-12** の計算では、無視しています。

すると、「オームの法則」により、「R1」の値は「20 Ω」となります (**図 3-12**)。
そこでもっとも近い「22 Ω」を使います。
この計算は、「LED」に流す「電流」を制限する「R1」を定めるものであり、「トランジスタ」は関係ありません。

メモ 抵抗器は、1から10までを等比数列で分割した値の抵抗値しか売られていません。この系列を「E系列」と言います。よく使われるのは12分割した「E12系列」や24分割した「E24系列」です。

どの系列が使われるかは、抵抗の誤差によります。

一般に電気工作で使う抵抗器は、誤差が「10%」です。この場合、「E12系列」を使います。E12系列の場合、「10」「12」「15」「18」「22」「27」「33」「39」「47」「56」「68」「82」の区切りの抵抗値になります。

すなわち、「20Ω」が欲しいなら、「18Ω」か「22Ω」を選びます。

仮に「18Ω」だとすると、10%の誤差で「18 × 1.1=19.8Ω」の可能性があります。同様に「22Ω」だとすると、「22 × 0.9=19.8Ω」の可能性があります。よって、「E12系列」は、10%の誤差も含む場合、すべての範囲をカバーします。

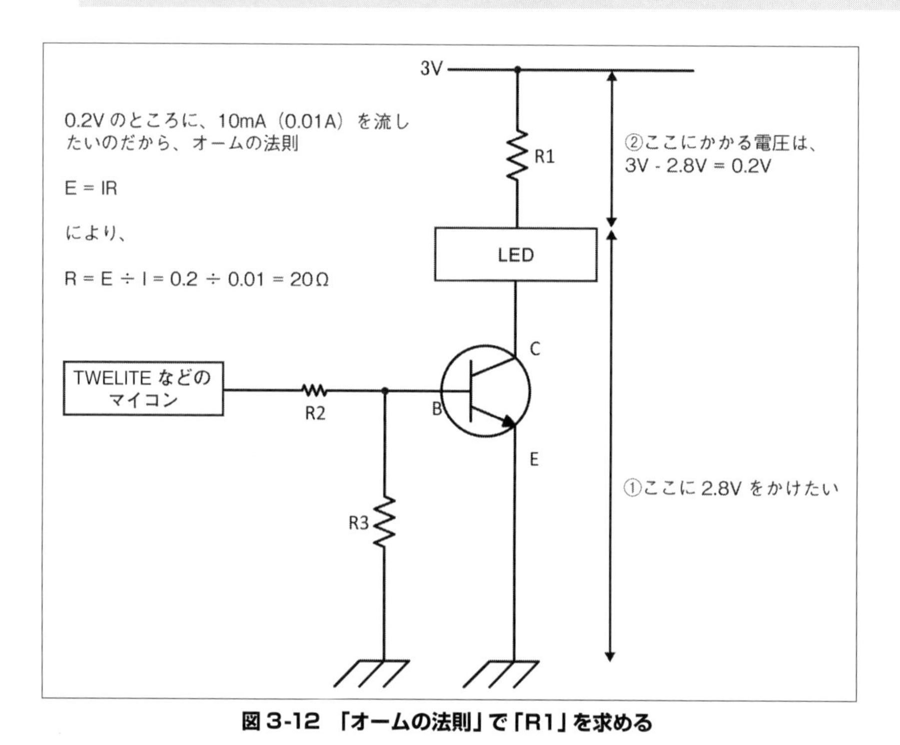

図3-12 「オームの法則」で「R1」を求める

②「TWELITE」から出力する「電流」を制限する「R2」

次に、「TWELITE」から出力する「電流」を制限する「R2」の値を決めます。

この値は、トランジスタの増幅率「hFE」が絡みます。

たとえば、エミッタに接続した負荷に「10mA」をかけたいときには、最低でも「10mA ÷ hFE」以上の電流を流す必要があります。

トランジスタの「hFE」の値は、型番ごとに決まります。

電子工作でよく使われる「2SC1815」というトランジスタの場合、「hFE」はランク（増幅の性能率）によって異なり、次のようになっています。

・O ランク	70 ～ 140
・Y ランク	120 ～ 240
・GR ランク	200 ～ 400
・BL ランク	350 ～ 700

＊

実は、スイッチング回路で使うときは、このような「hFE」の差は、あまり関係なく、「かなり少なめに見積もって計算」するようにします。

というのは、「ベース・エミッタ間を流れる電流は、多いと、多少、余計に電気を食うだけで、動作には支障ない」からです。

たとえば、ベース・エミッタ間に「1mA」を流すとします。

仮に「hFE」が「100」だとすると、エミッタ・コレクタ間は「1 × 100=100mA」流れる可能性があります。

しかし、**図 3-12** のように「負荷側」で抵抗を挟んで、流れる電流を「10mA」に制限しておけば、それ以上流れることはありません。

むしろ、「TWELITE」のようなマイコンから出力できる電流制限（「TWELITE」の場合は「4mA」）以下になるように、「R2」を定めます。

逆に言うと、「hFE」は、「10」とか「50」とか、かなり少なめに見積もるようにします。

仮に、「hFE」が「10」であると想定すると、エミッタ・コレクタ間に「10mA」を流すには、ベース・エミッタ間には、「10 ÷ 10=1mA」流せば充分です。

注意したいのは、ベース・エミッタ間には、ベース・エミッタ間電圧（VBE）があるため、そのぶんを差し引く必要があります。この値は、データシートで確認できますが、概ね 0.6 ～ 0.7V 程度です。

図 3-13 のように「オームの法則」を用いて求めると、「R2」の値は、「2400 Ω」（2.4k Ω）となります。そこでもっとも近い「2.2kΩ」を使います。

メモ ここでは、きちんと計算して求めていますが、**2SC1815** や **2SA1015** のような小電力トランジスタの場合、そのほとんどが、「hFE」が「100 倍」程度、コレクタには流せる電流は最大で「150mA」。余裕をもって使えば「50mA」程度です。

このことから考えると、ほぼすべての場合において、ベース・エミッタ間には、1mA ～ 2mA 程度を流せば充分です。

ですから、「R2」の抵抗値として、あまり深い計算をせずに、「1kΩ」や「2.2kΩ」といった値が決め打ちされることも、よくあります。

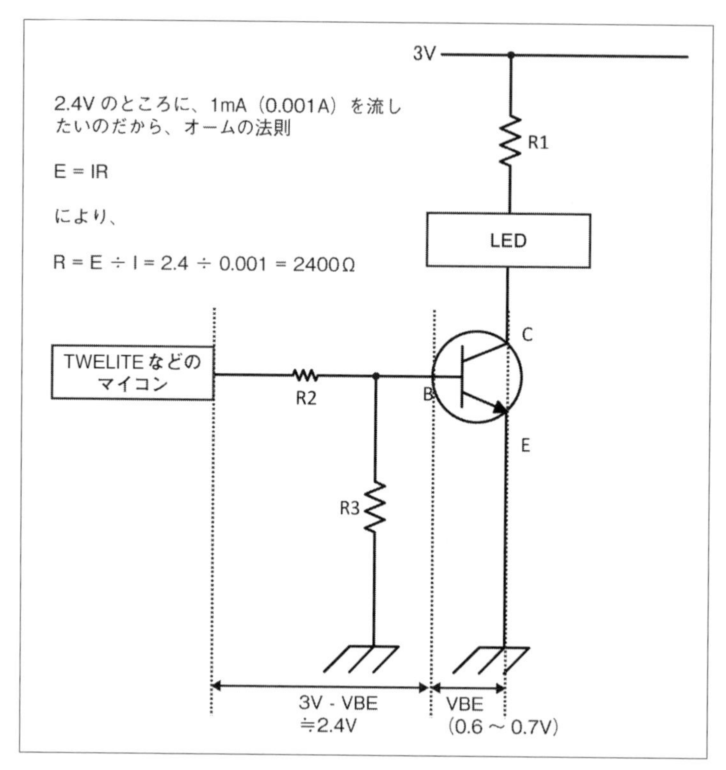

図 3-13 「オームの法則」で「R2」を求める

③ 電源投入時に不安定にならないようにする「R3」を定める

最後に「R3」ですが、これは計算で求めるのではなく、ある程度、大きな適当な抵抗値で定めます。

「R3」が必要な理由は、2つあります。

1つ目の理由は、電源投入から「TWELITE」が初期化されるまでの間、「TWELITE」のピンの状態がオンにもオフにもならず、宙に浮いた状態になる可能性があるためです。
「R3」を付けることで、不安定なときに、確実に「オフ」の側に振れます。

もう1つの理由は、エミッタとコレクタ間は、ベースに電流がまったく流れていないときにでも、少しだけ電流が漏れ出ているからです。この漏れを、「R3」が吸収します。
ここでは、「R3」を「10kΩ」としておきます。

● PNP 型の場合のスイッチング回路

「PNP 型」の場合は、**図 3-14** に示す回路になります。
基本的な考え方や計算方法は、「NPN 型」と同じです。
しかし「NPN 型」と違って、「出力が反転」するので、注意してください。
「PNP 型」の回路では、「TWELITE」からの出力が「オフ」のときに負荷に電流が流れ、「オン」のときに負荷に電流が流れない動作となります。

「R1」「R2」「R3」の求め方は、「NPN型」と同じです。

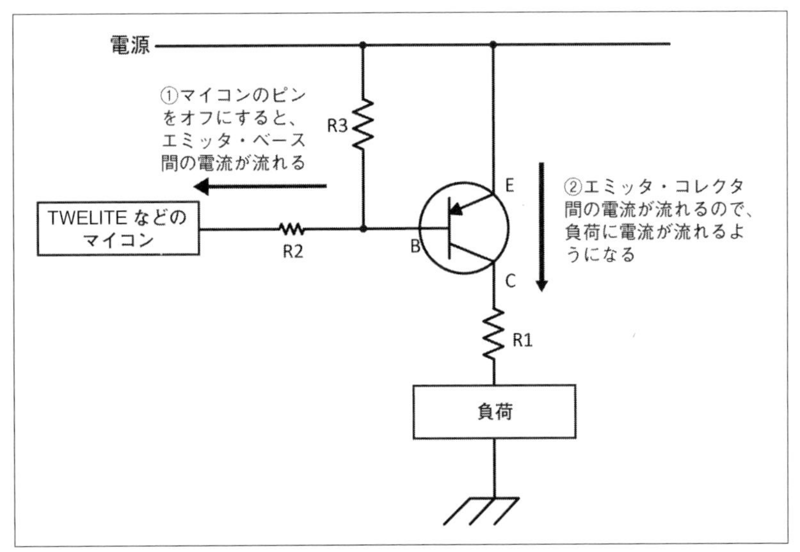

図3-14 「PNP型」の場合のスイッチング回路

■「トランジスタ」を使って「フルカラーLED」を駆動する

以上を踏まえて、「フルカラーLED」を「トランジスタ」を使って駆動してみます。

ここまでスイッチング回路には、「NPN型」と「PNP型」があると説明しました。
どちらが望ましいのかは、負荷が何なのかによります。
とくに「フルカラーLED」の場合、「カソード・コモン」と「アノード・コモン」のどちらを使うのかによって、使える「スイッチング回路」が決まってきます。

今回のように、「カソード・コモン」のLEDを使う場合には、「PNP型」のスイッチング回路しか使えません。
なぜなら、「NPN型」だと、LEDを流れる向きが逆になり、発光できないからです(図3-15)。

コラム PWM3にPNPのトランジスタを接続しない

PWM3は、プログラム・ピンと共用のため、電源投入時にLoになると、不用意にプログラムモードになる可能性があります。本書で説明しているPNPトランジスタ回路は、電源投入時にLoになる恐れがあるので、PWM3には接続しないようにしてください。
「PWM3→抵抗→LED→GND」という配線も、不安定になり得るため、推奨されません。

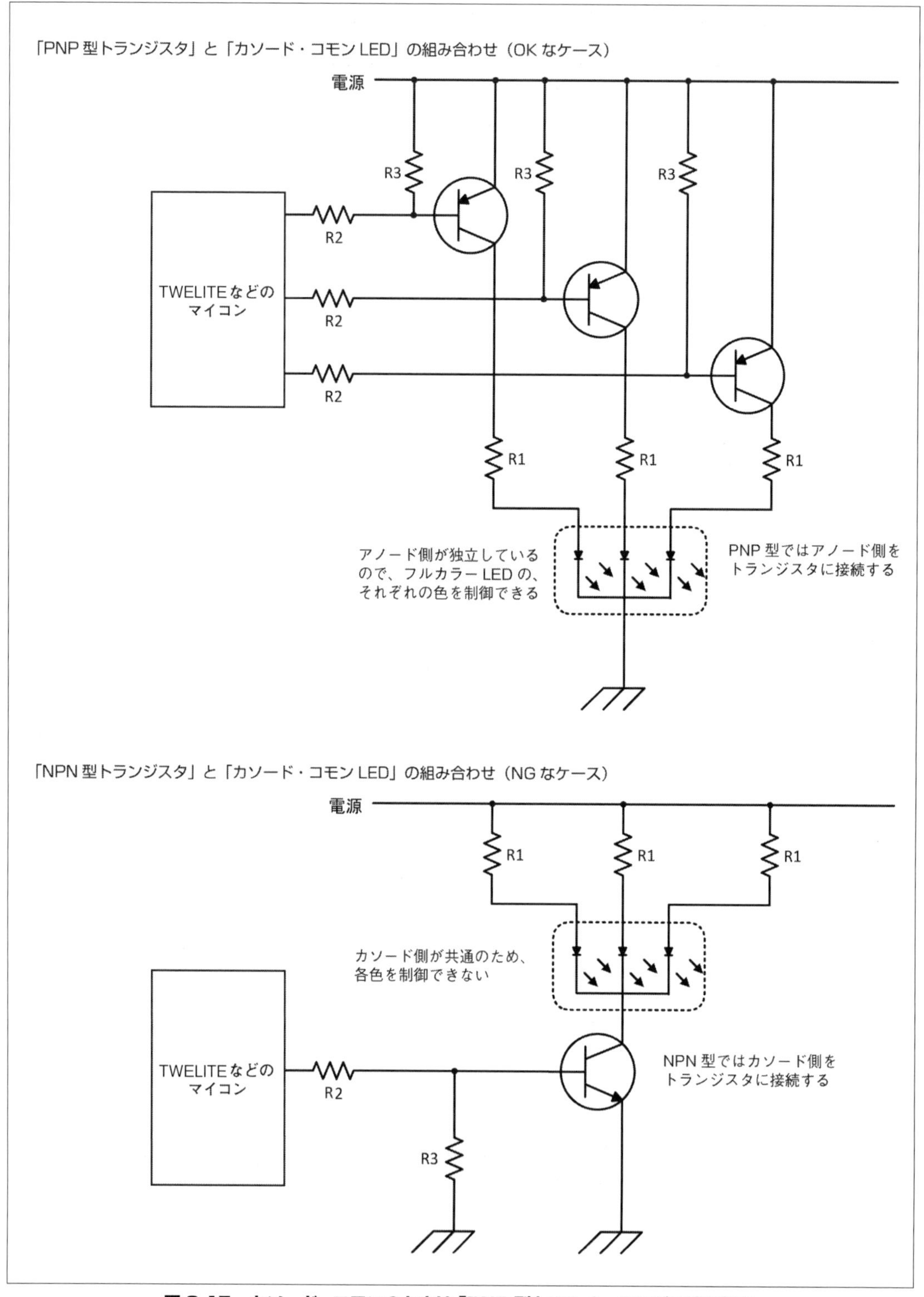
「PNP 型トランジスタ」と「カソード・コモン LED」の組み合わせ（OK なケース）
電源
R3
R3
R3
R2
R2
R2
TWELITE などの
マイコン
R1
R1
R1
アノード側が独立している
ので、フルカラー LED の、
それぞれの色を制御できる
PNP 型ではアノード側を
トランジスタに接続する
「NPN 型トランジスタ」と「カソード・コモン LED」の組み合わせ（NG なケース）
電源
R1
R1
R1
カソード側が共通のため、
各色を制御できない
TWELITE などの
マイコン
R2
R3
NPN 型ではカソード側を
トランジスタに接続する

図 3-15　カソード・コモンのときは「PNP 型」のスイッチング回路を使う

そこで今回は、「PNP 型」のスイッチング回路を使います。

なお、「PNP型」では、「オンのときにオフ」「オフのときにオン」になるので、注意してください。つまり、「子機」からコントロールする場合、「明るさ」と「ボリューム」の関係が逆になります。

メモ 逆にするのが嫌なときは、「アノード・コモン」のLEDを使って「NPN型」のトランジスタで構成するか、もう一段トランジスタを追加して出力を反転してください。

以上を踏まえて、実際に作った回路が、**図3-16・図3-17**です。
トランジスタには、**2SA1015**を使いました。

なお、「赤」だけは加える電圧が「2.0V」なので、「青」や「緑」とは、抵抗値が違っている点に注意してください。

「青」や「緑」には、本来「3.6V」必要なところを「2.8V」程度しか与えていませんが、それでも、今度は明るく光ります。

【製作に必要なもの】
- 「親機セット」(「ブレッドボード」「TWELITE DIP」「単三電池2本」「『単三電池』2本用の『電池ボックス』」「ジャンパ線適量」)
- 「抵抗」22Ω　2本
- 「抵抗」100Ω　1本
- 「抵抗」2.2KΩ　3本
- 「抵抗」10KΩ　3本
- 「PNP型トランジスタ」2SA1015　3本
- 「フルカラーLED　カソード・コモン」OSTA-5131A　1個

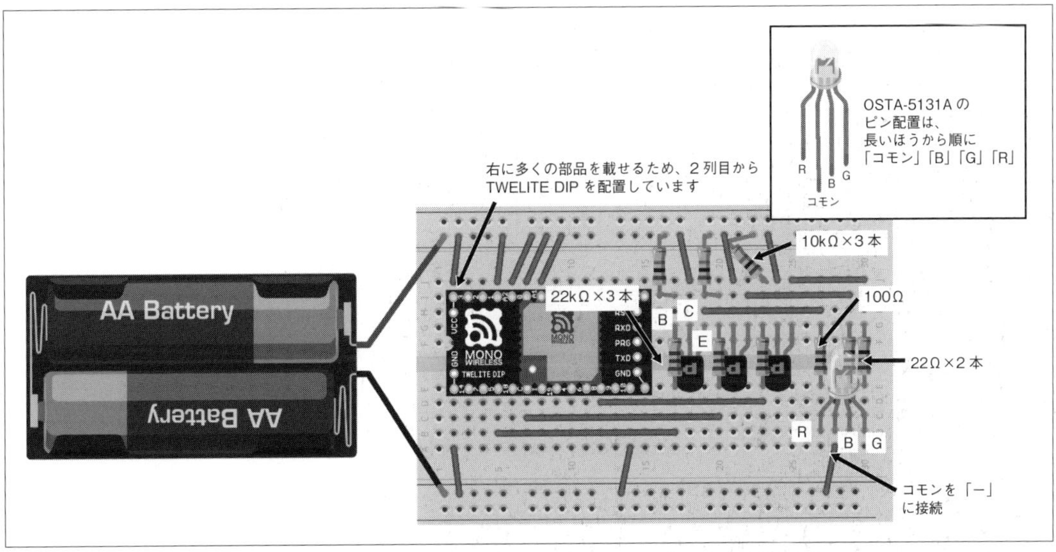

図3-16　トランジスタを使って「フルカラーLED」を制御する

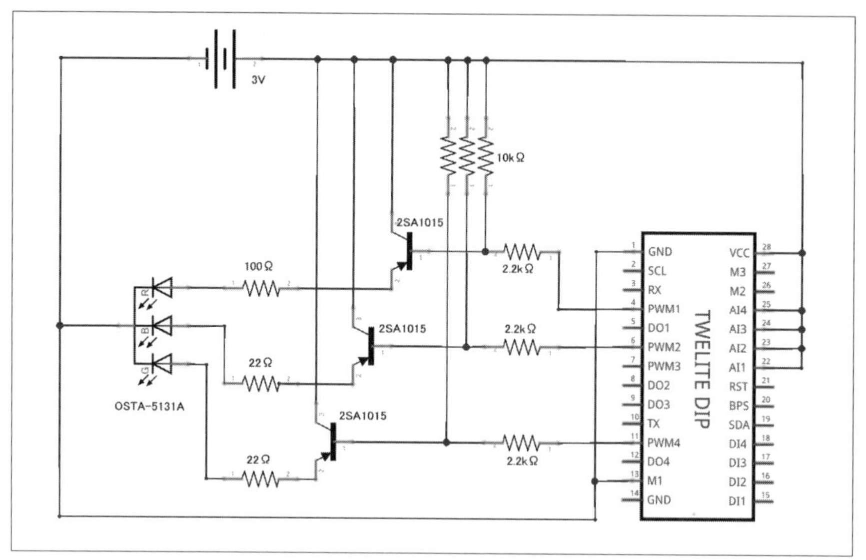

図 3-17 「図 3-16」の回路図

3.2 「リレー」を使って制御

何か外部の機器の電源を入れたり切ったりするときに使う部品が、「リレー」です。

リレーは、簡単に言うと、なかに「電磁石」が入っていて、電流を流すと、その板が引きつけられて、スイッチが入ります（図 3-18）。

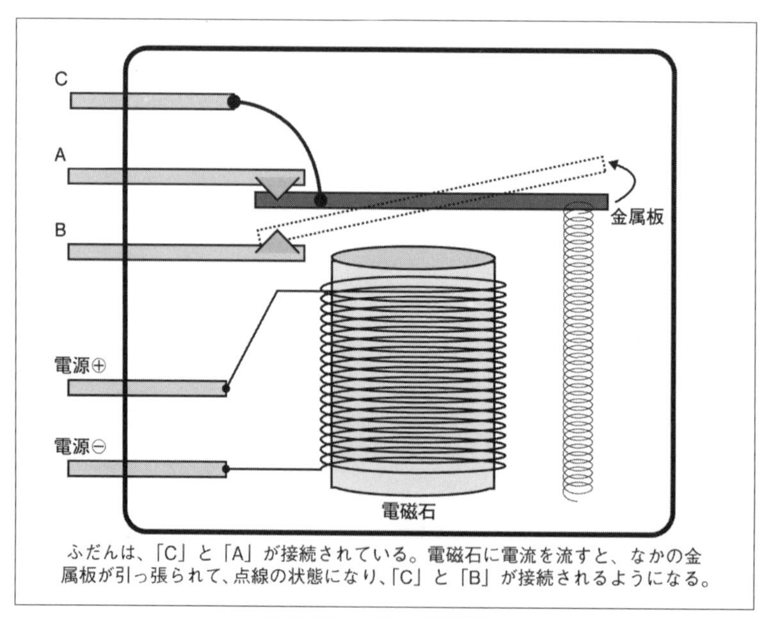

ふだんは、「C」と「A」が接続されている。電磁石に電流を流すと、なかの金属板が引っ張られて、点線の状態になり、「C」と「B」が接続されるようになる。

図 3-18 リレーの仕組み

図 3-18 に示したように、リレーには、電磁石に流す接点や、スイッチの接点など、最小で５本（多くは６本）の足があります。どこが何につながっているのか、慣れないと分からないかもしれません。

リレー本体やスペックシートには、**図3-19**の図が書いてあるので、これを頼りに、どこがどこと接続されているのかを判断してください。

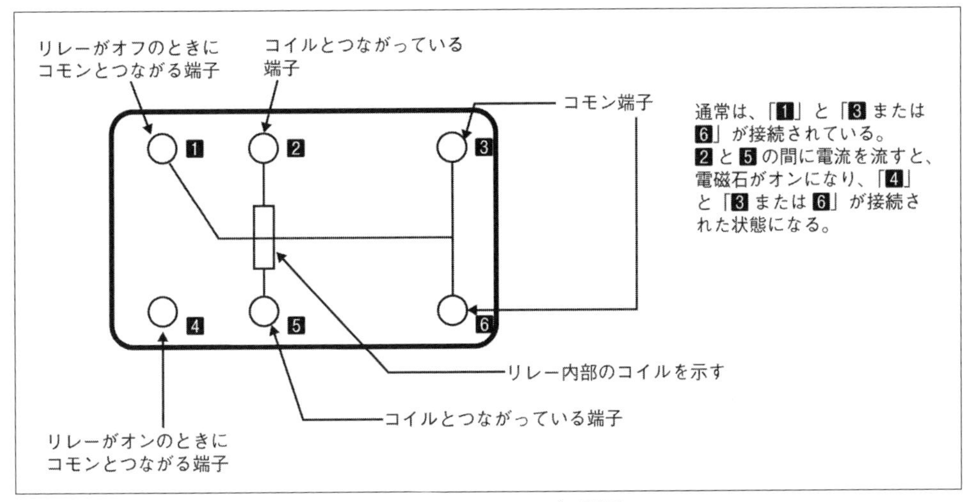

図3-19 リレーのピン配置

「リレー」は、製品にもよりますが、「50mA」程度の電力を消費するので、「TWELITE」から直接、稼働できません。

そこで、「トランジスタ」の「スイッチング回路」を使って制御します。

「リレー」の制御先は、回路とは別のものであり、「リレー」の定格が許す限り、何ボルト、何アンペアでも流せます。

100V以上に対応するリレーを使えば、商用電源のコントロールもできます。

> **メモ** ブレッドボードは100Vの電源をかけることを想定して作られていません。100V電源を制御する場合は、感電に注意し、ブレッドボードのような簡易な配線は避けてください。

＊

「TWELITE」を使った、リレー回路の例は、**図3-20**・**図3-21**のようになります。

「デジタル出力1番」(5番ピン)に「リレー制御の回路」を取り付けてあるので、**第2章**で作った、「デジタル親機の基本回路」(**図2-13**)もしくは、「TWELITE STAGE BOARD」で構成した「親機」と組み合わせて、「親機」のスイッチを押すと、リレーが動作します。

【製作に必要なもの】

- 「子機セット」(「ブレッドボード」「TWELITE DIP」「単三電池2本」「『単三電池』2本用の『電池ボックス』」「ジャンパ線適量」)
- 「抵抗」1kΩ　　1本
- 「抵抗」10kΩ　　1本
- 「PNP型トランジスタ」2SA1015　　1本
- 「小電力ダイオード」1N4148　　1本

・3Vリレー「Y14H-1C-3DS」　1個
（ピン間を広げるために、適当な「万能基板」と「ピンヘッダ」が別途、必要です（コラム参照））
・動作確認用の適当な負荷（モーターなど）

「スイッチング回路」は、先に示したものと同じで、「PNP型」の**2SA1015**を使いました。

リレーには、「3V」で稼働する「Y14H-1C-3DS」というリレーを使いました。このリレーは、「50mA」を消費するので、「50mA」を流すことを前提に、抵抗の値を計算してあります。

注意したいのは、リレーを使うときは、コイル付近で「逆電流」が発生するため、それを吸収するために「ダイオード」が必要だという点です。
「ダイオード」は、どのようなものでもよく、ここでは、汎用の「ダイオード」**1N4148**を用いました。
「ダイオード」には、極性があり、プラス側に「白い線（カソード・マーク）」が入っています。製作する際は、向きに注意してください。

図3-20では、負荷として「モーター」を図示してありますが、リレーは単なる「スイッチ」に過ぎないので、ブザーとか電球とか、（リレーやブレッドボードの耐圧を超えない限りは）何でも接続できます。

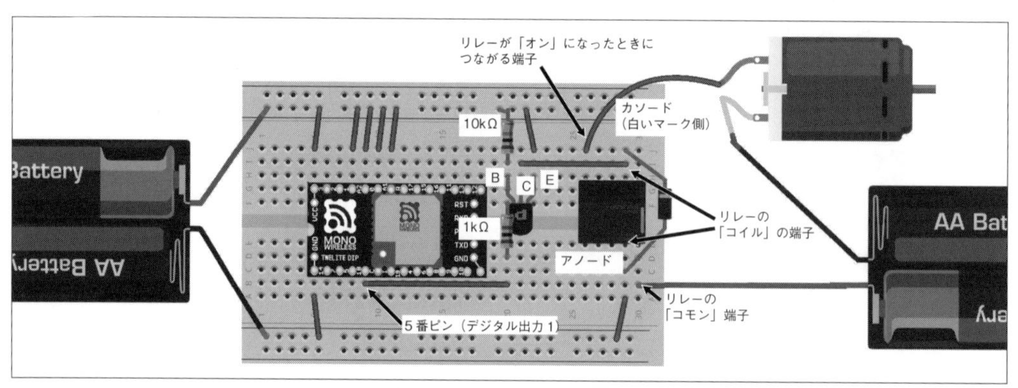

図3-20　リレー回路の例

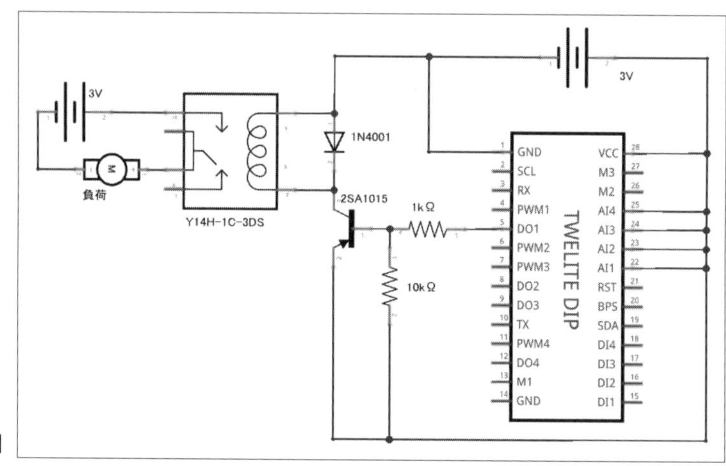

図3-21
「図3-20」の回路図

コラム リレーの幅がブレッドボードに刺さらない

ここで利用している「Y14H-1C-3DS」という「リレー」は、ピンの幅が狭いため、「ブレッドボード」中央の溝を挟んで配置することができません。

そこで、適当な基板にピンをハンダ付けして、ピン間を広げます（**図 3-A**）。

図 3-A リレーのピンの幅を広げる

3.3 「フォトカプラ」を使って「無線」で「カメラ」の「シャッター」を切る

「リレー」は「電磁石」を使ったものです。

機械的に稼働するので、動作の際に音がします。

また、電気も食いますし、機械的な寿命もあります。

*

さほど大容量ではないものをスイッチしたいときには、「フォトカプラ」という部品を使うことができます。

「フォトカプラ」は、「LED」と「フォト・トランジスタ」を１つのパッケージにまとめた部品です。

「フォト・トランジスタ」は、光が当たると電流が流れる部品です。

スイッチ側では、普通の「LED」を光らせるのと同じように、電流を流します。

すると、向かい合わせの「フォト・トランジスタ」側の電流が流れて、回路が通じます（**図 3-22**）。

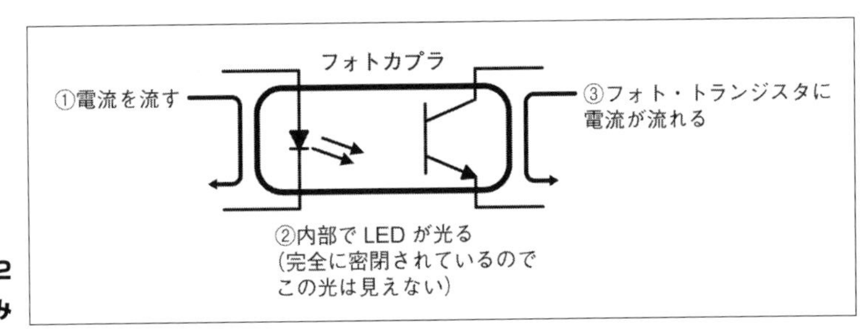

図 3-22
フォトカプラの仕組み

「フォトカプラ」の例として、「カメラのシャッターを切る」という回路を示します。

一眼レフカメラには、「レリーズ」というオプション部品を取り付けられるものがあります。これは単純なスイッチで、スイッチを押すとカメラのシャッターが切れます。

カメラの機種にもよりますが、キヤノンの「EOS Kiss」の場合、2.5mmの「ステレオ・ミニジャック」が使われており、**図3-23**のように配線されています。

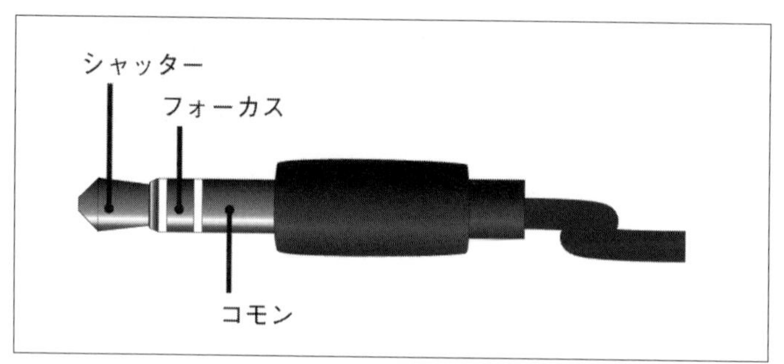

図3-23 「キヤノンEOS-Kiss」のレリーズの例

たとえば、「シャッター」と「コモン」とを接続すると、「シャッター」が切れます。
同様に、「フォーカス」と「コモン」を接続すると、「フォーカス合わせ」の状態になります。

「TWELITE」から、これらのスイッチを操作すれば、「リモート」でシャッターを切れるようになります。

*

実際に作ってみます。
まずは、**図3-24**・**図3-25**のように「親機」を用意します。
ここでは、2つのスイッチを用意しました。
1つ目のスイッチは「シャッター」に、2つ目のスイッチは、「ピント合わせ」に使います。

※「TWELITE STAGE BOARD」を持っているなら、**図3-24**・**図3-25**の電子工作は作らず、「親機」として構成して、代用できます。

【製作に必要なもの】
・「親機セット」(「ブレッドボード」「TWELITE DIP」「単三電池2本」「『単三電池』2本用の『電池ボックス』」「ジャンパ線適量」)
・タクトスイッチ　2個

メモ 「EOS-Kiss」のレリーズの仕様は公開されているわけではありません。この回路でカメラが壊れても、編集部ならびに著者は、責任を負いかねます。

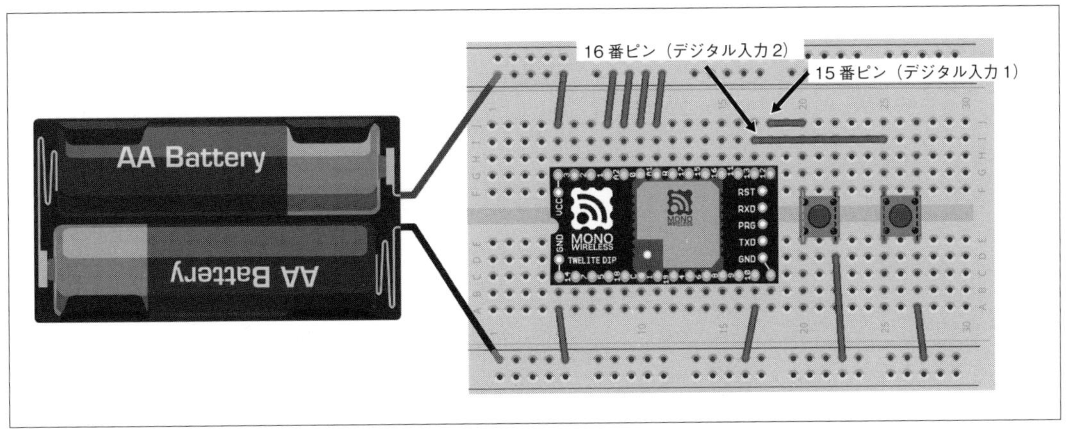

図3-24　シャッターを切るための「親機」

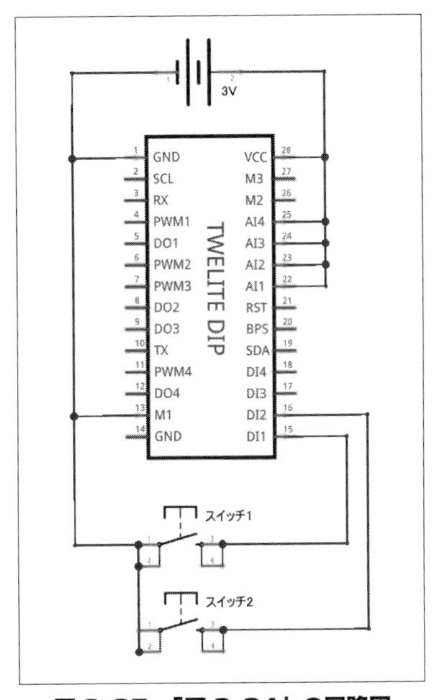

図3-25　「図3-24」の回路図

「子機」側の回路は、**図3-26**・**図3-27**のようになります。

【製作に必要なもの】

・「子機セット」（「ブレッドボード」「TWELITE DIP」「単三電池2本」「『単三電池』2本用の『電池ボックス』」「ジャンパ線適量」）

・「抵抗」1kΩ　2本

・「フォトカプラ」TLP621-2　1個
（TLP621-1が2個でも可）

・「2.5mmステレオ・ミニプラグ」　1個

この回路では、「TLP621-2」という「フォトカプラ」を使いました。

この「フォトカプラ」は、「1.2V」程度の電圧をかけることが推奨されています。ここでは、「2mA」の電流を流すことにし、抵抗値は、

(3V − 1.2V) ÷ 0.002 ≒ 1kΩ

という値としました。

「出力」側は、カメラ側の「2.5mm ステレオ・ミニジャック」に接続しているだけです。

とても簡単な回路ですが、「TWELITE」は、かなり遠くから電波が届くので、さまざまな場面で、実用的に使えると思います。

メモ 「TLP621-2」は、2つの「フォトカプラ」が1つのパッケージに入った製品です。
1つしか入っていない「TLP621-1」や4つ入っている「TLP621-4」もあります。

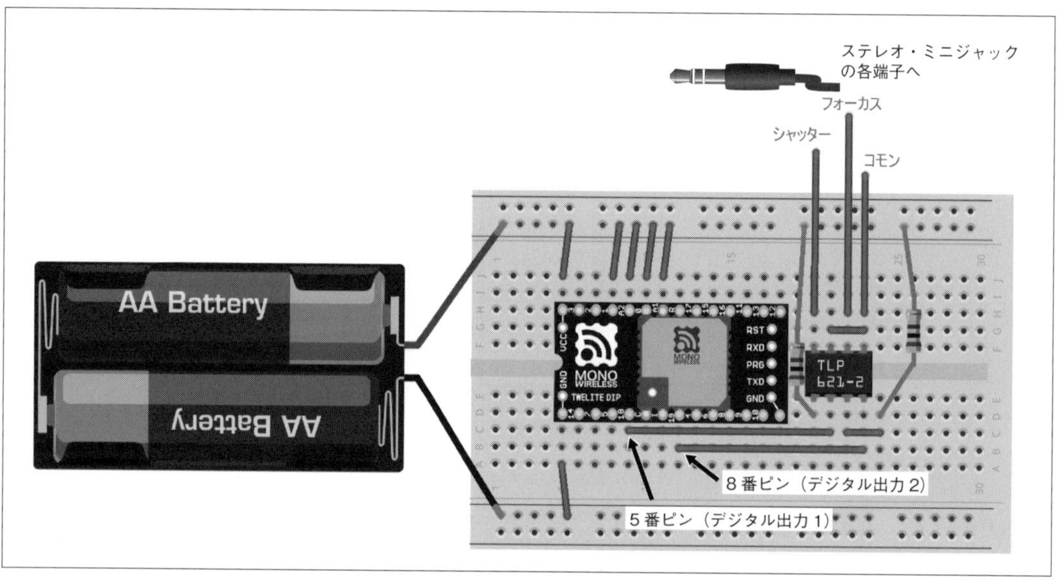

図3-26　シャッターを切るための「子機」

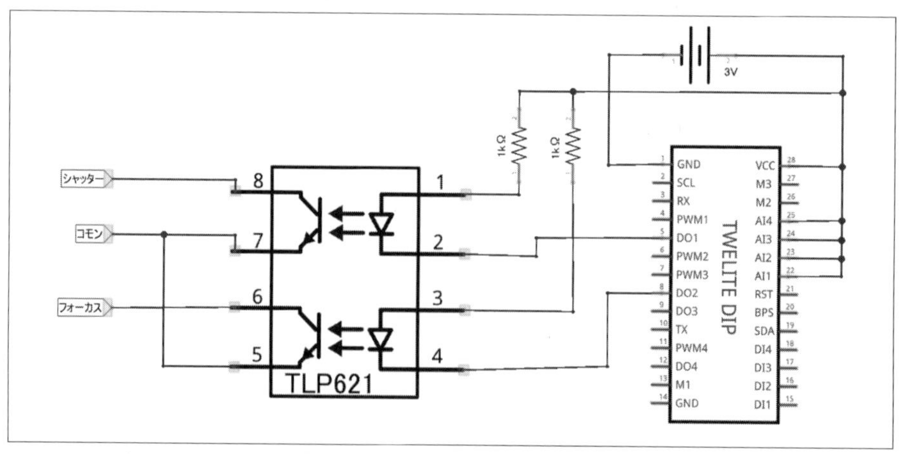

図3-27　「図3-26」の回路図

第4章

「MONOSTICK」と「パソコン」を連携させる

「TWELITE」だけでも、さまざまなことができますが、「パソコン」と連携させると、活用の幅がさらに広がります。
たとえばパソコンから、TWELITEに接続したLEDをオン・オフしたり、温度センサーをつないで、現在の温度を刻々と計測したりできます。この章では、パソコンに「MONOSTICK」をつなぎ、近隣の「TWELITE」を制御する方法を説明します。
「MONOSTICK」は、「シリアル通信」で制御します。そのためのソフトウェアとして、「TWELITE STAGE APP」が提供されています。

4.1 「TWELITE」と「パソコン」を連携させてできること

「TWELITE」を「パソコン」に接続すると、次のことができるようになります(**図4-1**)。

① パソコンのプログラムで電子回路をコントロール

「TWELITE」の「デジタル出力」や「PWM出力」を、パソコンからプログラムで実行できるようになります。

一定時間ごとにLEDをチカチカさせるのはもちろん、他のアプリケーションと連携して何かすることもできます。

たとえば、パソコンで「メールの新着を監視するプログラム」を作って、それと「TWELITE」を連動させれば、メールが届いたときに、遠方でLEDを"チカチカ"させたり、音を鳴らしたりできます。

② 電子回路に接続された「センサー」などの値を利用

「TWELITE」の「デジタル入力」の「オン/オフ」の状態や、「アナログ入力」に接続された「電圧値」を、パソコンから読み取ることができます。

たとえば、「TWELITE」に「温度センサー」を接続して部屋に置いておけば、その部屋の温度を、離れた場所から調べることができます。

取得した「温度データ」は、プログラム次第で、どのようにでも加工できます。たとえば、「温度値をグラフにする」とか、「ある温度を超えたらメールを出す」などの仕組みを作ることもできます。

③「液晶モジュール」や「音声合成IC」などの複雑なパーツを扱う

パソコンに接続したときには、「デジタル入力」「デジタル出力」「アナログ入力」「PWM出力」以外に、次の2つのインターフェイスを使うことができます。

(a) I2C

「I2C」に対応した「液晶モジュール」や「音声合成IC」などが、各社から販売されています。

「TWELITE」に接続して、これらを制御できます(**第6章**)。

(b) シリアル(UART:Universal Asynchronous Receiver Transmitter)

「TWELITE」のプログラムを書き換えることによって、「シリアル」で使っているデータの通信ができます。

たとえば、「Arduino」や「PICマイコン」と組み合わせると、無線で、これらのマイコンと通信できるようになります。

また、無線で「MIDI音源」を鳴らすこともできます(**第7章**)。

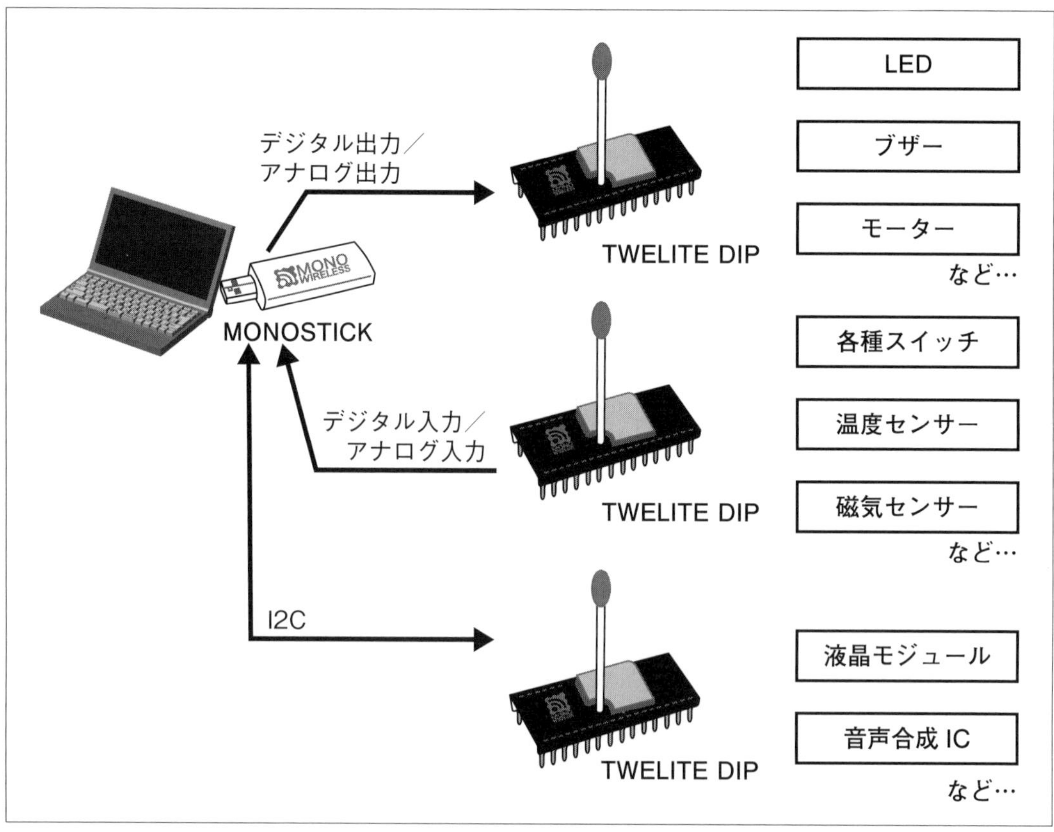

図4-1 「TWELITE」と「パソコン」の連携

4.2 「TWELITE」を「パソコン」に接続する

「TWELITE」をパソコンに接続するには、次の2つの方法があります。

■ ①「MONOSTICK」を使う

「MONOSTICK」(モノスティック)という製品を使う方法です。

「MONOSTICK」は、「USBメモリ」のような形状のパッケージに「TWELITE」を内蔵したものです。
パソコンに装着するだけで、「TWELITE」をコントロールできます(**図4-2**)。

「MONOSTICK」は、デフォルトで「親機」として動作します。

図4-2 MONOSTICK

「MONOSTICK」の表面には、「デジタル出力1」「PWM出力3」と「電源LED」の3つのLEDが装着されています。

パソコンから「デジタル出力1」や「PWM出力3」に対して「出力設定」すると、対応する内部の「LED」が"チカチカ"光ります(**図4-3**)。

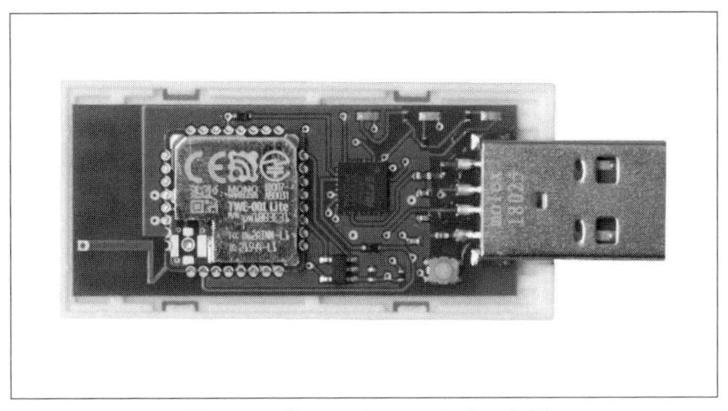

図4-3 「MONOSTICK」の内部

■ ②「TWELITE DIP」と「TWELITE R2」を組み合わせる

「TWELITE DIP」をパソコンに接続するためのソケットである「TWELITE R2」(トワイライター2)を使う方法です(**図4-4**)。

「TWELITE R2」に「TWELITE DIP」を装着すると、パソコンの「USB端子」に接続できます。

この方法は、「TWELITE DIP」の ROM に書き込まれているプログラムを書き換えるときにも使います（詳細は、**第７章**で説明します）。

「TWELITE DIP」と「TWELITE R2」の組み合わせは、デフォルトで「子機」として動作します。

図 4-4 「TWELITE R2」と「TWELITE DIP」を組み合わせる

どちらの方法を使っても同じです。以下の説明では、「MONOSTICK」について説明していきますが、「TWELITE R2」と「TWELITE DIP」の組み合わせでも、まったく同じことができます。

ただし、「TWELITE R2」と「TWELITE DIP」の組み合わせの場合、デフォルトが「子機」なので、以下の内容を試すときには、「**［コラム］「TWELITE DIP」を「親機」にする**」（84 ページ）を参照して、「親機」に設定してください。

> **メモ** **図 4-4** では、「TWELITE R2」に「TWELITE DIP」を直に装着していますが、頻繁に付けたり外したりすると、ピンが痛んで取れてしまうことがあります。頻繁に付けたり外したりするのであれば、IC ソケットである「アタッチメントキット」を使ってください（**p.147 のコラム**を参照）。

4.3 「TWELITE STAGE APP」の設定

「MONOSTICK」（または「TWELITE R」と「TWELITE DIP」の組み合わせ）を、パソコンの「USB 端子」に接続すると、「COM ポート」（シリアル・ポート）として認識されます。

なお、「Windows 標準」の「ドライバ」が使われるため、「デバイス・ドライバ」を別途用意する必要はありません。

> **メモ** 「MONOSTICK」や「TWELITE R2」は、「USB 接続」のインターフェイスとして、よく使われている「FTDI シリアル変換チップ」が用いられています。「Windows」の他、「Mac」や「Linux」「Android」「Raspberry Pi」でも利用できます。

■ TWELITEを操作する方法

このようにして接続した「MONOSTICK」や「TWELITE + TWELITE R2」をパソコンから操作するには、次の方法があります。

①汎用的なシリアル通信ソフトを使う

汎用的なシリアル通信ソフトを使う方法です。

たとえばOSに付属のコマンドやTera Termなどのフリーソフトを使って操作します。汎用的な方法ですが、操作が少し煩雑です。

②「TWELITE STAGE APP」を使う

モノワイヤレス社が提供している「TWELITE STAGE APP」というソフトウェアを使って操作する方法です。

「TWELITE STAGE APP」は、通信状態の確認やコマンドの送信、設定変更、そして、プログラムの書き換えまでできるツールです。

*

どちらの方法でもよいですが、本書では、より簡単な②の方法で説明します。

■ TWELITE STAGE APPのダウンロード

まずは、「TWELITE STAGE APP」をダウンロードします。「TWELITE STAGE APP」は、「TWELITE STAGE SDK」という開発ツールに含まれています。このソフトウェアの利用は無償です。次のようにしてダウンロードおよび展開します。

手 順　TWELITE STAGE SDKのダウンロードと展開

[1] TWELITE STAGEのページを開く

ブラウザで「TWELITE STAGE」のページを開きます。ページの中程に、[ダウンロード]という項目があり、「Windows版」「MacOS版」「Linux版」「Raspberry Pi版」をクリックすると、それぞれに対応版をダウンロードできます（**図4-5**）。

ダウンロード後の使い方は、OSによって若干異なります。以下では、「Windows版」について説明します。

> **メモ**　「macOS」や「Linux」の場合は、デバイス・ドライバの無効化などの作業が必要です。詳細については、「TWELITE STAGEマニュアル」の「インストール」のページ（https://stage.twelite.info/install/）を参照してください。

【TWELITE STAGE】

https://mono-wireless.com/stage/

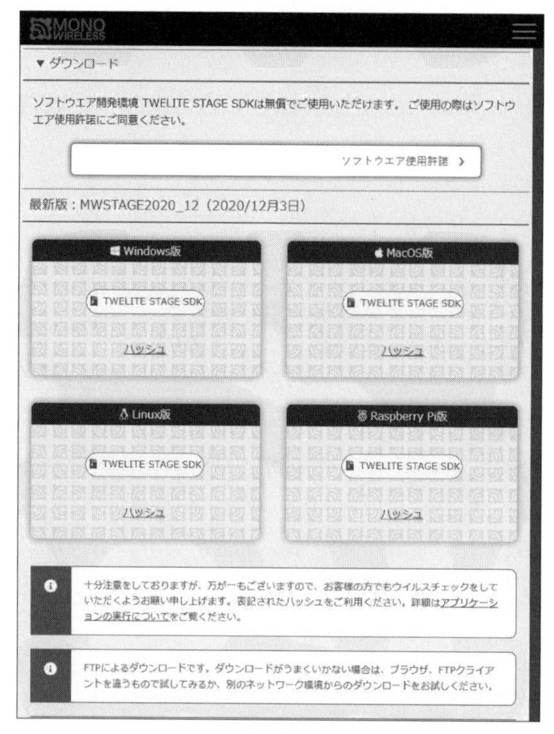

図4-5　TWELITE STAGE SDKのダウンロード

[2]　展開する

[1]のファイルは、「ZIP形式」です。展開すると、必要なファイル一式が入った「MWSTAGE」というフォルダができます。これを適当な場所（たとえば、「Cドライブ直下」や「ドキュメントフォルダ以下」など）に移動してください。

このフォルダに含まれる「TWELITE_Sgage.exe」が、以下で使う「TWELITE STAGE APP」の本体です（**図4-6**）。

メモ　移動先フォルダは、「空白」や「日本語」が含まれないフォルダ名のみで構成される場所を推奨します。

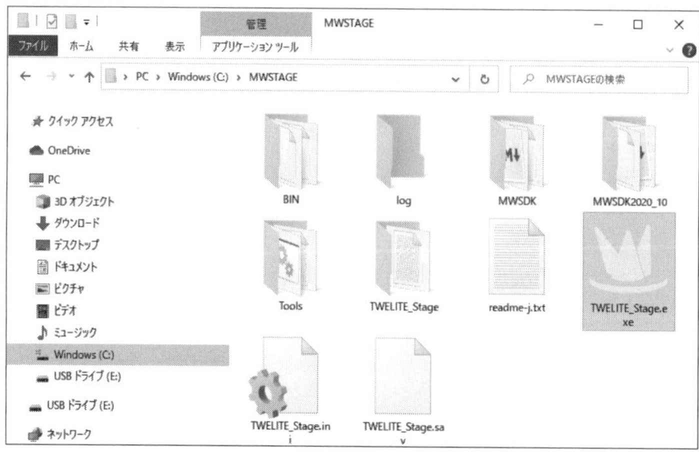

図4-6　フォルダを展開したところ

■ TWELITE STAGE APP で送受信データを見る

「TWELITE STAGE APP」を使って、「TWELITE」で送受信されているデータを見るには、次のようにします。

なお、下記の確認では、実際にデータを送信する「子機」が必要です。**第2章**や**第3章**で作成した、いずれかの「子機」(もしくは「TWELITE STAGE BOARD」)を用意したうえで進めてください。

手 順　TWELITE STAGE APP で送受信データを見る

[1] 「MONOSTICK」をパソコンに接続する

「MONOSTICK」をパソコンのUSBポートに接続します。

[2] TWELIE STAGE APP を起動する

「TWELITE_Stage.exe」をダブルクリックして起動します。

[3] ポートを選択する

起動すると、**図4-7**のようにポートを選択する画面が表示されます。

操作したいものをカーソルキーの上下で選択し、[Enter] キーを押します(ひとつしか接続していないときは、**図4-7**のようにひとつしか表示されないので、そのまま[Enter]キーを押します)。

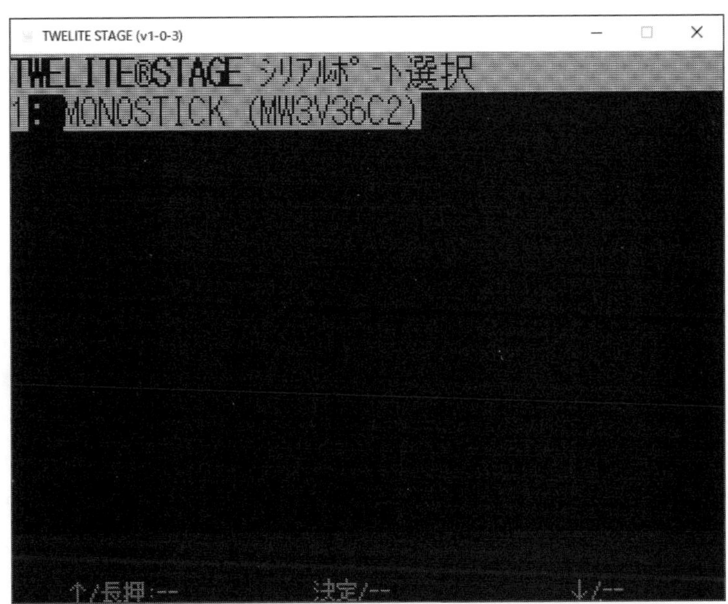

図4-7　操作したい MONOSTICK や TWELITE を選択する

[4] ビューアを選択する

メニューが表示されます(**図4-8**)。通信状態を見るには、「ビューア」を使います。数字キーの「1」を押します(もしくはカーソルキーで [1] に合わせて [Enter] キーを押します)。

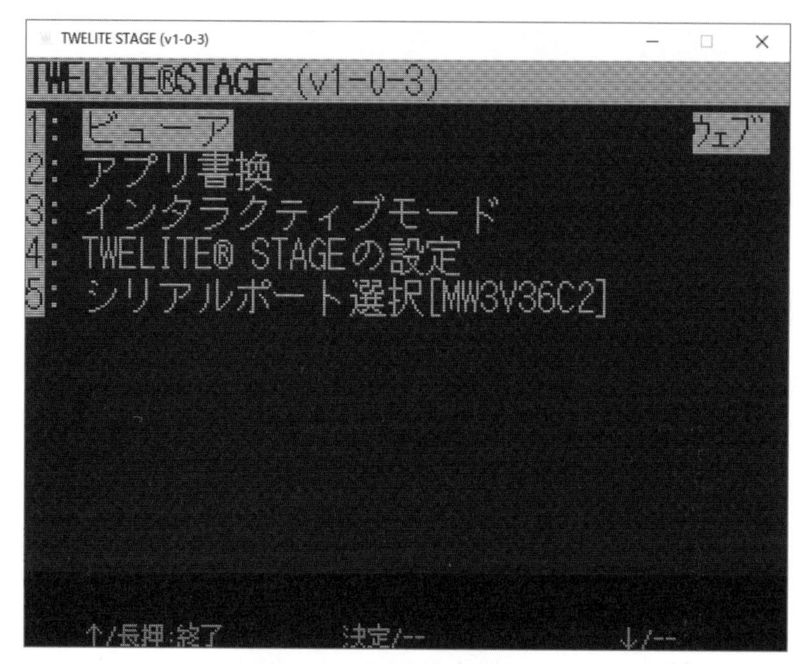

図4-8 ビューアを起動する

[5] ターミナルを起動する

ビューアのメニューが表示されます(**図4-9**)。

ここでは「TWELITE」で送受信する生のデータを見たいので、[1]と入力して、「ターミナル」を起動します。

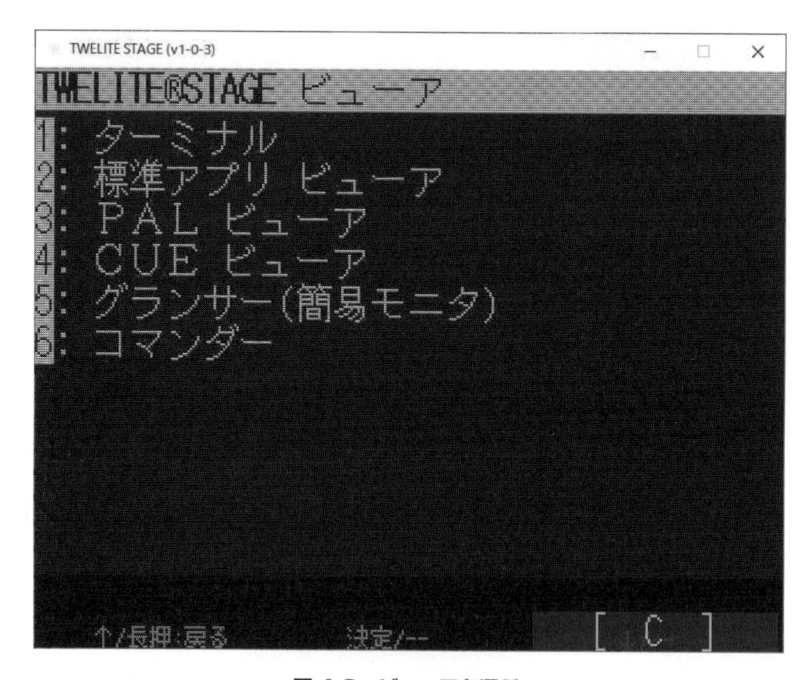

図4-9 ビューアを選ぶ

コラム 他のビューア

「TWELITE STAGE APP」で提供されているビューアを**表 4-1** に示します。

たとえば「標準アプリビューア」を使うと、**第 2 章**で作った TWELITE 子機のスイッチを「オン」「オフ」すると、その状態が画面に分かりやすく表示されます(**図 4-10**)。

※提供されるビューアは、今後のバージョンアップによって変更されることがあります。

表 4-1 ビューア

種　類	意　味
ターミナル	送受信されるデータを文字列で表示する
標準アプリビューア	「超簡単！標準アプリ」のデータを分かりやすく表示する
PAL ビューア	TWELITE PAL のデータをわかりやすく表示する
CUE ビューア	TWELITE CUE のデータをわかりやすく表示する
グランサー(簡易モニター)	受信メッセージ中の情報を簡易表示する。電波強度や電圧などが一覧でわかる
コマンダー	TWELITE にシリアル・コマンドを送信する

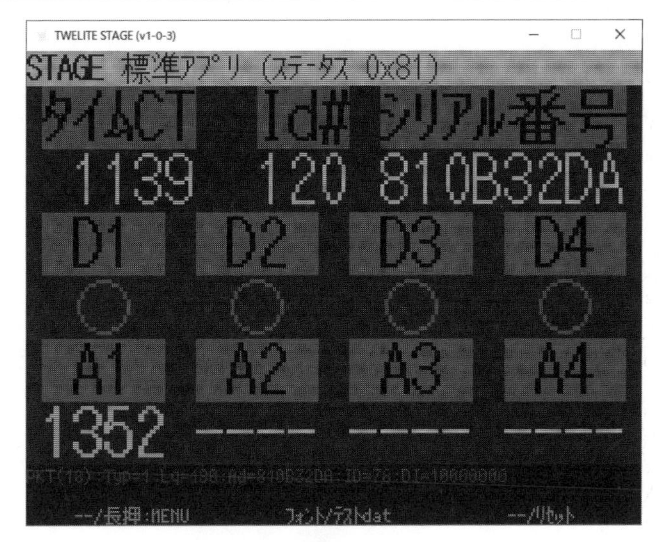

図 4-10 標準アプリビューア

[6] TWELITE のデータを見る

パソコンに「MONOSTICK」(または「App_Wings」を書き込んで親機として構成した「TWILITE DIP/PAL/CUE」+「TWELITE R2」)を接続しておきます。

その状態で、**第 2 章**や**第 3 章**で作った(もしくは「TWELITE STAGE BOARD」で構成した)、適当な「子機」の電源を入れてください。すると、**図 4-11** のように、何かデータが次々と出力されるのが分かるかと思います。

このデータは、「子機」が「MONOSTICK」(親機)に送信してきた電波を解釈したものです。

もし、複数の「子機」があれば、それらの「子機」のデータも、混じって表示されます。

ここではパソコン側を「親機」としていますが、パソコン側を「子機」とした場合でも、同様です。「TWELITE」は、親機・子機の双方向の通信です。

図4-11 「子機」から送信されたデータ

コラム TWELITE STAGE APPの基本操作

「TWELITE STAGE APP」のウィンドウからマウス・ポインタを外すと、操作マニュアルが表示されます(**図4-12**)。

基本操作は、「カーソルキー」や「Enterキー」「ESCキー」ですが、[Alt+C] キーや [Alt+V] キーで、コピー&ペーストなどの操作もできます。

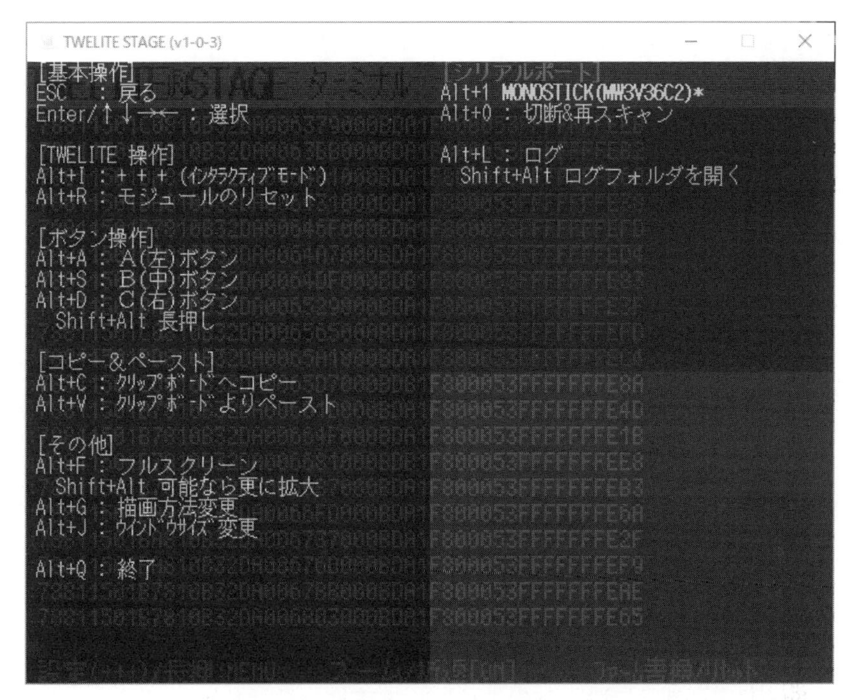

図4-12 TWELITE STAGE APPの操作

コラム Tera Termで通信する

「TWELITE (MONOSTICK)」は、COMポートに割り当てられていて、シリアル·ポートで通信できます。

たとえば、「Tera Term」などの通信ソフトを使って、「COMポートに115200bps」で接続すれば、「TWELITE (MONOSTICK)」のデータをテキストで見たり、キーボードから文字列入力してコマンドを送信したりできます(**図4-13**)。

図4-13 「Tera Term」から操作したところ

コラム 「TWELITE DIP」を「親機」にする

「TWELITE R2」と「TWELITE DIP」を組み合わせた場合、デフォルトでは「子機」です。

「親機」として使うには、次のいずれかの方法をとります。どちらも「TWELITE STAGE APP」から操作できます。

①「インタラクティブモード」に入って「親機」に変更する

ひとつめの方法は、「インタラクティブモード」と呼ばれる設定変更するためのモードに入って、親機に切り替える方法です。これは**第2章**で電子工作したように、「M1」～「M3」のピンを親機用に設定するのと同じ動きにするものです。

②アプリを「App_Wings」に書き換える

もうひとつの方法は、「App_Wings」というアプリに書き換える方法です。このアプリは、「親機・中継器」の機能を持つもので、書き換えることで、MONOSTICKとまったく同じ振る舞いに変わります。

②の方法で変更するには、次のようにします。

メモ ここでは書き換え手順のみを簡単に説明します。より詳しい説明については、第7章を参照してください。

手順 アプリを「App_Wings」に書き換える

[1] [アプリ書換]を選択する

「TWELITE STAGE APP」のメニューから[2 アプリ書換]を選択します(**図4-14**)。

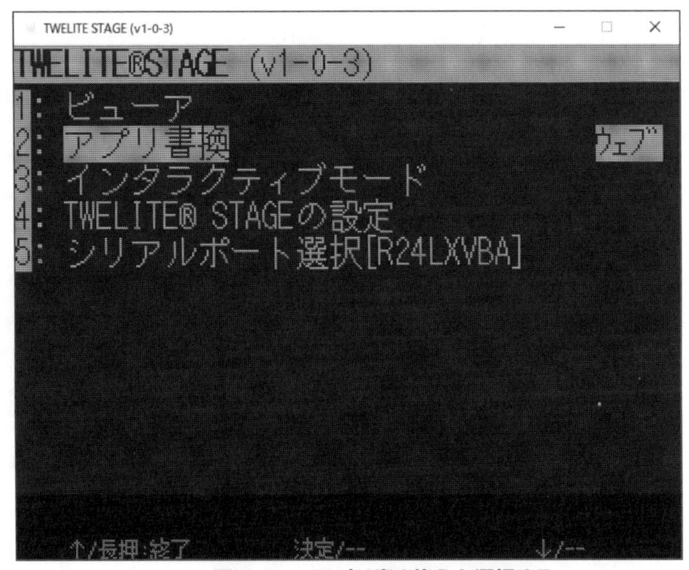

図4-14 アプリ書き換えを選択する

[2] [TWELITE APPS ビルド&書換] を選択する

[TWELITE APPS ビルド&書換] を選択します (図4-15)。

図4-15 [TWELITE APPS ビルド&書き換え] を選択する

[3] App_Wings を選択する

[App_Wings] を選択します (図4-16)。

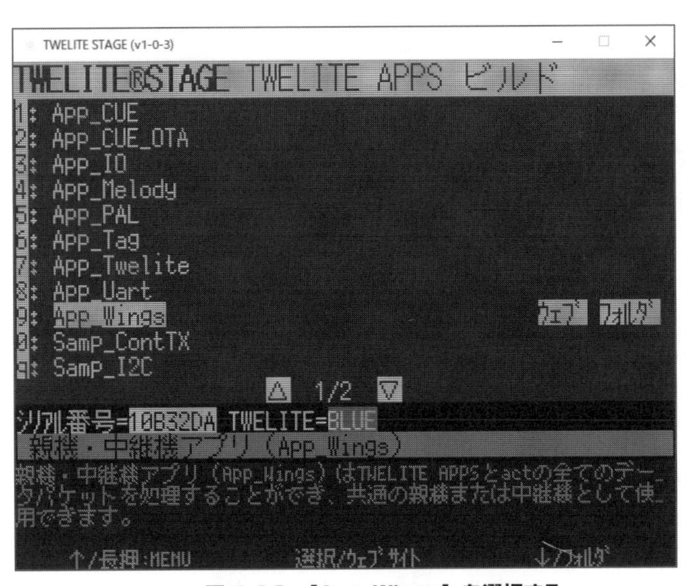

図4-16 [App_Wings] を選択する

[4] App_Wings を選択する

［App_Wings］を選択します（**図 4-17**）。

メモ ［App_Wings_MONOSTICK］は、MONOSTICK 用です。

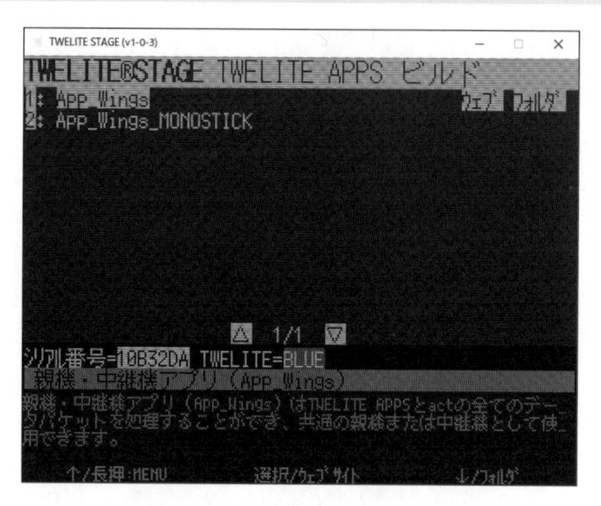

図 4-17 ［App_Wings］を選択する

[5] ビルドして書き込まれる

プログラムがビルドされ、書き込まれます（しばらく時間がかかります）。書き込みが終わると、**図 4-18** の画面が表示されます。これで「MONOSTICK」と同じ動作になりました。

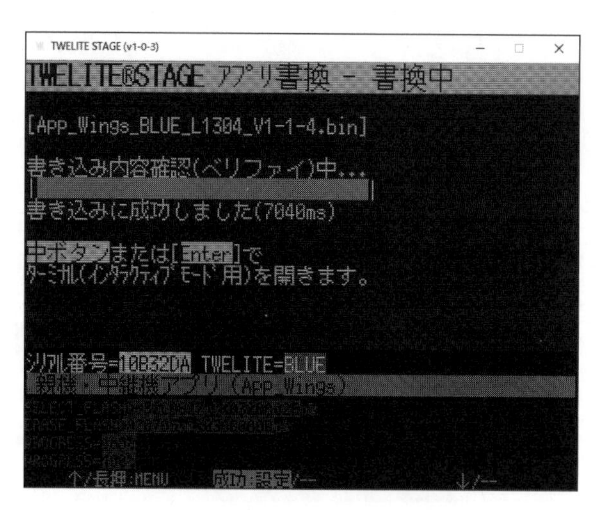

図 4-18 書き込みの完了

なお、元の「TWELITE」の動作に戻したいときは、同じ手順で操作し、**図 4-16** において「App_Twelite」を選択してください。

4.4 「TWELITE」の状態を読み取る

「ターミナル」に刻々と表示されるデータは、「デジタル入力の状態」「アナログ入力の状態」「個体番号」「受信した時刻」などを示しています。

このデータは、「データ受信コマンド」という特定の書式に従っています。

■「データ受信コマンド」の構造

「データ受信コマンド」の構造は、**図 4-19** の通りです。

「先頭」が、必ず「:」で始まる、「16 進数文字列」(0 ～ 9 の数字と A ～ F の英字で表わされる)で表現されます。

先頭は必ず「:」(コロン)
↓
: 78 81 15 01 60 810037DE 00 000B 00 0D39 18 00 00 FFFFFFFFFF 97
① ② ③ ④ ⑤ ⑥ ⑦ ⑧ ⑨ ⑩ ⑪ ⑫ ⑬ ⑭ ⑮

78	81	15	01	60	810037DE	00	000B	00	0D39	18	00	00	FFFFFFFFFF	97
①	②	③	④	⑤	⑥	⑦	⑧	⑨	⑩	⑪	⑫	⑬	⑭	⑮
送信元の論理デバイスID	コマンド番号	パケット識別子	プロトコルバージョン	受信電波品質	相手の個体識別番号	宛先端末の論理デバイスID	タイムスタンプ	中継フラグ	電源電圧	未使用	デジタル入力の値	デジタル入力の変更状態	アナログ入力の値と補正値	チェック・サム

図 4-19 「データ受信コマンド」の構造

① 送信元の論理デバイス ID(親機・子機などの種別を表す)

このデータを送信した「TWELITE」の種別を示す「論理デバイス ID」です。

「論理デバイス ID」によって、「子機」「親機」などの種別が分かります。

「論理デバイス ID」は 2 バイトの値で、**表 4-2** のいずれかの値です。

図 4-19 の例では、16 進数で「78 (0x78)」です。

「0x78」の「論理デバイス ID」を**表 4-2** で照らし合わせると、「連続モードで動作している子機」であることが分かります。

メモ 「16 進数」を表記するときには、「10 進数」と間違えないようにするため、「0x78」または「&H78」のように、頭に「0x」や「&H」を付けて記述するのが通例です。本書でも、この通例にならい、「16 進数」を示すときは、頭に「0x」と記述します。

メモ 「連続モード」で利用している場合、「子機」の「ID」は、「78 (0x78)」です。しかし、設定を変更すると、0x01 ~ 0x64 の任意の「論理デバイス ID」を付けることができます。
「論理デバイス ID」を明示的に付けることで、「どの子機なのか」を区別できるようになります。その詳細は、**第6章**のコラム「複数の「子機」からのそれぞれの「温度」を調べる」(142 ページ)で説明します。

表 4-2 論理デバイス ID

論理デバイス ID	意 味
0x00	親機
0x01 ~ 0x64	「インタラクティブモード」で設定した任意の「論理デバイス ID」
0x78	子機。連続モード
0x79	「インタラクティブモード」で設定された「親機」
0x7A	「インタラクティブモード」で設定された「中継機」
0x7B	子機。連続「0.03 秒」モード
0x7C	子機。間欠「1 秒」モード
0x7F	子機。間欠「10 秒」モード
0xFE	中継機

② コマンド番号

「コマンド番号」を示します。
「受信データ」「送信データ」などのコマンドの「種類」を示します。
「受信」のときは、いつも、「81 (0x81)」です。

③ パケット識別子

「システム」によって利用される「識別子」です。

④ プロトコル・バージョン

「プロトコル」の「バージョン」を表わします。現在は、「01 (0x01)」固定です。

⑤ 受信電波品質 (LQI)

「受信電波品質」(LQI) を示します。
取り得る値は、0 ~ 0xFF で、値が大きいほど、受信感度が良いことを示します。

*

目安として、次の計算式で、dBm に変換できます。

```
P [dBm]=(7*LQI-1970)/20
```

概ねの感度と LQI との対応は、**表 4-3** の通りです。

表 4-3 「LQI」と「感度」の目安

LQI	感　度
50 未満	悪い（-80dBm 未満）
50 ～ 100	やや悪い
100 ～ 150	良 好
150 以上	アンテナの近傍

⑥ 相手の「個体識別番号」

データを送信した個体の「識別番号」（4 バイト）です。

この番号は、「TWELITE」の製造時に、一意に設定される値です。
(変更することはできません)。

⑦ 宛先端末の「論理デバイス ID」

「宛先端末」、すなわち、このパケットを受ける端末の、「論理デバイス ID」です。
(**表 4-2** を参照)。

図 4-19 では「00（0x00)」になっており、「親機」であることが分かります。

⑧ タイム・スタンプ

「64 分の 1 秒」ごとに「カウント・アップ」する「タイム・スタンプ」です。

2 バイトぶん定義されており、「FFFF」を超えたときは、「0000」に戻ります。

⑨ 中継フラグ

「中継機」によって中継されたときは「1」が設定され、中継されていなければ「0」が設定されます。

⑩ 電源電圧

データを送信してきた「TWELITE」の電源電圧です。単位は「mV」(ミリボルト)です。

この例では、「0D39」となっています。0x0D39 は、10 進数で示すと「3385」です。

つまり、「3.385V」であることが分かります。

⑪ 未使用

このデータは未使用です。

⑫ デジタル入力の値

「デジタル入力」（DI）の現在の状態を示します。

1 バイトの値であり、2 進数に直したときに、下位ビットから「DI1、DI2、DI3、DI4」に対応しています（**図 4-20**）。

たとえば、「DI1」（デジタル入力 1）が押されていたときは、「0x01」（二進数で「00000001」）になります。

また、「DI1」(「00000001」に対応)と「DI3」(「00000100」に対応)が押されていたときには、「0x01 | 0x04 = 0x05」(00000101)となります。

なお、ここで、「押されている」とは、「GND側に接続されている」ことを意味します。

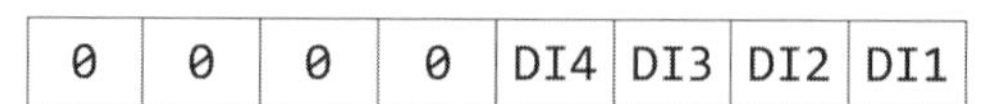

0	0	0	0	DI4	DI3	DI2	DI1

図4-20 「デジタル入力」の各ピンの対応

⑬ デジタル入力の変更状態

「デジタル入力」が、前回と比べて変化したかどうかという状態を示します。

ビットの配置は、**図4-20**と同じで、変更が生じているなら、該当ビットが「1」になります。

⑭ アナログ入力の値と補正値

「アナログ入力」(AI)の現在の状態を示します。「補正値」も含めて、全部で「5バイト」あります(**図4-21**)。

1バイト目からそれぞれ「AI1」(アナログ入力1)~「AI4」(アナログ入力4)に対応しており、16進数で表された電圧値が示されます。

「アナログ入力」が未使用のとき(「VCC側」に接続している場合)は、すべてのビットが立った状態になります。つまり、「アナログ入力n」が未使用であるとき、「AIn はFF(0xFF)」で、「efnは3」になります。

たとえば、「AI1」(アナログ入力1)が「884mV」で、AI2~AI4が未使用のときは、「37FFFFFFFD」と表記されます。
(補正値は状況によって異なります)。

*

次の式で、「アナログ入力」(AIn)と「補正値」(efn)の値から、「実際の電圧」(ADn)を算出できます。

$$ADn[mV] = (AIn \times 4 + efn) \times 4$$

対応電圧は0~2,000mVです。
(2,000mV以上加えたときには、2,000mVとして出力されます)。

そのため、「アナログ入力」の値は、おおよそ「00」(0x00 = 0)から「7D」(0x7D=125)ぐらいまでの値を取ります。

1バイト目	2バイト目	3バイト目	4バイト目	5バイト目			
AI1	AI2	AI3	AI4	ef4	ef3	ef2	ef1

図4-21 「アナログ入力」の各ピンの対応

⑮ **チェック・サム**

このデータ列全体が正しいかどうかを示すチェック・サムです。データが壊れていないかどうかを確かめるのに使います。計算方法は、「■チェック・サムの求め方」(p.97)で説明します。

■「デジタル」と「アナログ」の受信データ例

「データ受信コマンド」は、長い文字列ですが、実際に見るべき数値は限られています。

●「デジタル・データ」を受信した場合の、「読み取り」

「デジタル・データ」の場合、主に「17バイト目」と「18バイト目」に着目します。

【デジタル・データの例】 :7881150160810037DE00000B000D39180000FFFFFFFFFF97

① **「送信元」を確認する(1バイト目)**

先頭の「1バイト目」で「送信元」(「親機」か「子機」か)が分かります。

「親機」であれば「00」で、「連続モード」の「子機」であれば「78」です。

② **「2バイト目」～「5バイト目」は必要なときだけ見る**

「2バイト目」～「5バイト目」は、システムが使うコマンドや電波品質なので、必要なときだけ確認します。

③ **「送信元」の「個体識別番号」と「論理デバイスID」を確認する(6～9バイト目/10バイト目)**

「子機」が複数ある場合などに、個体を識別します。

「個体識別番号」は、工場出荷時の番号なので、変わることはありません。

「親機」か「子機」かを知りたいなら、「論理デバイスID」で判断できます。

④ **「11～16バイト目」は必要なときだけ見る(11～16バイト目)**

「11～16バイト目」は、「送信時刻」や「中継されたかどうか」や、「送信元の電池残量」などです。

必要なときだけ確認します。

⑤ **「デジタル入力」の値と変更状態(17バイト目、18バイト目)**

「17バイト目」と「18バイト目」が「デジタル入力」を示す値です。

⑥「アナログ入力」の値と補正値（19～23バイト目）
アナログ入力の状態なので、無視してかまいません。

⑦チェック・サム（24バイト目）
最後の値は、「チェック・サム」です。
データが正しいか確認しなくていいなら、無視してかまいません。

●「アナログ・データ」を受信した場合の、「読み取り」

「アナログ・データ」の場合も、「デジタル・データ」と同じですが、⑤⑥が異なります。
主に、⑥の、「19～23バイト目」に着目します。

【アナログ・データの例】 :7881150160810037DE00000B000D39180000FFFFFFFFFF97

⑤「デジタル入力」の値と変更状態（17バイト目、18バイト目）
「デジタル入力」の状態なので無視してかまいません。

⑥「アナログ入力」の値と補正値（19～23バイト目）
「アナログ入力の電圧」と「補正値」が示されています。

■「デジタル入力」の状態を読み取る

では実際に、この通りのデータになるのか見てみましょう。

ここでは、「スイッチをひとつ付けた子機」を使います（**図4-22**）。この子機は、**第2章**で作った「『スイッチ』で『デジタル入力』の『オン/オフ』ができる『親機』」（**図2-12**）を子機に変更したもの（13番ピンをマイナス側に接続しないようにしたもの）です。

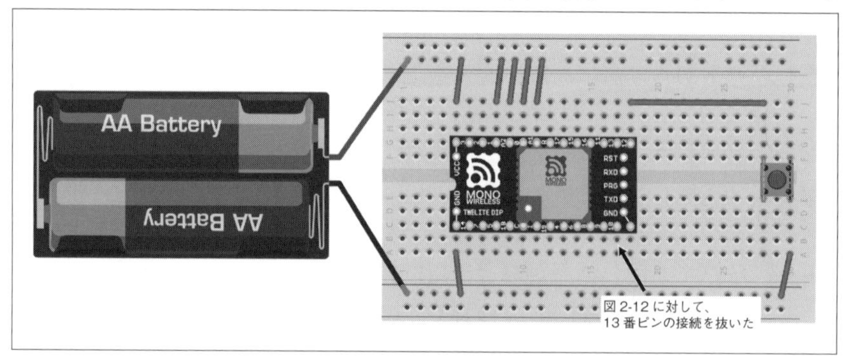

図4-22 スイッチをひとつ備えた子機

TWELITE STAGE BOARDで構成する場合は、「M1」「M2」「M3」をすべて「O」側にし、「DI1」のボタン（赤いボタン）で、スイッチを「オン／オフ」します（**図4-23**）。

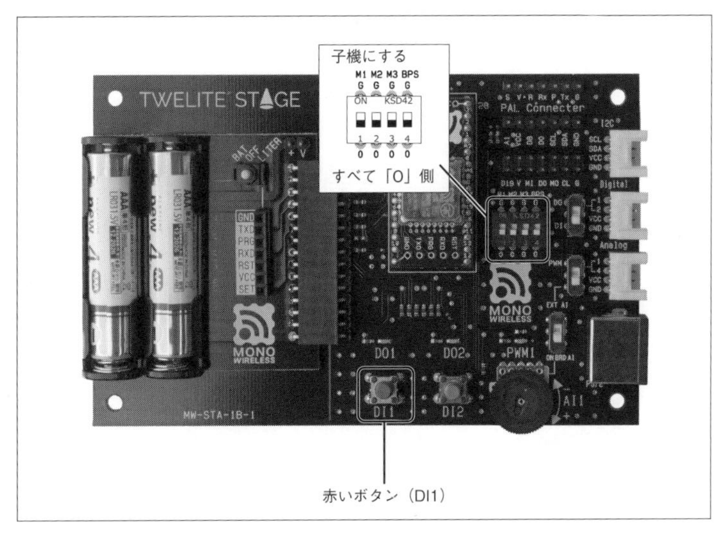

図 4-23　「TWELITE STAGE BOARD」で構成する場合（子機）

図 4-22 または図 4--23 の子機の電源を入れ、「TWELITE STAGE APP」の「ターミナル」を起動してください。

「子機」上の「スイッチ」を「オン／オフ」したときに、「デジタルスイッチ」のビットが変わることが確認できます（**図 4-24**）。

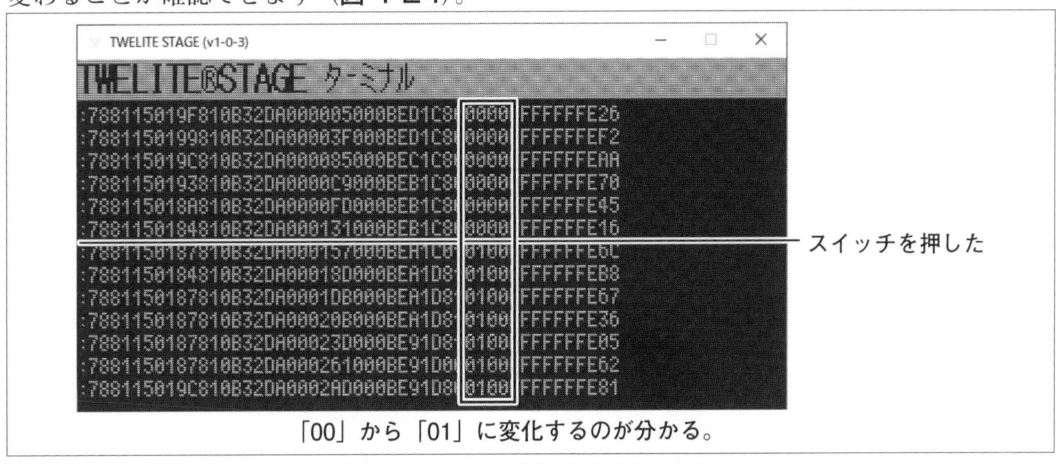

図 4-24　「ターミナル」で「デジタル入力」の状態を見たところ

■「アナログ」に接続した「ボリューム」を読み取る

同様にして、「アナログ入力」についても見てみましょう。

ここでは、**第２章**で製作した「『ボリューム』を付けた『子機』」（**図 2-18**）を用います（「TWELITE STAGE BOARD」を使う回路は、図 4-23 と同）。

「ボリューム」を変更すると、「アナログ入力」の値が変わります（**図 4-25**）。

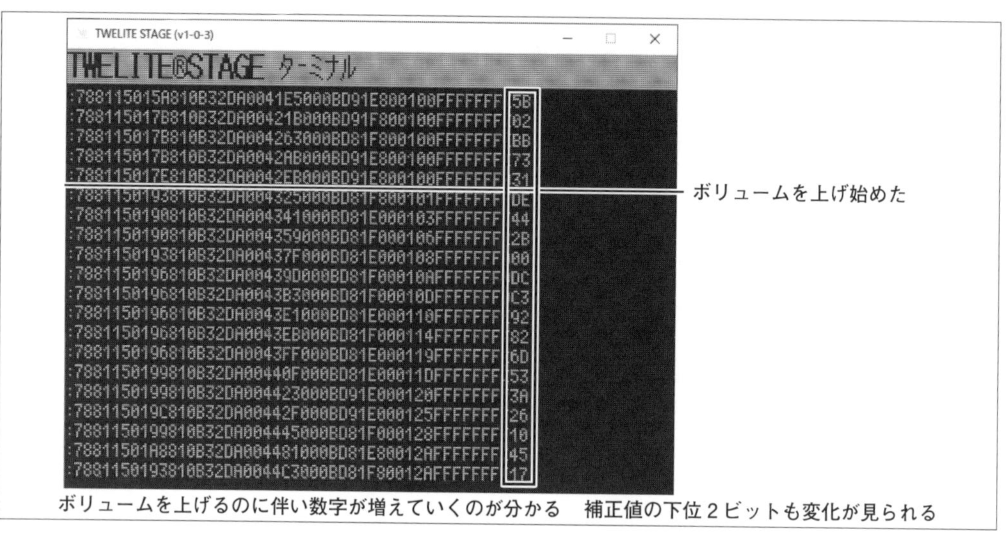

図4-25 「アナログ入力」の例

たとえば、**図4-25**のいちばん下に示したデータ列のうち、「アナログデータ」を示す19～23バイト目を取り出した、次のデータ列を考えてみましょう。

```
2A FF FF FF FE
```

この値の場合、先に示した計算式で、「AI1」(アナログ入力1)には、次の電圧が加わっていることが分かります。

```
(0x2A × 4 + (0xFE & 3)) × 4 = (42 × 2 + 2) × 4 = 680 [mV]
```

コラム 「16進数」と「2進数」の計算

「TWELITE」のコマンドは、「16進数」文字列で指定します。

このうち、「デジタル入出力」など、「オン」「オフ」を示す値は、2進数で、それぞれ「1」「0」に対応します。

「16進数」から「2進数」に変換するには、**図4-26**のように、それぞれの桁を分け、「対応表」と照らし合わせることで変換できます。

たとえば、16進数の「7」は、2進数では「0111」です。同様に「A」は、「1010」です。

この2つを連結した16進数の「7A (0x7A)」は、2進数では「0111 1010」となります。

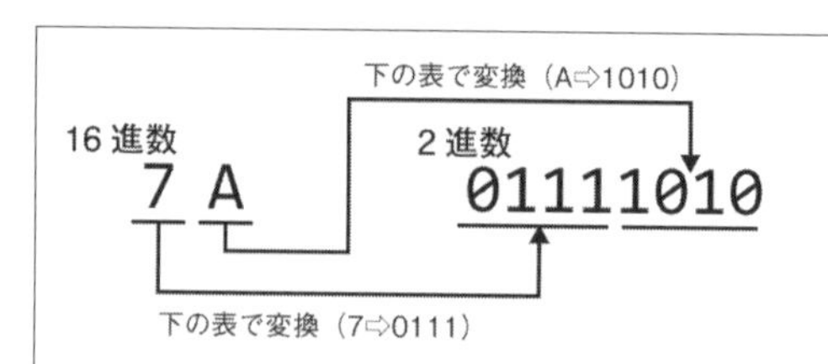

【16進数、10進数、2進数の対応表】

16進数	10進数	2進数
0	0	0000
1	1	0001
2	2	0010
3	3	0011
4	4	0100
5	5	0101
6	6	0110
7	7	0111

16進数	10進数	2進数
8	8	1000
9	9	1001
A	10	1010
B	11	1011
C	12	1100
D	13	1101
E	14	1110
F	15	1111

図4-26 「16進数」と「2進数」の関係

4.5 「パソコン」から「TWELITE」をコントロールする

ここまで、「TWELITE」が受信したデータを「パソコン」が読み取る方法を説明しましたが、逆に、「パソコン側」から「TWELITE」を操作することもできます。

「パソコン」から操作することによって、遠く離れた「子機」の「LED」を点灯したり、明るさを変えたりできます。

■「データ送信コマンド」の構造

「データ送信コマンド」の構造は、**図4-27**の通りです。

2バイト目のコマンド番号は、送信を表わす「80」(0x80)を指定します。

このコマンドでは、「デジタル出力」と「アナログ出力」(PWM出力)の状態を変更できます。

先頭は必ず「:」(コロン)
↓
```
: 78 80 01 01 01 FFFF FFFF FFFF FFFF 0D
  ①  ②  ③  ④  ⑤  ⑥-1  ⑥-2  ⑥-3  ⑥-4  ⑦
```

78	80	01	01	01	FFFF	FFFF	FFFF	FFFF	0D
①	②	③	④	⑤	⑥-1	⑥-2	⑥-3	⑥-4	⑦
宛先の論理デバイスID	コマンド番号	プロトコル・バージョン	デジタル出力の状態	デジタル出力マスク	PWM出力1	PWM出力2	PWM出力3	PWM出力4	チェック・サム

図4-27 「データ送信コマンド」(0x80)の構造例(「DO1」を「オン」にする例)

① 宛先の「論理デバイスID」

このデータの「送信先」の「TWELITE」の種別を示す、「論理デバイスID」です。

この値は、前掲の**表4-2**と、ほぼ同等ですが、「子機モード」の区別がなく、一部の値を指定できません。指定できるのは、**表4-4**に示す範囲に限られます。

図4-27の例だと「78」(0x78)なので、「全子機宛のデータ」であることを示します。

表4-4 「宛先」を指定する場合の「論理デバイスID」

論理デバイスID	意 味
0x00	親機
0x01 ~ 0x64	「インタラクティブモード」で設定した任意の「論理デバイスID」
0x78	すべての「子機」

② コマンド番号

「コマンド番号」を示します。「受信データ」「送信データ」などのコマンドの種類を示します。

このデータは「送信」なので、常に「80」(0x80) を指定します。

③ プロトコルバージョン (「受信データ」と同じ)

プロトコルのバージョンを表わします。現在、「01」(0x01) 固定です。

④ デジタル出力の状態

指定したい「デジタル出力」の状態を示します。

下位ビットから「DO1」(デジタル出力 1)、「DO2」(デジタル出力 2)、「DO3」(デジタル出力 3)、「DO4」(デジタル出力 4) に対応します (**図 4-28**)。

「1」を指定すると「デジタル出力」が「LO」(low=OFF) になり、「0」を指定すると「デジタル出力」が「HI」(high=ON) になります。

図 4-27 では、「01」(0x01) にしており、「2 進数」で示すと「00000001」です。これは、「DO1 = LO (OFF)」「DO2=HI (ON)」「DO3=HI (ON)」「DO4=HI (ON)」という意味です。

第 2 章の**図 2-10**で作った「子機」のデジタル回路では、「デジタル出力」を「OFF」にしたときに、「電流」を"吸い込ん"で「LED」を光らせる仕組みであるため、「OFF」のときに「点灯」で、「ON」のときに「消灯」という、逆の動作になるので注意してください。

「0 のときにオン、1 のときのオフ」のように、逆の動作をさせることを「負論理」と呼びます。

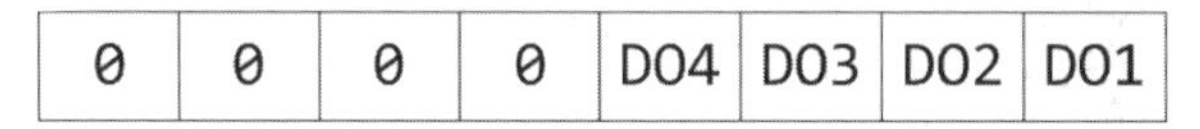

0	0	0	0	DO4	DO3	DO2	DO1

図 4-28 「デジタル出力」の各ピンの対応

⑤ デジタル出力マスク

④の出力を適用するかどうかの「マスク値」です。

図 4-28 と同様に、下位ビットから「DO1」「DO2」「DO3」「DO4」と対応します。

このビットが「1」であるときだけ④の値が反映され、「0」であるときは④の値の設定は無視されます。

図 4-27 では、「01」(0x01=00000001) としているので、「DO1」だけが反映されます。

つまり、④で指定されている、

「DO1=LO」「DO2=HI」「DO3=HI」「DO4=HI」

のうち、「DO1=LO」の設定だけが反映され、他のデジタル出力は変更しないことを意味します。

⑥ PWM出力（アナログ出力）

「PWM出力」（アナログ出力）の「デューティ比」を、それぞれ2バイトで指定します。

「0（0%）～1024（100%）」または「FFFF（指定しない）」のいずれかです。

図4-27では、すべて「FFFF」（0xFFFF）に指定してあるので、アナログ出力は変化しません。

⑦ チェック・サム

データが正しいかどうかを確認する「チェック・サム」です。

■「チェック・サム」の求め方

「データ送信コマンド」で、少し分かりにくいのが、「チェック・サム」です。

「チェック・サム」は、先頭から、これよりもひとつ前のバイトまでの総和をとり、その「2の補数」として計算した値です。

もう少し分かりやすく言うと、「先頭から、これよりも1つ前のバイトまでの総和をとり、『256』で割った『余り』を『256』から引いた値」です。

図4-29のようにして求めます。

「チェック・サム」が間違っているときは、コマンドは無視されます。

図4-29 「チェック・サム」の求め方

コラム チェック・サムの計算を省略する

チェック・サムは通信中にデータ化けが発生したかどうかを確認できる機能ではありますが、計算が面倒です。そのような場合は、次のようにチェック・サム（最後の2桁）を「X」と表記できます。この場合、チェック・サムによるデータのチェックは省略されます。

```
:7880010101FFFFFFFFFFFFFFFFX
```

■「デジタル」と「アナログ」の「送信データ」例

「データ送信コマンド」は、長い文字列ですが、実際に指定が必要な箇所は、限られています。

●「デジタル出力」の場合

「デジタル出力」の場合、「宛先」を「1バイト目」で指定し、「出力値」を「4バイト目」と「5バイト目」で指定します。

【デジタル・データの例】 :7880010101FFFFFFFFFFFFFFFF0D

①「宛先」を設定する

「1 バイト目」で、「宛先」(「親機」か「子機」か)を設定します。「親機」であれば「00」、「子機」であれば「78」とします。

②「2 バイト目」と「3 バイト目」は固定

「2 バイト目」と「3 バイト目」は、いつでも同じ文字列「80」「01」です。

③「デジタル出力」の状態と「マスク」を設定

「4 バイト目」と「5 バイト目」で、「デジタル出力」の「ON/OFF」を設定します。

④「6～13 バイト目」は「アナログ出力(PWM 出力)」なので変更なし

「デジタル出力」しかしない場合、「アナログ出力(PWM 出力)」は関係ないので、「FFFFFFFFFFFFFFFF」にしておきます。

⑤「チェック・サム」の数値を設定

最後の 14 バイト目は、「チェック・サム」です。計算式によって求めた数値を設定します。

●「アナログ出力」の場合

「アナログ出力(PWM 出力)」の場合も、「デジタル出力」と同じですが、③と④が異なります。

【アナログ出力(PWM 出力)の例】 :78800100000400FFFFFFFFFFFF0D

③「デジタル出力」の状態と「マスク」を設定

4 バイト目と 5 バイト目は、デジタル出力の項目です。利用しない場合は、「00」「00」にしておきます。

④「6～13 バイト目」で「アナログ出力(PWM 出力)」を指定

6～13 バイト目のデータで、「アナログ出力(PWM 出力)」の「PWM」の「デューティ比」を指定します。「0(0%)～1024(100%)」または「FFFF」(指定しない)のいずれかです。

これまで説明してきた「16進数のデータ送信コマンド」を「TWELITE」に実際に送信すれば、その通りに動きます。

「TWELITE STAGE APP」には、こうした「16進数のデータ送信コマンド」を計算しなくても、「オン・オフ」や「アナログ値の設定」ができる「コマンダー」という機能があるので、この機能を使って実験してみましょう。

手順 パソコンから「TWELITE」を操作する

[1] 子機を用意する

第2章で作成した「デジタル出力回路の子機」(**図2-10**)や「アナログ出力回路の子機」(**図2-14**)を用意します(「TWELITE STAGE BOARD」を使う回路は、**図4-23**と同)。

[2] 「コマンダー」を起動する

「TWELITE STAGE APP」を起動し、[6 コマンダー]を選択します(**図4-30**)。すると確認画面が表示されるので、[Enter]キーを押します。

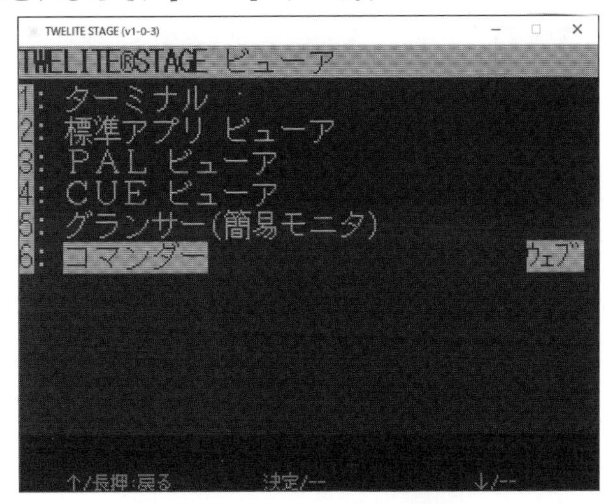

図4-30 「コマンダー」を起動する

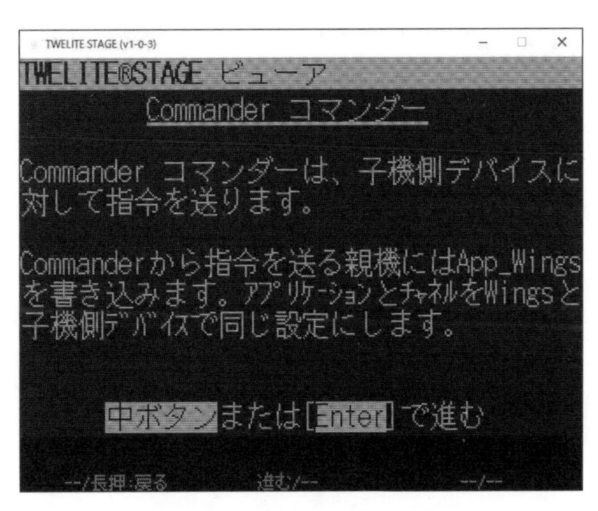

図4-31 [Enter]キーを押す

[3] 「App_Twelite 0x80 コマンド」を選択する

制御対象を選択します。TWELITE DIP の工場出荷時には、「超簡単！標準アプリ（App_Twelite)」というプログラムが書き込まれているので、[App_Twelite 0x80 コマンド] をマウスでクリックします（もしくはキーボードの [t] キーを押します）(**図 4-32**)。

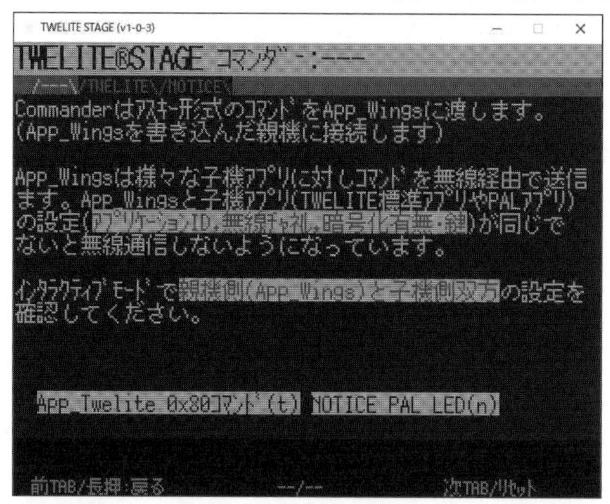

図 4-32 「App_Twelite 0x80 コマンド」を選択する

[4] マウスで出力を制御する

図 4-33 に示す画面が表示されます。

・[DU1 (1)] をクリックすると、「デジタル出力回路の子機」(**図2-10**) のLEDが光ります。
・[PWM1 (a)] をクリックすると、ゲージが 10% ずつ増加し（100% になると 0% に戻る)、「アナログ出力回路の子機」(**図2-14**) のLEDの明るさが変わります。

> ※「TWELITE STAGE BOARD」のときは、それぞれ「赤 LED」「黄 LED」が相当します。
>
> この画面でマウス操作したときは、裏側で、これまで説明してきた「:7880010101FFFFFFFFFFFFFFF」といったコマンドが送信されています。
>
> プログラムから、こうしたコマンド文字列を送信して「TWELITE」を操作する方法については、**第 5 章**で説明します。

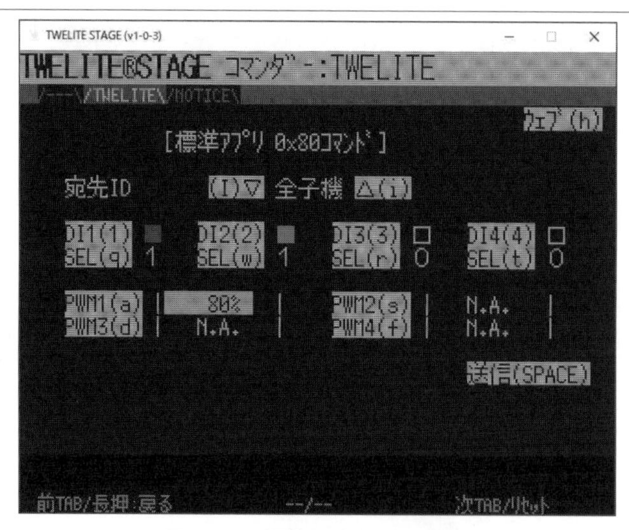

図 4-33 標準アプリの操作画面

第5章

「TWELITE」を操作するプログラム

この章では、プログラミング言語を使って、「TWELITE」を制御するプログラムを作っていきます。
「TWELITE」に接続できるものなら、どのようなものでも、同様の方法で、パソコンから制御できます。
たとえば、第３章で説明した、「リレー回路」や「フォトカプラ回路」「モーター回路」も、パソコンからコントロールできます。

5.1 「Python」で「TWELITE」を操作するプログラムを作る

「TWELITE」を操作するプログラムは、どのようなプログラミング言語でも書けますが、本書では、「Python」（パイソン）を使うことにします。

本書では、Python3 系と、シリアル通信ライブラリの「pySerial」（https://github.com/pyserial/pyserial）を使って、「TWELITE」をコントロールします。

「Python」「pySerial」のインストール方法や、「Python」で記述したプログラムの実行方法については、「**Appendix B**」を参照してください。

■ 基本的な TWELITE の制御

第４章では、

```
:7880・・・・・・
```

のような文字列をシリアルに送信すると「TWELITE」を制御できると説明しました。

実際に「デジタル出力１（DO1）」を「オン」にするには、

```
:7880010101FFFFFFFFFFFFFFFF0D
```

という文字列を送信します（この文字列は、**第４章**で説明したフォーマットに基づいて作成したものです）。

実際に、こうした文字列を送信するプログラムを、**リスト 5-1** に示します。

第２章で作成した「デジタル出力」の「子機」（**図 2-10**）または「TWELITE STAGE BOARD」で用意した「子機」の電源を入れ、**リスト 5-1** のプログラムを実行すると「LED」が光るはずです。

すぐあとに説明しますが、**４行目**の

```
s = serial.Serial("COM3", 115200)
```

は、TWELITE が「COM3」に接続されている場合です。環境に応じて、この部分は変更してください。

リスト 5-1　TWELITE を操作する基本的なプログラム

```
import serial

# COM3 を開く
s = serial.Serial("COM3", 115200)

# コマンドを送信する
#「オン」
s.write(bytes(":7880010101FFFFFFFFFFFFFFFF0D¥r¥n", "utf-8"))

# COM を閉じる
s.close()
```

■ チェックサムなどを計算する

リスト 5-1 では、自分で「:78･･･」というデータを前もって計算しておかなければならないので、その計算を自動でやるように改良しましょう。

改良したものが、**リスト 5-2** です。

リスト 5-2 は、「デジタル出力」や「アナログ出力」(PWM 出力) を「オンを 1」「オフを 0」として引数を与えることで制御できるようにしたものです。

リスト 5-2　チェックサムなどを計算する例

```
import struct, binascii, serial

# コマンド 0x80 を送信する関数
def sendTWELite(s, sendto = 0x78,
        digital = [-1, -1, -1, -1],
        analog = [-1, -1, -1, -1]):
    # 先頭 3 バイト
    data = [sendto, 0x80, 0x01]

    # デジタル出力
    do = 0
    domask = 0
    for index, value in enumerate(digital):
        if value >= 0:
```

```
            domask |= 1 << index
            do |= (value & 1) << index
    data.append(do)
    data.append(domask)

    # アナログ出力
    for index, value in enumerate(analog):
        if value >= 0 and value <= 100:
            v = int(1024 * value / 100)
            data.append(v >> 8)
            data.append(v & 0xff)
        else:
            data.append(0xff)
            data.append(0xff)

    # チェックサムを計算する
    chksum = 0
    for val in data:
        chksum = (chksum + val) & 0xff
    data.append((0x100 - chksum) & 0xff)

    # 16 進数文字列に変換する
    ss = struct.Struct("14B")
    outstring = str(binascii.hexlify(ss.pack(*data)), "utf-8").upper()

    # TWELITE に送信する
    s.write(bytes(":" + outstring + "\r\n", "utf-8"))
    return

# COM3 を開く
s = serial.Serial("COM3", 115200)

# DI1 を 1 にする
sendTWELite(s, digital=[1, -1, -1, -1])

# COM を閉じる
s.close()
```

リスト5-2では、次のように、「sendTWELite」関数を定義しています。

```
def sendTWELite(s, sendto = 0x78,
        digital = [-1, -1, -1, -1],
        analog = [-1, -1, -1, -1]):
```

この関数は、これまで説明してきた「データ送信コマンド」の「バイナリ・データ」を作って、「TWELITE」へと送信するためのものです。

●「COM ポート」を開く

「TWELITE」にデータを送信するには、まず、「COM ポート」を開きます。
「Windows」の場合、「COM1」「COM2」「COM3」…のような連番です。

たとえば仮に、「TWELITE」が「COM3 ポート」に割り当てられている場合、「COM3 ポート」を開くには、次のように、「Serial メソッド」の「第 1 引数」に渡します。「第 2 引数」は、「通信速度」(ボーレート) です。

> **メモ** もし「MONOSTICK」の「シリアル・ポート」が「COM3」ではない場合は、「第 1 引数」を変更してください。
> たとえば、「COM4」なら、「s = serial.Serial("COM4", 115200)」とします。

```
s = serial.Serial("COM3", 115200)
```

> **メモ** macOS の場合、「シリアル・ポート」は「/dev/tty.usbserial-XXXXXXXX」(XXXXXXXX は、デバイスのシリアル番号) です (この番号は、「ls /dev/tty.usbserial*」で調べられます)。
> そこでたとえば、
> ```
> s = serial.Serial("/dev/tty.usbserial-XXXXXXXX", 115200);
> ```
> のようにして開いてください。同様に、Linux の場合は、「/dev/ttyUSB0」「/dev/ttyUSB1」…という連番となります。

● データを出力する

そして、先に示した「sendTWELite メソッド」を呼び出します。
リスト 5-2 では、次のように「digital」引数に「[1, −1, −1, −1]」を指定しているので、「デジタル出力 1」が「オン」に設定されます。

```
sendTWELite(s, digital=[1, -1, -1, -1])
```

この関数の「digital」引数は 4 つの要素をもつ配列で、「負の値」を指定したときは、出力を変更しないように作っておきました。
たとえば、もし、「デジタル出力 1」と「デジタル出力 3」を「オン」にしたいのなら、次のように指定してください。

```
sendTWELite(s, digital=[1, -1, 1, -1])
```

●「COM ポート」を閉じる

「TWELITE」への制御が終わったら、最後に「close メソッド」を呼び出して、「COM ポート」を閉じます。

```
s.close()
```

■ 定期的にLEDを"チカチカ"光らせる

リスト5-2のプログラムを応用すると、「LEDの光り方」を変えることができます。

たとえば、**リスト5-3**のようにすると、「LED」は1秒ごとに「点灯/消灯」を繰り返し、「点滅」しているように見えます。

リスト5-3 LEDを1秒間隔で点滅させる例

```
import time
# COM3を開く
s = serial.Serial("COM3", 115200)

# 1秒ごとに点滅する
while 1:
    # 点灯
    sendTWELite(s, digital=[1, -1, -1, -1])
    time.sleep(1)
    # 消灯
    sendTWELite(s, digital=[0, -1, -1, -1])
    time.sleep(1)

# COMを閉じる
s.close()
```

■「LED」を、徐々に、「暗く」したり、「明るく」したりする

同様にして、「アナログ出力」もコントロールできます。

たとえば、**第2章**で作った「アナログLED」の「子機」(**図2-14**)や「TWELITE STAGE BOARD」で用意した「子機」と組み合わせて、**リスト5-4**を実行すると、LEDが徐々に明るくなったり、暗くなったりを繰り返します。

リスト5-4 「LEDの明るさ」を徐々にコントロールする例

```
# COM3を開く
s = serial.Serial("COM3", 115200)

# 1秒ごとに点滅する
while 1:
    # 明るくする
    for i in range(100):
        sendTWELite(s, analog=[i, -1, -1, -1])
    for i in reversed(range(100)):
        sendTWELite(s, analog=[i, -1, -1, -1])

# COMを閉じる
s.close()
```

5.2 「アナログ温度計」で「温度」を調べる

同様に、プログラムを記述すれば、「デジタル入力」や「アナログ入力」の値を読み取ることができます。

■ 基本的な入力制御プログラム

「Python」で「データ受信コマンド」(0x81) を解釈して、「デジタル入力の状態」「アナログ入力の状態」などを調べるプログラムを**リスト5-5**に示します。

リスト5-5 「TWELITE」から読み取る例

```
import struct, binascii, serial

# コマンド0x81を解釈する関数
def parseTWELite(data):
    # 先頭の「:」を取り除く
    if data[0] != ord(":"):
        return False
    data = data[1:]

    # バイトデータに変換する
    ss = struct.Struct(">BBBBBIBHBHBBBBBBBBB")
    data = binascii.unhexlify(data.rstrip())
    parsed = ss.unpack(data)

    # デジタル入力/アナログ入力の値を計算する
    digital = [0] * 4
    digitalchanged = [0] * 4
    analog = [0xffff] * 4

    for i in range(4):
        # デジタル入力
        if parsed[11] & (1 << i):
            digital[i] = 1
        else:
            digital[i] = 0
        if parsed[12] & (1 << i):
            digitalchanged[i] = 1
        else:
           digitalchanged[i] = 0

        # アナログ入力
        if parsed[13 + i] == 0xff :
            analog[i] = 0xffff
        else:
            analog[i] = (parsed[13 + i] * 4 +
              ((parsed[17] >> (2 << i)) & 3)) * 4
```

```
    # 結果を返す
    result = {
        "from" : parsed[0],
        "lqi" : parsed[4],
        "fromid" : parsed[5],
        "to": parsed[6],
        "timestamp": parsed[7],
        "isrelay": parsed[8],
        "baterry" : parsed[9],
        "digital" : digital,
        "digitalchanged" : digitalchanged,
        "analog" : analog
    }
    return result

# COM3 を開く
s = serial.Serial("COM3", 115200)

# 1 行読み取る
data = s.readline()

# 解釈する
parsed = parseTWELite(data)
print(parsed)

# COM を閉じる
s.close()
```

リスト5-5を実行すると、次のように、「デジタル入力の状態」「アナログ入力の状態」「バッテリ電圧」「受信感度」などが表示されます。

```
{'to': 0, 'digitalchanged': [1, 0, 0, 0], 'from': 120, 'lqi': 108,
'timestamp': 12435, 'baterry': 2594, 'fromid': 2164276212L, 'digital':
[0, 0, 0, 0], 'isrelay': 0, 'analog': [65535, 65535, 65535, 65535]}
```

第4章の「スイッチでデジタル入力の『オン / オフ』できる『子機』」(**図4-22**)や「TWELITE STAGE BOARD」で構成した「子機」で、「スイッチ」をオンにした状態で実行すれば、

```
{'to': 0, 'digitalchanged': [1, 0, 0, 0], 'from': 120, 'lqi': 108,
'timestamp': 12435, 'baterry': 2594, 'fromid': 2164276212L, 'digital':
[1, 0, 0, 0], 'isrelay': 0, 'analog': [65535, 65535, 65535, 65535]}
```

のように、「digital」の「0 番目」が「1」になることが分かります。

■「アナログ温度計」を作る

第2章や**第4章**で紹介した回路では、「デジタル入力」には「スイッチ」を、「アナログ入力」には「ボリューム」(半固定抵抗器)を接続してきました。

＊

「スイッチ」や「ボリューム」の代わりに、何らかの「センサー」を取り付ければ、無線で、遠くにあるものの状態をモニタできます。

その例として、ここでは、「温度センサー」を採り上げます。

ここで扱う「温度センサー」は、「LM61」というものです(**図5-1**)。

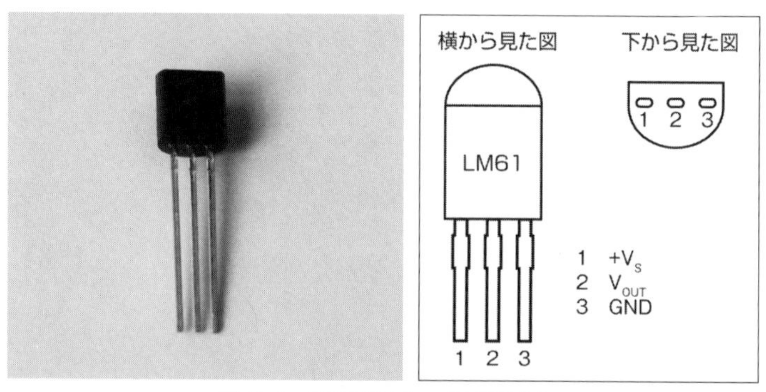

図5-1　温度センサー「LM61」

＊

この「センサー」は、「2.7V ～ 10V」の範囲で動作するICです。

トランジスタと同じ、3本足の構造をしています。「TWELITE DIP」のアナログ端子に直結できます。

そこで、**図5-2**のように「子機」を作ります(回路図は**図5-3**)。

この回路は、子機の基本回路(**第2章**の**図2-9**)のアナログ入力1の22番ピンに、「LM61」を付けたものにすぎません。

なお、「LM61」には、向きがあるので、取り付けの際には、注意してください。

【製作に必要なもの】

・「子機セット」(「ブレッドボード」「TWELITE DIP」「単三電池2本」「『単三電池』2本用の『電池ボックス』」「ジャンパ線適量」)
・温度センサー「LM61」(「LM61B」でも「LM61C」でも可)　　1個

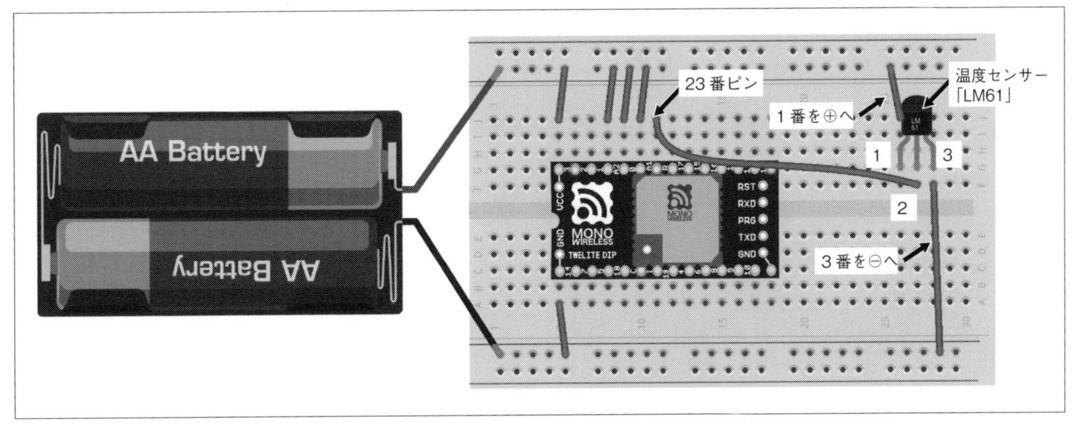

図5-2 「温度センサー」を「子機」に搭載した例

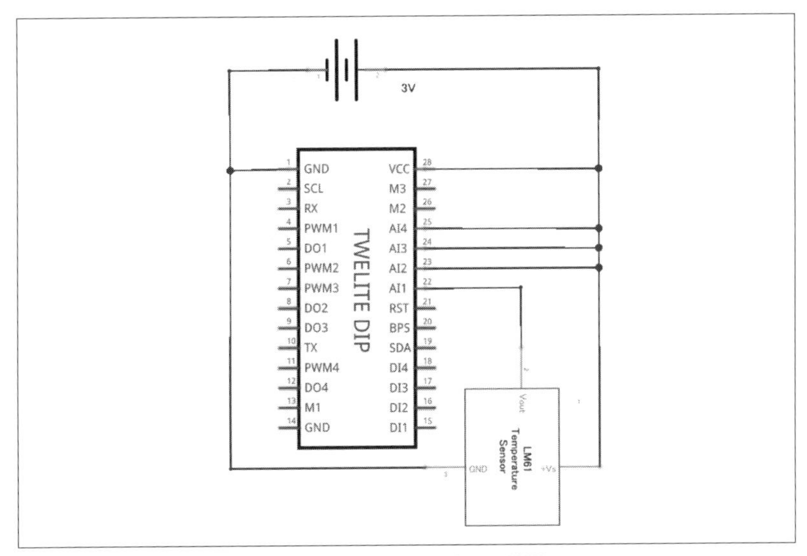

図5-3 「図5-2」の回路図

「LM61」は、0℃のときに「+600mV」を出力します。そして、「1℃」上がるごとに「10mV」上がります。

「電圧」と「温度」との関係式は、次のようになります。

```
電圧 [mV] = 10[mv/℃ ] × 温度 [℃ ] + 600[mV]
```

つまり、

```
温度 [℃ ] = ( 電圧 [mV] - 600[mV]) / 10
```

です。

メモ 「LM61」には部品のランクがあり、「LM61C」では「−30℃〜+100℃」、「LM61B」では「−25℃〜+85℃」までを計測できます。

先のリスト5-5の「parseTWELite」関数を利用して「アナログ入力1」(AI1)の「電圧」を読み取り、それに上記の式を適用して「温度」を表示するようにしたプログラムが、リスト5-6です。

リスト5-6　温度を表示する例

```
# COM3を開く
s = serial.Serial("COM3", 115200)

while 1:
        data = s.readline()
        parsed = parseTWELite(data)
        # 電圧を温度に変換する
        t = (parsed["analog"][0] - 600.0) / 10.0
        print(t)

# COMを閉じる
s.close()
```

実行すると、次のように、刻々と温度が表示されます。

```
24.4
…
```

コラム 「間欠モード」を使って「電池」の持ちを良くする

「温度」は、頻繁には変わらないので、「子機」の「連続モード」で送信するのは無駄です。

そのようなときには、「間欠モード」を利用すると、電池が長持ちします。

たとえば、図5-Aのように、「M1」「M2」「M3」の信号すべてを「GND」(マイナス)側に接続して、「間欠10秒」のモードにすれば、「子機」からの送信間隔が10秒となり、「子機」の電池寿命を延ばせます。

なお、「インタラクティブモード」に入って設定すると、「間欠10秒」の間隔を10秒以上に伸ばして、さらに電池寿命を延ばすこともできます。

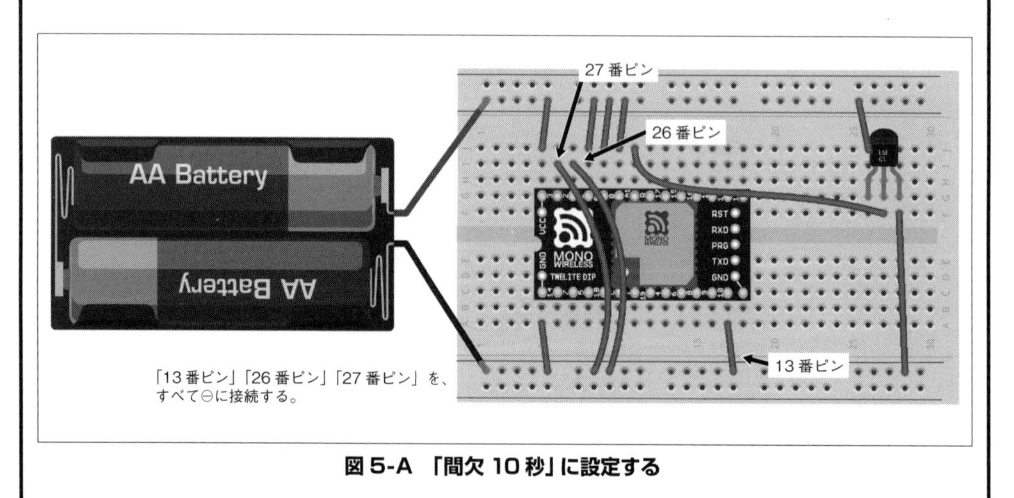

図5-A　「間欠10秒」に設定する

コラム 「TWELITE STAGE BOARD」で作る場合

図 5-2 や **図 5-3** に示した「アナログ温度計」の回路は、「TWELITE STAGE BOARD」でも作れます。

「TWELITE STAGE BOARD」で作る場合は、**図 5-B** のように構成します。

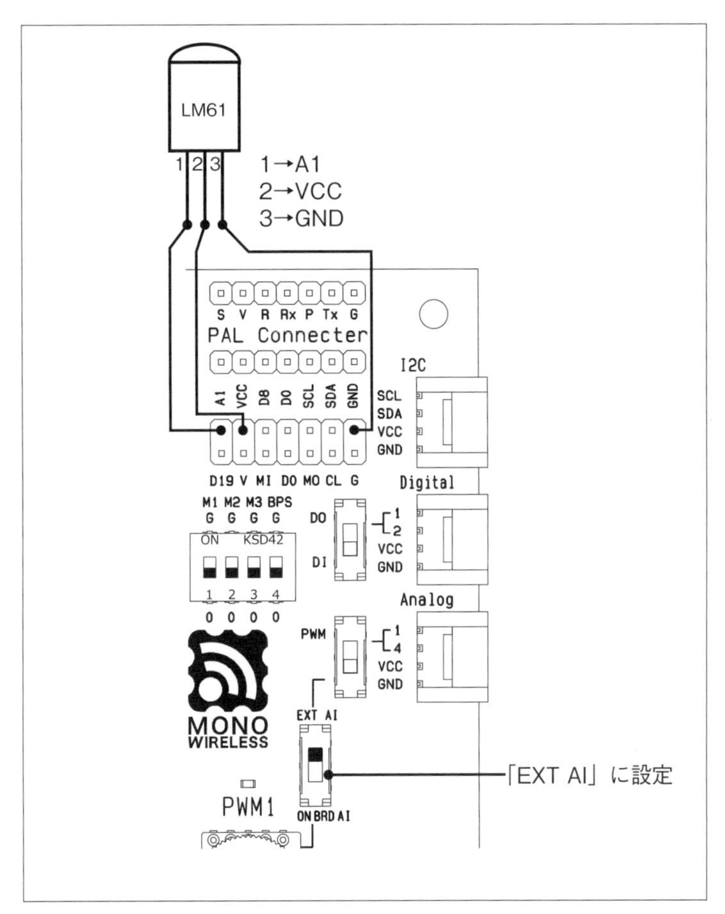

図 5-B 「TWELITE STAGE BOARD」で「アナログ温度計」を作る

①アナログ内外部切替スイッチを「EXT AI」に向ける

アナログ内外切り替えスイッチを「EXT AI」に向けます。

こうすることで、ボード上の「ボリューム」が切り離されます。

② I/O コネクタに接続する

「LM61」は、「I/O コネクタ」に接続します（**表 5-A**）。

表 5-A 「LM61」の接続

LM61 のピン	接続する I/O コネクタ
1 番ピン	VCC
2 番ピン	A1
3 番ピン	GND

第6章

「液晶モジュール」や「温度センサー」を「I2C」でつなぐ

前章では、「パソコン」から「デジタル入出力」や「アナログ入出力」(PWM出力)を制御しました。
「TWELITE」には、これらとは別に、「I2C」というインターフェイスが備わっており、各種センサーなどを接続して、パソコンからコントロールできます。
この章では、「TWELITE」から「I2Cデバイス」を制御する方法を説明します。
「I2C」には、「液晶出力」「各種センサー」など、さまざまなデバイスがあり、接続してパソコンからコードを送るだけで、簡単に制御できます。

6.1 「I2C」とは

「I2C」(Inter-Integrated Circuit)とは、フィリップス社が開発した「シリアル・バス」です。(「アイ・ツー・シー」や「アイ・スクエア・シー」と読みます)。

「I2C」は、2本の信号線を使ってデバイスと通信します。「信号線」の「SDA」と「クロック」の「SCL」です。

「TWELITE DIP」では、それぞれ「19番ピン」と「2番ピン」から出力されています。
これらの信号を、「I2C」対応のデバイスに接続すると、制御できるようになります。

*

デバイスには、「スレーブ・アドレス」と呼ばれるアドレスが設定され、重複しなければ、複数のデバイスを接続することもできます(図6-1)。

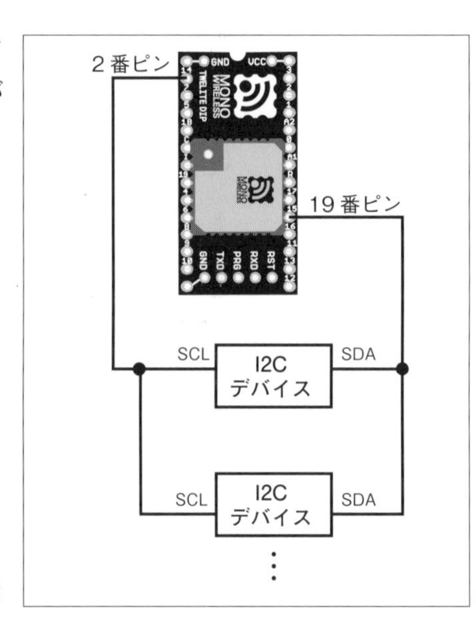

図6-1
「TWELITE DIP」における「I2C」デバイスの制御

6.2 「I2C」に対応するデバイス

「I2C」に対応した「デバイス」としては、次のようなものがあります。

・液晶モジュール
液晶に文字出力できます。パソコンからメッセージを送り込めるので、たとえば、「ポケベル」のようなものも作れます。

・「温度 / 湿度 / 磁気」などのセンサー
「温度センサー」を使えば、離れた場所の温度を取得できます。
定期的にデータを取得して、グラフを描いたり、一定の温度を超えたときにメールを送信するシステムを作ったりできます。
「温度センサー」以外にも、「湿度」や「磁気センサー」「臭気センサー」などがあります。

・音声合成
「音声合成 IC」を使うと、パソコンからメッセージを送り込んで、喋らせることができます。

「I2C」では、「データのやり取りの方法」は規定されていますが、「どのような種類のデータを送ったときに、どのような挙動になるのか」は、それぞれのデバイスに依存します。

たとえば、「I2C 対応の液晶モジュール」に「文字を出力」する場合、「どのようなデータ」を「どのような順序で送信すると文字が出力されるか」は、「液晶モジュールの機種」に依存します。

*

なお、「I2C」の制御ができるのは、「連続モード」のときだけです。「間欠モード」では対応していません。

6.3 「I2C」接続で「液晶モジュール」をコントロールする

ではさっそく、「I2C」デバイスを使ってみましょう。

*

まずは、「I2C」接続の「液晶モジュール」を使って、「文字出力」する方法を説明します。

*

本書では、秋葉原の「秋月電子通商」で販売されている「ACM1602」という液晶モジュールを使います（図 6-2）。

メモ 本章では、ブレッドボードで組み立てていきますが、「TWELITE STAGE BOARD」を使って作ることもできます。その詳細は、p.143 のコラム「TWELITE STATE BOARD で I2C 接続する」を参照してください。

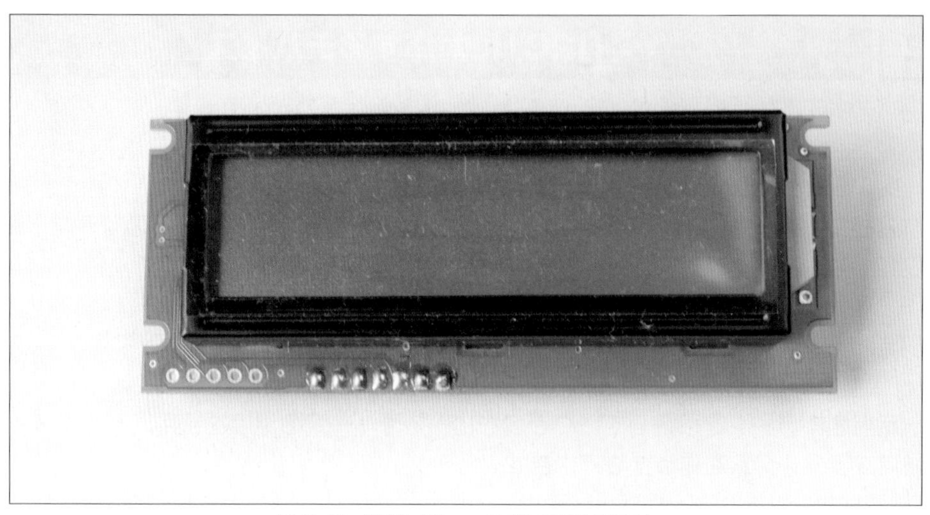

図6-2　液晶モジュール「ACM1602」

■「子機」に「液晶モジュール」を接続する

さっそく、「液晶モジュール」を「ブレッドボード」上に配線します（図6-3、図6-4、図6-5）。

＊

「ACM1602」は全7ピンで、それぞれの意味は、次の通りです。

【ACM1602のピン】

1番ピン	GND	電源のマイナスに接続。
2番ピン	VCC	電源のプラスに接続。
3番ピン	VO	液晶の濃度を調整するために電圧を加える。
4番ピン	SCL	TWELITE DIPの2番ピンと接続。
5番ピン	SDA	TWELITE DIPの19番ピンと接続。
6番ピン	VCC	バックライトのプラス側。電源のプラスに接続。
7番ピン	GND	バックライトのマイナス側。電源のマイナスに接続。

次のようにして製作しましょう。

【製作に必要なもの】
・「子機セット」（「ブレッドボード」「TWELITE DIP」「単三電池2本」「『単三電池』2本用の『電池ボックス』」「ジャンパ線適量」）
・「液晶モジュール」　ACM1602　　1個
・「抵抗」の10kΩ　　1本
・「抵抗」の1kΩ　　1本

手順 「TWELITE DIP」に電源をつなぐ

[1] 「子機」を組む

第2章の**図2-8**の「子機」の基本回路に従って、「子機」を作ります。

[2] 「液晶」を配置する

「ブレッドボード」に「液晶」を配置します。

[3] 「液晶」の「電源」をつなぐ

「液晶」の「電源」をつなぎます。

「液晶」の「1番ピン」を「−」(GND)に接続し、「液晶」の「2番ピン」を電源の「+」に接続してください。

[4] 「SCL」を接続する

「I2C」のクロックである「SCL」を、「TWELITE DIP」と接続します。

「液晶」の「4番ピン」を、「TWELITE DIP」の「2番ピン」に接続してください。

[5] 「SDA」を接続する

「I2C」のデータである「SDA」を、「TWELITE DIP」と接続します。

「液晶」の「5番ピン」を、「TWELITE DIP」の「19番ピン」に接続してください。

[6] 「バックライト」を接続する

「液晶」の「6番ピン」を「電源」の「+」に接続し、「7番ピン」を「電源」の「−」(GND)に接続してください。

[7] 「抵抗」を接続する

「液晶」の「3番ピン」に「抵抗」を2本接続します。これはコントラストを調整するためのものです。

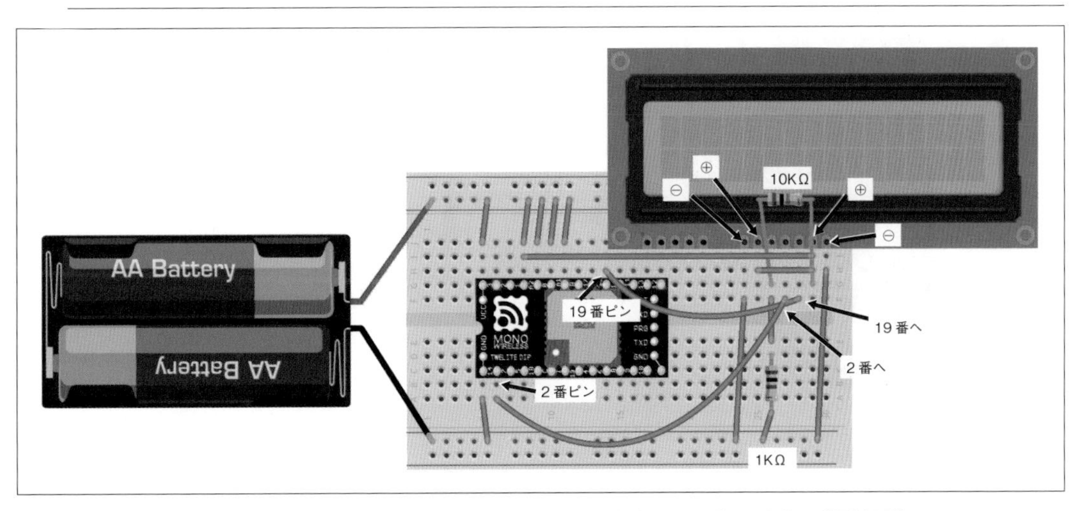

図6-3 「ACM1602」を接続した「子機」の「ブレッドボード」上の「配線図」

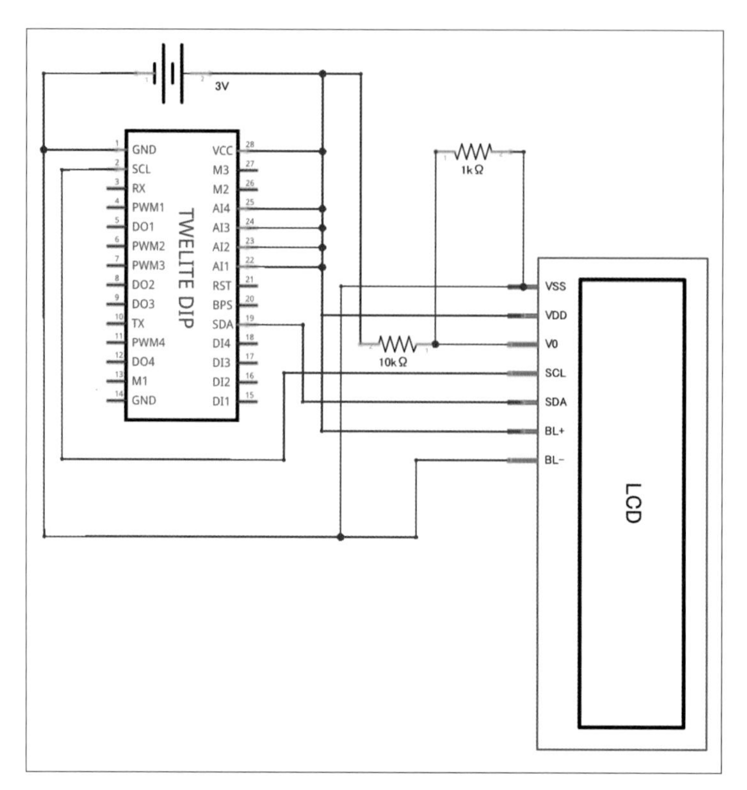

図6-4 「図6-3」の回路図

図6-5 実際に「図6-3」を組み立ててみたところ

■「ACM1602」のコマンド

ACM1602に、どのようなコードを送信すると文字が出力できるのかは、製品のデータシートに記載されています（データシートは、ACM1602に同梱されているほか、「秋月電子通商」のWebサイトでも確認できます）。

＊

データシートによると、ACM1602は、「I2Cアドレス」「コントロール・バイト」「コマンドまたはデータ」の3バイトで制御します（図6-6）。

0x50	0x00 または 0x80	XX
スレーブアドレス	コントロール・バイト	コマンドまたはデータ

図6-6 「ACM1602」の「制御コマンド」体系

① スレーブ・アドレス

「I2C」デバイスに固有のIDです。ACM1602の場合、「0x50」に固定されています。

② コントロール・バイト

「コントロール」の種類を示します。「次の③のデータ」が、「コマンド」なのか「データ」なのかを示す値です。

「0x00」のときは「コマンド」を示し、「0x80」のときは「データ」を示します。

③ コマンドまたはデータ

②の値が「0x00」のとき、「コマンド」を示します。

定義されているコマンドについては、データシートを参照してください。

● 初期化処理

ACM1602を使い始めるには、画面をクリアするなどの「初期化処理」が必要です。

「初期化処理」は、いま説明した③の「コマンド」で指定します。

＊

「初期化の方法」は、いろいろありますが、たとえば、次の一連のコマンドを順に送信すると、初期化できます。

【初期化処理に必要な一連のコマンド】

① 0x01	液晶をクリアする。このコマンドの実行には、「2ミリ秒」強の時間が必要なので注意。
② 0x38	2行に設定してフォントサイズを「5 × 10」ドットにする。
③ 0x0C	ディスプレイを表示してカーソルを非表示にする。

図6-6に示したように、コマンドは2バイト目が「0x00」です。
「1バイト目」は、このデバイスの「スレーブ・アドレス」である「0x50」に固定なので、「TWELITE DIP」からは、

```
0x50 0x00 0x01
0x50 0x00 0x38
0x50 0x00 0x0C
```

というデータを送信すると、ACM1602を初期化できます。

● 文字の出力処理

初期化したら、文字を出力できます。
次の2ステップで出力します。

① 出力したい位置を設定

この液晶は、「16文字×2行」で構成されており、**図6-7**に示すように、アドレスが割り当てられています。

「第1ステップ」として、まず、この「位置」を「コマンド・データ」として書き込みます。

たとえば、左上に出力したいのならば、**図6-7**に示すように、アドレスは「0x80」なので、「TWELITE DIP」から、「0x50 0x00 0x80」と出力します。

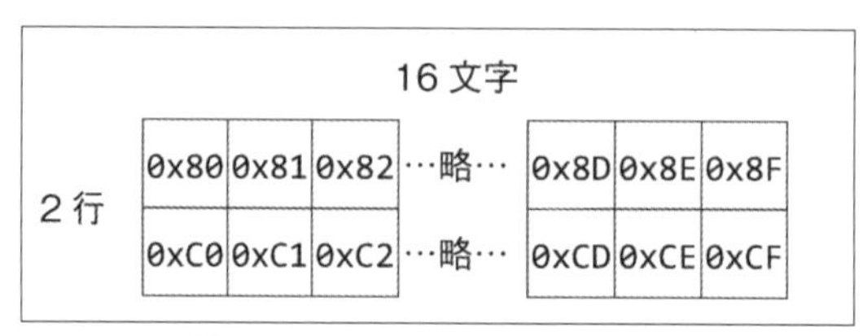

図6-7 ACM1602のアドレス

② 文字を出力

続いて、「第2ステップ」として、出力したい文字の「文字コード」を、(「コマンド」ではなく)「データ」として出力します。
文字は、「アスキー・コード」で表現します。
たとえば、文字「A」は、「アスキー・コード」で「0x41」です(**表6-1**)。
(「コマンド出力」でなく)「データ出力」は、「2バイト目」が「0x80」です。そこで、「A」という文字を書き出したければ、「TWELITE DIP」から、「0x50 0x80 0x41」と出力します。

メモ ACM1602は、**表6-1**に示した一般的な「英数字」や「半角カナ」のほか、一部の記号(「円」など)にも対応しています。
詳細は、「ACM1602」のデータシートを参照してください。

表 6-1 アスキーコード表（一部のみ抜粋）

	2	3	4	5	6	7	…	A	B	C	D
0		0	@	P	`	p			ー	タ	ミ
1	!	1	A	Q	a	q		。	ア	チ	ム
2	"	2	B	R	b	r		「	イ	ツ	メ
3	#	3	C	S	c	s		」	ウ	テ	モ
4	$	4	D	T	d	t		、	エ	ト	ヤ
5	%	5	E	U	e	u		・	オ	ナ	ユ
6	&	6	F	V	f	v		ヲ	カ	ニ	ヨ
7	'	7	G	W	g	w		ァ	キ	ヌ	ラ
8	(	8	H	X	h	x		ィ	ク	ネ	リ
9	)	9	I	Y	i	y		ゥ	ケ	ノ	ル
A	*	:	J	Z	j	z		ェ	コ	ハ	レ
B	+	;	K	[	k	{		ォ	サ	ヒ	ロ
C	,	<	L	\	l	¦		ャ	シ	フ	ワ
D	-	=	M	]	m	}		ュ	ス	ヘ	ン
E	.	>	N	^	n	~		ョ	セ	ホ	゛
F	/	?	O	_	o	⊠		ッ	ソ	マ	゜

＊

なお、②の処理が終わると、次に書き込むべき位置が、右に移動します。そのため、行内に左から右に向けて文字列を出力する場合には、

- 最左の書き込み位置を①の方法で設定
- 書きたい文字を②の方法で次々と出力

とすればよく、①の方法による書き込み位置の設定は、1 文字出力するたびでなくてもかまいません。

■「I2C」デバイスにコマンドを送信

「TWELITE DIP」では、「I2C」の制御に、「I2C 送信コマンド（0x88）」と「I2C 受信コマンド（0x89）」を使います。

＊

「I2C 送信コマンド」は、「I2C デバイス」に対する命令を送信するものです。
「I2C 受信コマンド」は、それに対する応答です（図 6-8）。

＊

「I2C 送信コマンド」と「I2C 受信コマンド」は、基本的に 1 対 1 で対応します。
ただし、何らかの取りこぼしが生じた場合には、対応する「I2C 受信コマンド」が戻らないことがあります。

> **メモ** 「I2C受信コマンド」が戻ってこないほとんどの理由は、「I2Cデバイス」へのアクセスが速すぎるためです。ときどき応答が戻らなくなるときには、「I2Cデバイス」のスペックシートを参照して、アクセスに必要な待ち時間を確保しているかどうかを確認してください。

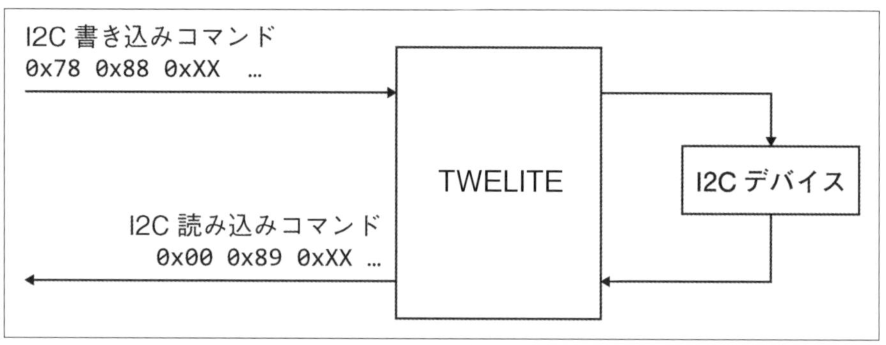

図6-8 「TWELITE」で「I2Cデバイス」を制御する流れ
「I2C書き込みコマンド」を送信すると「I2Cデバイス」が制御され、その結果が、「I2C読み込みコマンド」として戻ってくる

● 送信コマンド(0x88)

「TWELITE」から「I2Cデバイス」に対する命令です。次の構造です(**図6-9**)。

I2C書き込みコマンド(0x88)

先頭は必ず「:」(コロン)　⑦のバイト数だけ(読み取りのときは省略可能)

```
: 78 88 00 01 50 00 01 XX … AD
  ①  ②  ③  ④  ⑤  ⑥  ⑦  ⑧     ⑨
```

78	88	00	01	50	00	01	XX…	AD
①	②	③	④	⑤	⑥	⑦	⑧	⑨
宛先の論理デバイスID	コマンド番号	要求番号	コマンドの種別	I2Cアドレス	I2Cコマンド	データサイズ	データ	チェックサム

図6-9 「I2Cコマンド」(0x88)の構造
(デバイスID「0x50」のデバイスに、コマンド「0x00」と、データ「0x01」を送信する例)

① 宛先の「論理デバイスID」

このデータの送信先の「TWELITE」の種別を示す「論理デバイスID」です。**第4章**に提示した**表4-3**に示した通りで、「0x00は親機」「0x78は、すべての子機」を示します。

また、「I2C」の場合に限って、自分自身を示す「0xDB」という特別な値を指定できます。

② コマンド番号

コマンド番号を示します。「0x88」です。

③ 要求番号

後述する「I2C 受信コマンド（0x89）」の結果に含めたい、任意の識別子です。

「I2C 受信コマンド（0x89）」を受け取ったときに、どの「I2C 送信コマンド」に対応するものなのかを判断したいときに使います。

④ コマンドの種別

どのようなコマンドを送信するかを指定します。

表 6-2 に示す、いずれかの値を指定します。

- 「書き込み」の場合は、⑥のデータを書き込んだ後、⑧のデータを書き込みます。
- 「読み出し」の場合は、⑥と⑧のデータは無視され、⑦のバイト数だけ読み出します。
- 「書き込み＆読み出し」の場合は、⑥のデータを書き込んだ後、⑦のバイト数ぶんだけ読み出します。⑧のデータは無視されます。

表 6-2　コマンドの種別

LQI	感　度
0x01	書き込み
0x02	読み出し
0x04	書き込み＆読み出し

⑤ I2C アドレス

「I2C デバイス」の「スレーブ・アドレス」です。

⑥ I2C コマンド

書き出す「1 バイト目」の「データ」（多くの場合、「I2C デバイス」の「書き出し先」の「内部アドレス」）を指定します。

④が「書き込み」または「書き込み＆読み出し」のときだけ、使われます。

「読み出し」のときは、使われません。

⑦ データ・サイズ

読み書きする「データ」の「長さ」です。「データ」がないときは、「0」を指定します。

「書き込み」のときは、⑧の「データ・サイズ」に合わせる必要があります。

「読み出し」や「書き込み＆読み出し」のときは、⑧の「データ・サイズ」に合わせる必要はありません。

⑧ データ

④が「書き込み」のときに使われる「書き込みデータ」です。⑦の「データ・サイズ」

だけ続きます。
「読み出し」や「書き込み＆読み出し」のときは無視されます。

⑨ チェック・サム
「データ」が壊れていないか確かめるのに使われる、「チェック・サム」です。

● 受信コマンド（0x89）

「I2C デバイス」から「TWELITE」に戻ってきたデータを解釈したものです（**図6-10**）。

ほとんどのデータの内容は、「送信コマンド」（0x88）と同じです。
つまり、「送信コマンド」の内容と、ほぼ同じものを、「オウム返し」してきます。

ただし、この「オウム返し」の結果には、(a)「I2C デバイス」にアクセスしたときの「成否の状態」や、(b) 読み込んだ「バイト・データ」（コマンドの種別が「読み出し」または「書き込み＆読み出し」のとき）が含まれます。

I2C読み込みコマンド（0x89）

先頭は必ず「:」（コロン）
↓
: 78 89 00 01 01 01 XX … FD
　①　②'　③　④　Ⓐ　⑦　⑧'　　⑨'

⑦のバイト数だけ（XX … の部分）

※「I2C 書き込みコマンド」と「I2C 読み込みコマンド」とで、同じ丸数字のところは、「同じ値」が設定されることを示す。

78	89	00	01	01	01	XX…	FD
①	②'	③	④	Ⓐ	⑦	⑧'	⑨'
宛先の論理デバイスID	コマンド番号	要求番号	コマンドの種別	ステータス	受信バイト数	データ	チェックサム

図6-10 「I2C コマンド」（0x89）の構造
（デバイスに、コマンド「0x00」と、データ「0x01」を送信したときの応答例）

① 宛先の「論理デバイス ID」
「0x88」コマンドの①と同じ値が返されます。

②' コマンド番号
「コマンド番号」を示します。「0x89」です。

③ 要求番号

「0x88」コマンドの③と同じ値が返されます。

④ コマンドの種別

「0x88」コマンドの④として指定した、「書き込み（0x01）」「読み出し（0x02）」「書き込み＆読み出し（0x04）」のいずれかです（**表 6-2**）。

Ⓐ ステータス

成功したかを示します。成功したときは「1」、失敗したときは「0」。

⑦ 受信バイト数

受信したバイト数。「0x88」コマンドの⑦の値と同じです。

⑧' データ

「I2C」から読み込んだデータです。「書き込み」のときは、書き込んだのと同じデータが戻されます。

「読み出し」または「書き込み＆読み出し」のときは、読み出したデータが返されます。

⑨' チェック・サム

データが壊れていないか確かめるのに使われます。

■「文字列」の出力

以上を踏まえて、**ACM1602** に文字を出力するプログラムを「Python」で作ったものが、**リスト 6-1** です。

＊

実行すると、液晶の左上に、「A」と表示されます（**図 6-11**）。

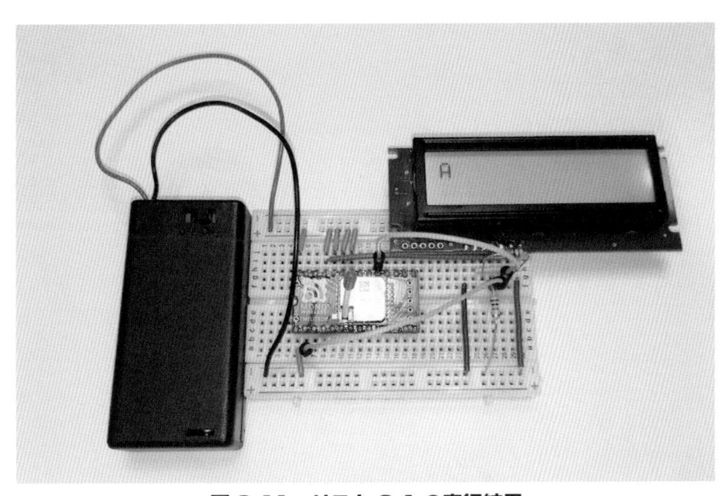

図 6-11　リスト 6-1 の実行結果

リスト6-1 「I2C出力」の例(「ACM1602」の左上に「A」と出力する)

```
import struct, binascii, serial
import time

# I2Cを制御する関数
def accessI2C(s, sendto = 0x78, reqno = 0x00, command = 0x01,
    i2caddress = 0x00, i2ccommand = 0x00,
    data = [], readbyte = -1):

        # データを作成する
        if readbyte == -1:
                # dataを書き込む
                sendbytes = [sendto, 0x88, reqno, command, i2caddress,
i2ccommand, len(data)]
                # dataを加える
                sendbytes.extend(data)
        else:
                # readbyteだけ読み取る(dataは利用しない)
                sendbytes = [sendto, 0x88, reqno, command, i2caddress,
i2ccommand, readbyte]

        # チェックサムを計算する
        chksum = 0
        for val in sendbytes:
                chksum = (chksum + val) & 0xff
        sendbytes.append((0x100 - chksum) & 0xff)

        # 16進数文字列に変換する
        bytelen = len(sendbytes)
        ss = struct.Struct(str(bytelen) + "B")
        outstring = str(binascii.hexlify(ss.pack(*sendbytes)), 'utf-8').upper()

        # TWELITEに送信する
        s.write(bytes(":" + outstring + "\r\n", 'utf-8'))

        # 結果を待つ
        # 10回繰り返す
        for i in range(10):
                status = str(s.readline(), 'utf-8')
                      if status[0:9] == ":" + outstring[0:2] + "89" +
outstring[4:8]:
                        # 該当の応答結果である
                        # 行頭の「:」と行末の改行を取り除く
                        status = status[1:].rstrip()
                        # バイトデータに変換する
                        ss = struct.Struct(">BBBBBB")
                              parsed = ss.unpack(binascii.
unhexlify(status[0:12]))
                        if status[4]:
```

```
                                        # I2Cへのアクセスに成功
                                        # 得たバイトを戻り値として返す
                                        ss = struct.Struct(str(parsed[5]) + "B")
                                        result = ss.unpack(binascii.unhexlify
(status[12:len(status) - 2]))
                                        return result
                                else:
                                        # 失敗
                                        return False
                                break
        return False


# COM3を開く
s = serial.Serial("COM3", 115200)

# データを出力する
# 初期化
initdata = [0x01, 0x38, 0x0c]
for command in initdata:
    data = [command]
    accessI2C(s, i2caddress = 0x50, i2ccommand = 0x00, data=data)
    time.sleep(0.03)

# 文字出力
# 左上のアドレスを指定
accessI2C(s, i2caddress = 0x50, i2ccommand = 0x00, data=[0x80])
time.sleep(0.03)

# 文字コードを出力
accessI2C(s, i2caddress = 0x50, i2ccommand = 0x80, data=[0x41])

# COMを閉じる
s.close()
```

●「I2Cコマンド」を「送信」する関数

リスト6-1では、**図6-9**に示した「I2C」送信コマンドを作り、それを送出する関数を、「accessI2C」という関数で用意しました。

```
def accessI2C(s, sendto = 0x78, reqno = 0x00, command = 0x01,
    i2caddress = 0x00, i2ccommand = 0x00,
    data = [], readbyte = -1):
```

この関数内では、まず、与えられた引数を基に、「0x88」コマンドの「バイト・データ」を作ります。

```
# データを作成する
if readbyte == -1:
```

```
  # dataを書き込む
  sendbytes = [sendto, 0x88, reqno, command, i2caddress, i2ccommand, 
len(data)]
  # dataを加える
  sendbytes.extend(data)
else:
  # readbyteだけ読み取る（dataは利用しない）
  sendbytes = [sendto, 0x88, reqno, command, i2caddress, i2ccommand, 
 readbyte]
```

そして、「チェック・サム」を計算して、「末尾」に付けます。

```
# チェックサムを計算する
chksum = 0
for val in sendbytes:
  chksum = (chksum + val) & 0xff
  sendbytes.append((0x100 - chksum) & 0xff)
```

最後に、「16進数」の文字列を変換して、「TWELITE」に送信します。

```
# 16進数文字列に変換する
bytelen = len(sendbytes)
ss = struct.Struct(str(bytelen) + "B")
outstring = str(binascii.hexlify(ss.pack(*sendbytes)), 'utf-8').upper()

# TWELITEに送信する
s.write(bytes(":" + outstring + "\r\n", 'utf-8'))
```

「0x88」コマンドを送信すると、すでに説明したように、「0x89」コマンドが戻ってきます。
そこで、「0x89」コマンドを受け取るために、1行を読み取ります。

```
status = str(s.readline(), 'utf-8')
```

ただし、「0x89」コマンドが、いつも戻ってくるとは限りません。
第4章で説明したように、「TWELITE DIP」は、だいたい1秒ごとに、「データ受信コマンド」（「0x81」コマンド）を送信してくるためめです。

つまり、この1行読み取りでは、「0x89コマンド」と「0x81コマンド」が混在する可能性があります。
そこで、**リスト6-1**では、次のようにして、「送信した『0x88』コマンドに対応した『0x89』コマンドであるか」を調べています。

```
if status[0:9] == ":" + outstring[0:2] + "89" + outstring[4:8]:
```

図6-10に示したように、対応する「0x89」コマンドは、

・先頭から1バイト目 ＝ 「0x88コマンド」の「1バイト目」と同じ
・2バイト目 ＝ 0x89固定
・3バイト目 ＝ 「0x88コマンド」の「3バイト目」と同じ

です。そこで、この条件に合致したときだけ、「対応する『0x89コマンド』である」と見なして、応答判定をします。

＊

まずは、応答の16進数文字列を、配列に変換します。

```
# 行頭の「:」と行末の改行を取り除く
status = status[1:].rstrip()
# バイトデータに変換する
ss = struct.Struct(">BBBBBB")
parsed = ss.unpack(binascii.unhexlify(status[0:12]))
```

図6-10に示したように、「成功」のときは5バイト目が「1」です。

そこで、成功したときには、「I2C」からの「戻りデータ列」を得て、この関数の「戻り値」として返します。

「失敗」したときは、「False」を返すようにしました。

```
if status[4]:
  # I2Cへのアクセスに成功
  # 得たバイトを戻り値として返す
  ss = struct.Struct(str(parsed[5]) + "B")
  result = ss.unpack(binascii.unhexlify(status[12:len(status) - 2]))
  return result
else:
  # 失敗
  return False
```

なお、対応する「0x89」コマンドは、何らかの事情で送られてこない（発生しない）こともあるので、注意してください。

リスト6-1では10回読み込んでも「0x89」コマンドが送られてこないときには、「エラー」として返すようにしてあります。

●「ACM1602」に「文字」を出力する

ACM1602への「文字出力」は、いま説明した「accessI2C関数」を用います。

すでに説明したように、**ACM1602**では、初期化のために、「0x01、0x38、0x0c」のコマンドの送信が必要です。

そこで、これらのコマンドを、この「accessI2C関数」を用いて、次のように送信しています。

```
# 初期化
initdata = [0x01, 0x38, 0x0c]
```

```
for command in initdata:
    data = [command]
    accessI2C(s, i2caddress = 0x50, i2ccommand = 0x00, data=data)
    time.sleep(0.03)
```

「I2C デバイス」は、処理が終わらないうちに、次のコマンドを送信すると、取りこぼす可能性があります。

そこで、上記では、「time.sleep(0.03)」として、次のコマンドを送るまでに、30ms ほど待つようにしました。

(どの程度、待つ必要があるのかは、データシートで確認してください)。

＊

「初期化」が終わったら、文字を書き込みます。

まずは、書き込むアドレスを指定します。

左上は、**図6-6** に示したように、「0x80」です。

```
accessI2C(s, i2caddress = 0x50, i2ccommand = 0x00, data=[0x80])
```

そして、少しだけ待ちます。

```
time.sleep(0.03)
```

続いて、「A」の文字コードである「0x41」をデータとして出力します。

```
accessI2C(s, i2caddress = 0x50, i2ccommand = 0x80, data=[0x41])
```

これで、画面の左上に「A」が表示されます。

●「長いメッセージ」の表示

「1文字出力」する処理を何度も繰り返せば、「長いメッセージ」の出力ができます。

たとえば、**リスト6-2** のプログラムを実行すると、「WELECOME TWELITE」「Hello!」という2行が表示されます(**図6-12**)。

図6-12 リスト6-2の実行結果

リスト 6-2 「長いメッセージ」を出力する例

```
# ACM1602 に文字列を出力する
def writeACM1602Msg(s, msg1, msg2):
    # 初期化
    initdata = [0x01, 0x38, 0x0c]
    for command in initdata:
        data = [command]
        accessI2C(s, i2caddress = 0x50, i2ccommand = 0x00, data=data)
        time.sleep(0.03)
    # 文字列出力
    address = 0x80
    req = 0
    for msg in [msg1, msg2]:
        msg = msg.ljust(16)
        # 位置を最左に設定
        accessI2C(s, i2caddress = 0x50, i2ccommand = 0x00, data=[address])
        time.sleep(0.03)
        for x in range(16):
            c = ord(msg[x])
            accessI2C(s, i2caddress = 0x50, i2ccommand = 0x80, data=[c])
            time.sleep(0.03)
        address += 0x40
    return

# COM3 を開く
s = serial.Serial("COM3", 115200)

# データを出力する
writeACM1602Msg(s, "WELECOME TWELITE", "Hello!")

# COM を閉じる
s.close()
```

6.4 「I2C 接続」の「音声合成 LSI」を使って、喋らせる

もうひとつ、「I2C」でデータを書き込んで制御する例を見てみましょう。

*

ここでは、(株) アクエストの「音声合成 LSI」である「**ATP3011**」を使います (**図 6-13**)。
「I2C」から、ローマ字で文字出力すると、その通りに喋ってくれます。

ATP3011 には、「ロボット声」「女声」「男声」など、声の種類によって、いくつかのバリエーションがあります。

同社の Web サイト (http://www.a-quest.com/) や、秋月電子通商から購入できます。

メモ 「ATP3011」の類似品として「ATP3012」と「ATP3010」があります。
本書で用いる「ATP3011」は内部にクロックを内蔵しているため、回路が簡単ですが、「ATP3012」と「ATP3010」は外部から別途クロックを与える必要があります。

図6-13 音声合成LSI「ATP3011」

■「デモ・モード」で、「音声」を出してみる

「アクエスト」社のサイトからデータシート（http://www.a-quest.com/download/manual/atp3011_datasheet.pdf）を入手すると分かりますが、このLSIには、「デモ・モード」があります。

「デモ・モード」に設定すると、電源を投入したときに、

> 「アクエストーク・ピコ　バージョンXX。プリセットメッセージ・ナンバー1、プリセットメッセージ・ナンバー2…」

と、自動的に喋ります。

「TWELITE DIP」に接続する前に、まずは、「デモ・モード」での動作を試してみましょう。

*

次のように配線すると、「デモ・モード」で喋ります。

【ATP3011を「デモ・モード」にする場合の配線】

7番ピン、20番ピン	VCC	電源のプラスに接続。
8番ピン、22番ピン	GND	電源のマイナスに接続。
12番ピン	音声出力	スピーカーに接続。
14番ピン、15番ピン	モードの切り替え	両方ともGNDに接続することで、「デモ・モード」になる。

*

「ブレッドボード」上での配線は、次のようになります（図6-14、回路図は図6-15）。

手順　「ATP3011」を「デモ・モード」で喋らせる

[1]　「ATP3011」を装着

「ブレッド・ボード」の中央をまたぐように、ATP3011を配置します。
左下が「1番ピン」（マークがある箇所）として配置してください。

[2] 「電源」を接続

「電源」の「プラス」と「マイナス」を、それぞれ、ブレッドボードの上の「⊕ライン」と下の「⊖ライン」に、接続します。

「上の⊕ライン」と「下の⊕ライン」、「下の⊖ライン」と「上の⊖ライン」を接続します。

[3] 「ATP3011」の「GND」を接続

「8番ピン」と「22番ピン」を、「⊖」(GND)に接続します。

[4] 「ATP3011」の「VCC」を接続

「7番ピン」と「20番ピン」を、「⊕」(VCC)に接続します。

[5] 「スピーカー」を接続

スピーカーの片側を、「12番ピン」に接続します。もう片側は、「⊖」(GND)に接続します。

[6] 「デモ・モード」に設定

「14番ピン」と「15番ピン」を、どちらも「⊖」(GND)に接続します。

配線したら、「電源」を入れてみましょう。喋り出すはずです。

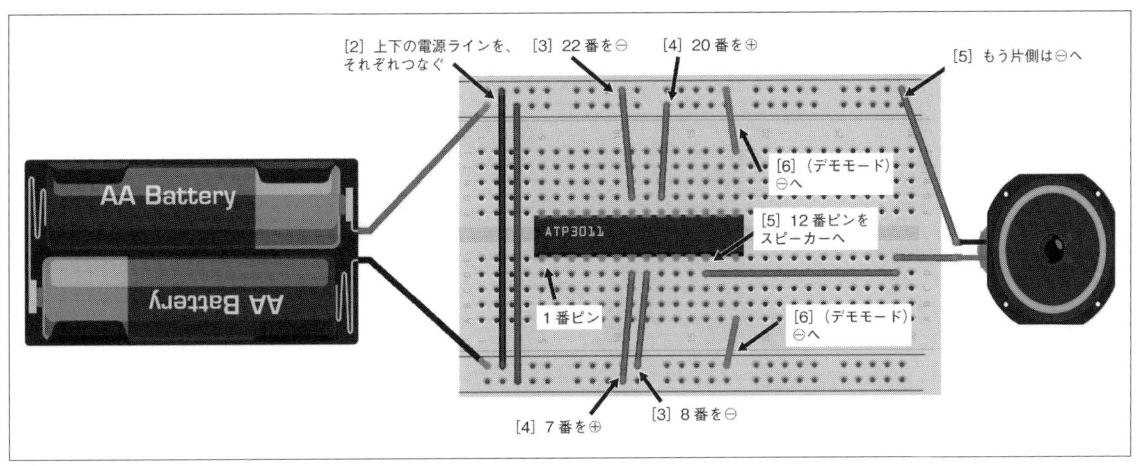

図6-14 「ATP3011」を「デモ・モード」で動作する

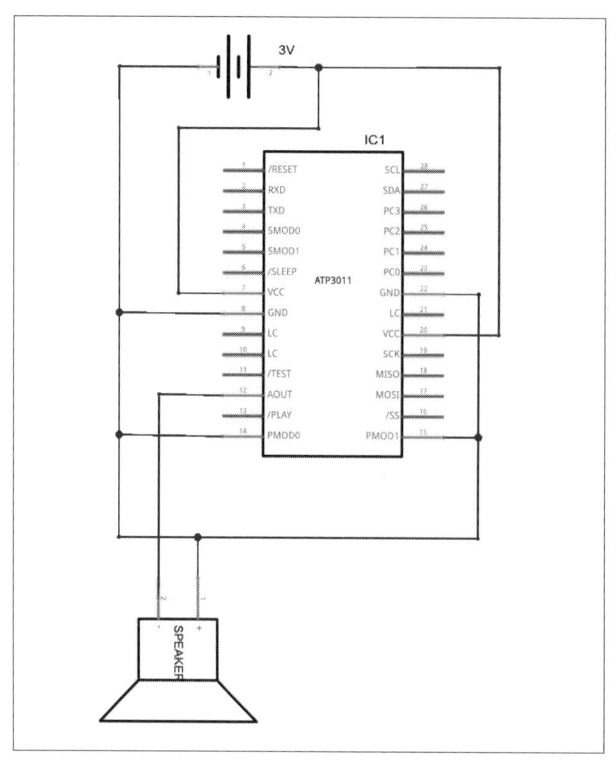

図6-15 「図6-14」の回路図

コラム 「アンプ」を付ける

図6-14・図6-15は、実験のための簡易な構成で、出る音も小さいです。

もう少し大きな音にしたいときには、「アンプ回路」を入れてください。

メモ ATP3011のデータシートには、「トランジスタ」を使った「簡易増幅回路」が掲載されています。

■「TWELITE DIP」に「I2C」接続して、喋らせる

「デモ・モード」での動作確認をしたら、次に、「TWELITE DIP」に「I2C」接続しましょう。

「ATP3011」を「I2C」で動作させるには、各ピンを次のように接続します。

【「ATP3011」を「I2C」で動作させるときの配線】

4番ピン、5番ピン	「動作モード」の設定	「I2C」動作のときは、「4番ピン」を「GND」に接続し、「5番ピン」を「VCC」に接続。
27番ピン	「I2C」の「SDA」信号線	「TWELITE DIP」の「19番ピン」に接続。
28番ピン	「I2C」の「SCL」信号線	「TWELITE DIP」の「2番ピン」に接続。

14番ピン、15番ピン	モードの切り替え	「デモ・モード」ではなく、「ノーマル・モード」にするときは、「14番ピン」を「VCC」に接続。「15番ピン」は「GND」に接続。

「ブレッドボード」での配線は、次のようになります(**図6-16**。回路図は**図6-17**、完成図は**図6-18**)。

ここでは、分かりやすさから2枚のブレッドボードに分けましたが、少し部品間を詰めれば、1枚の「ブレッドボード」で作ることもできます。

なお、**図6-16**の左側の「TWELITE」が載っているボードの配線は、**第2章**で作った「子機」の基本形態(**図2-8**)と同じです。I2C接続用の「2番ピン」と「19番ピン」を、「ATP3011」側に接続しています。

【製作に必要なもの】
・「子機セット」(「ブレッドボード」「TWELITE DIP」「単三電池2本」「『単三電池』2本用の『電池ボックス』」「ジャンパ線適量」)
・「音声合成LSI」 ATP3011 1個

手順 「TWELITE DIP」の「子機」と「ATP3011」とを接続する

[1] 「子機」を組む
第2章の**図2-8**の「子機」の基本回路に従って、「子機」を作ります。

[2] 「電源」を接続
ここでは2枚の「ブレッドボード」を使うので、それらの上下の電源の「⊕」同士、「⊖」同士を、それぞれ接続します。

[3] 「I2C」の「信号線」を接続
「TWELITE DIP」の「2番ピン」を「ATP3011」の「28番ピン」と接続します。
同様に、「TWELITE DIP」の「19番ピン」を、「ATP3011」の「27番ピン」と接続します。

[4] 「I2C」モードにする
「ATP3011」の「4番ピン」を「⊖」(GND)へ、「5番ピン」を「⊕」(VCC)に接続します。

[5] 「コマンド入力モード」にする
図6-14では「デモ・モード」としたので「14番ピン」「15番ピン」とも「⊖」(GND)に接続しました。
「コマンド入力モード」にしたいので、「14番ピン」「15番ピン」の配線を抜き、ともに「⊕」(VCC)に挿し直してください。

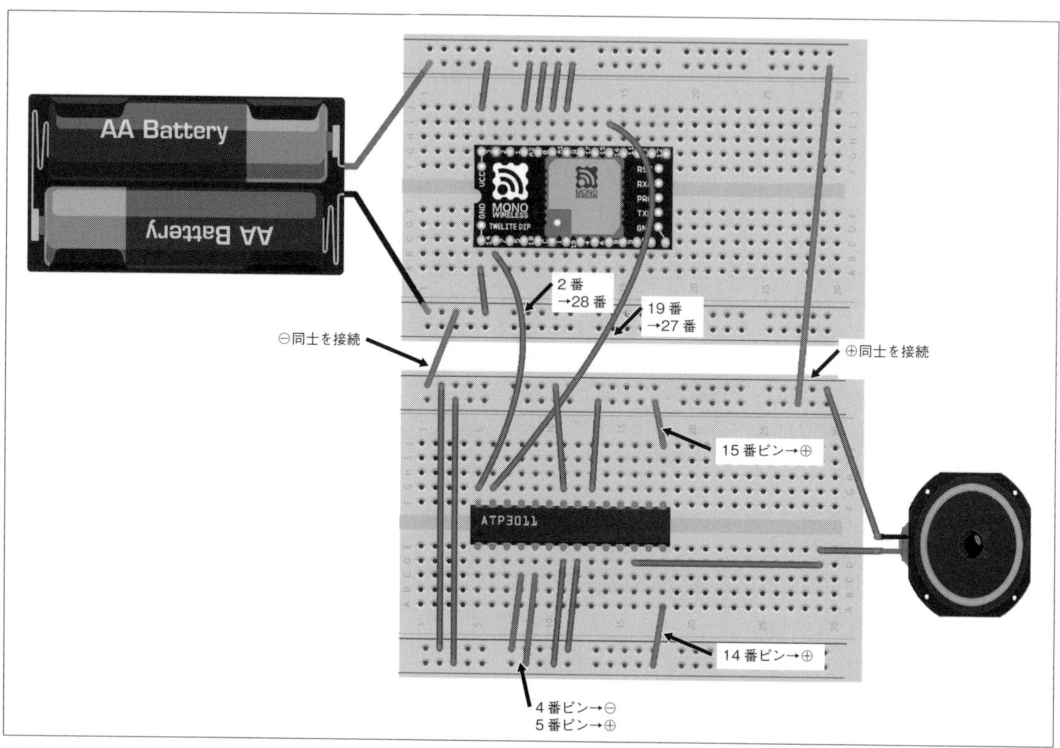

図6-16 「TWELITE DIP」と「ATP3011」とを接続する

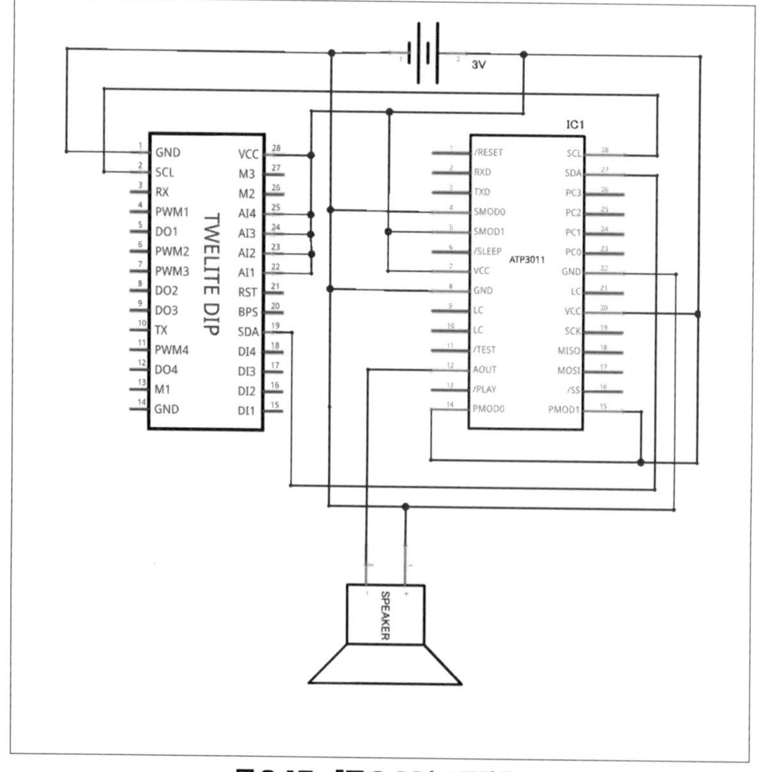

図6-17 「図6-16」の回路図

図6-18 「図6-16」を実際に製作したところ

■ 喋(しゃべ)らせるプログラムを作る

「ATP3011」の制御は、とても簡単です。

「ATP3011」に割り当てられている「スレーブ・アドレス」に対して、発声させたい言葉を、「ローマ字」で送るだけです。

「スレーブ・アドレス」のデフォルトは、「0x2e」です。

たとえば、**リスト6-3**に示すプログラムを実行すると、「メールが届きました（meiruga todokimasita)」と発声します。

リスト6-3 「ATP3011」で喋らせる

```
# COM3を開く
s = serial.Serial("COM3", 115200)

# 音声出力する
data = "meiruga todokimasita\r"
binarydata = list(map(ord, list(data)))
accessI2C(s, i2caddress = 0x2e, i2ccommand = binarydata[0],
data=binarydata[1:])

# COMを閉じる
s.close()
```

6.5 「I2C」接続の「温度センサー」をコントロール

ここまで、「TWELITE」からデータを書き出すことで制御するデバイスを見てきました。

こんどは、「I2C」のデバイスから値を読み込む例を示しましょう。ここでは、「Analog Devices」社の温度センサー「ADT7410」を使います。

今回用いたのは、このセンサーを用いたモジュール基板で、秋月電子通商から販売されているものです（**図6-19**)。

このモジュールには、動作に必要な「抵抗」や「コンデンサ」、設定を変更するための「ジャンパ」などが、あらかじめ取り付けられています。そのため、ピンをハンダ付けするだけで、ブレッドボードに装着して使えます。

＊

「温度センサー」については、すでに**第4章**で、アナログの**LM61**を用いましたが、**ADT7410**のほうが、**LM61**に比べて精度が高く、また、消費電力も小さいという特徴があります。

図6-19 「ADT7410」を利用した「I2C」の「温度センサーモジュール」

■「子機」に「I2C」の「温度センサー」を取り付ける

ADT7410には、8つのピンがあります。

秋月電子通商が販売しているモジュールでは、「GND」「VCC」「SDA」「SCL」の4本が2.54mm間隔のピンで取り出されており、「ブレッドボード」に配置できます（**図6-20**）。

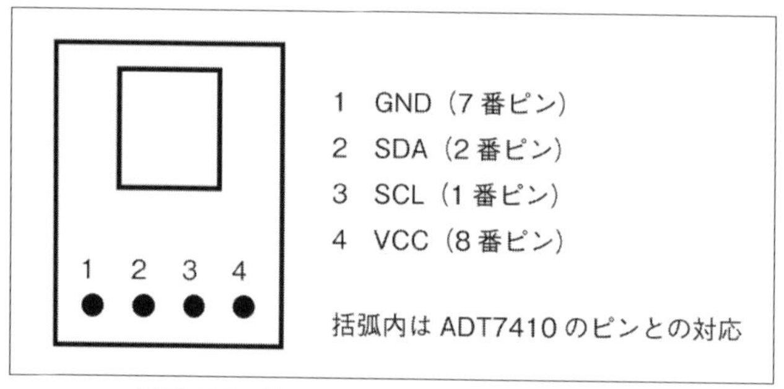

図6-20 「ADT7410モジュール」の配線

この「モジュール」を用いる場合、次のようにして配線します（**図6-21**、**図6-22**、**図6-23**）。

【製作に必要なもの】
・「子機セット」（「ブレッドボード」「TWELITE DIP」「単三電池2本」「『単三電池』2本用の『電池ボックス』」「ジャンパ線適量」）
・「温度センサーモジュール」 ADT7410モジュール 1個

手順 「子機」に「ADT7410」を取り付ける

[1] 子機を組む

第2章の**図2-8**の「子機」の基本回路に従って、「子機」を作ります。

[2] 「ADT7410 モジュール」と電源を接続

「ADT7410」モジュールの「1番ピン」(「ADT7410」の「7番ピン」)を「⊖」(GND)に接続します。

同様に、「4番ピン」(「ADT7410」の「8番ピン」)を「⊕」(VCC)に接続します。

[3] 「I2C」の「信号線」を接続

「TWELITE DIP」の「2番ピン」を「ADT7410」の「3番ピン」(「ADT7410」の「1番ピン」)と接続します。

同様に、「TWELITE DIP」の「19番ピン」を、「ADT7410」の「2番ピン」(「ADT7410」の「2番ピン」)と接続します。

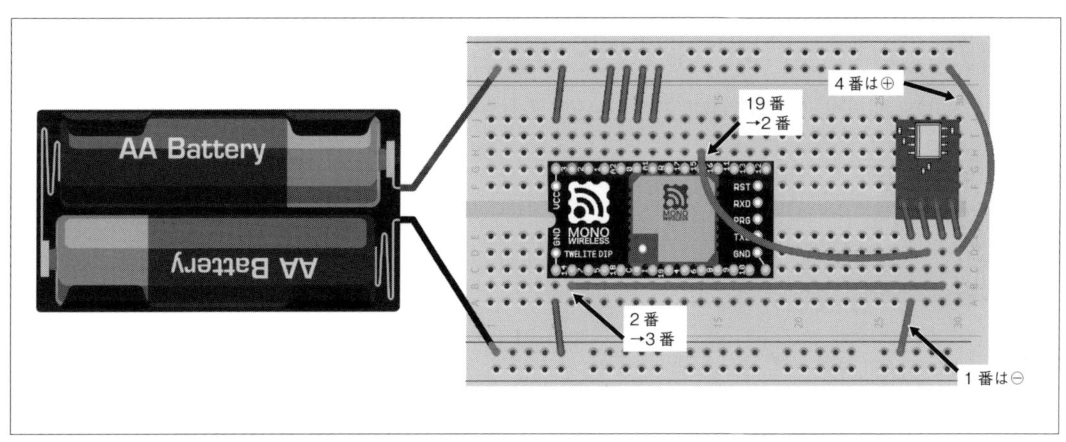

図6-21 「温度センサー」を接続した「子機」の「ブレッドボード」上の配線図

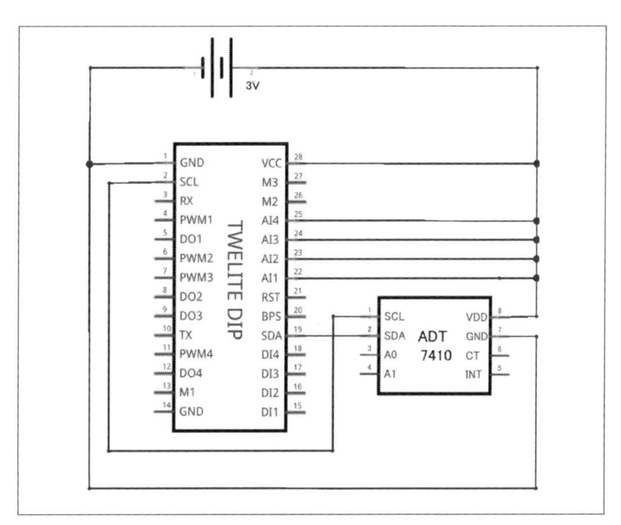

図6-22 「図6-21」の回路図

図6-23 実際に「図6-21」を組み立ててみたところ

■「ADT7410」の設定と温度の読み取り方

ADT7410のデータシートは、Analog Devices社のWebサイトから入手できます(http://www.analog.com/static/imported-files/data_sheets/ADT7410.pdf)。

● モードの設定

ADT7410には、次の4つの動作モードがあります。

- **連続変換モード**
  連続して測定するモード。測定が終わると、次の測定を始めます。デフォルトです。

- **ワンショット・モード**
  単発で測定し、測定が完了するとシャットダウン状態になります。

- **1SPSモード**
  1秒周期で測定します。

- **シャットダウン**
  温度測定や変換回路をシャットダウンします。

これらのモードは、「コンフィギュレーション・レジスタ」(アドレス0x03)への設定値で決めます。

「コンフィギュレーション・レジスタ」には、分解能を「16ビット」にするか、「13ビット」にするかの、「選択ビット」もあります(**図6-24**)。

> **メモ** 「コンフィギュレーション・レジスタ」には、これ以外にも、「INTピン」と「CTピン」の扱い方を設定するビットがありますが、本書の回路では利用しないため、解説を割愛します。

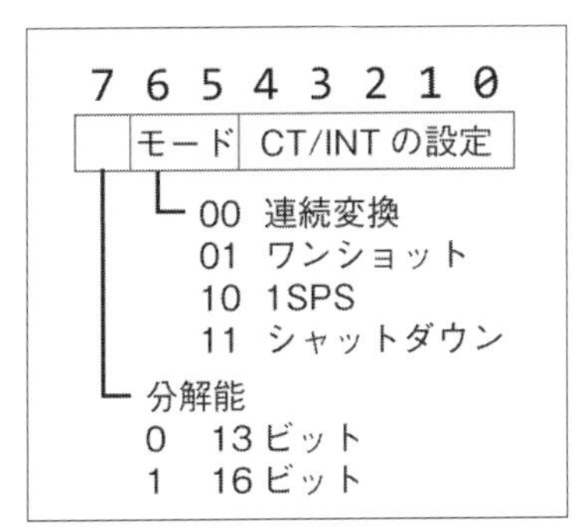

図 6-24 「コンフィギュレーション・レジスタ」(0x03) での設定

● 温度の読み方

「温度」の値は、全部で「16 ビット」の値として取得できます。

「0x00」レジスタが「上位バイト」で、「0x01」レジスタが「下位バイト」です。

すぐ後に説明しますが、ADT7410 は、「読み込み」が完了すると、「レジスタ」が次の位置に移動するため、「0x00 レジスタ」から「2 バイト」ぶん読み込むと、「0x00 レジスタ」の値と「0x01 レジスタ」の値を、まとめて一度に読み込むことができます。

「温度」の計算方法は、「16 ビット」モードなのか「13 ビット」モードなのかによって、違います (図 6-25)。

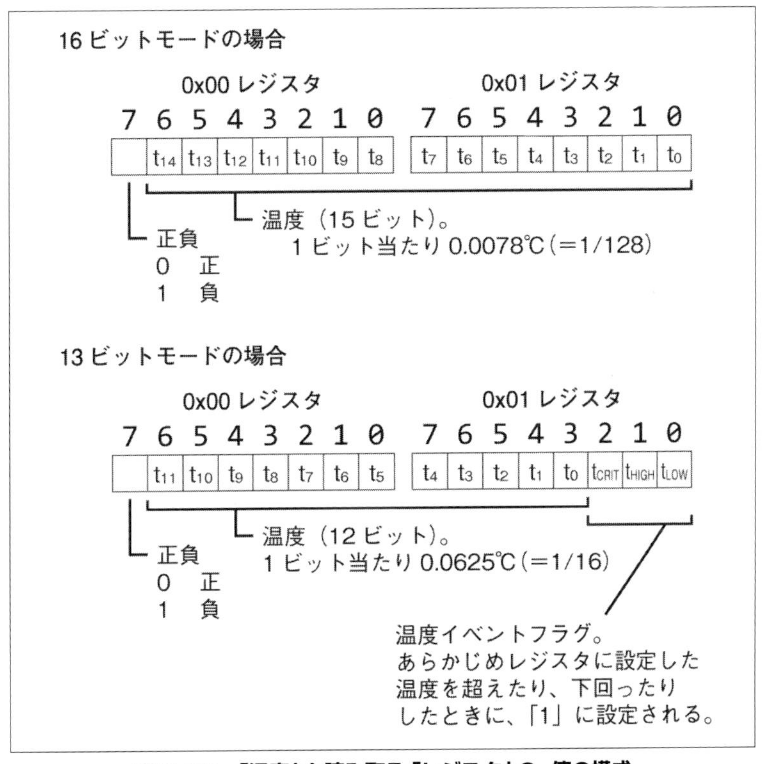

図 6-25 「温度」を読み取る「レジスタ」の、値の構成

①「16 ビット」モードの場合

いちばん左のビットが正か負かを示すビットです。
次の式で、「実際の温度」に変換できます。

・いちばん左のビットが「1」のとき(「負」の温度)

温度 = –((値 – 32768) / 128)

・いちばん左のビットが「0」のとき(「正」の温度)

温度 = 値 / 128

②「13 ビット」モードの場合

「13 ビット」モードでは、いちばん右の「3 ビット」が、「あらかじめ指定した温度よりも、低くなったり、高くなったりしたときに設定されるフラグ」となっており、残りの「13 ビット」に「温度」が格納されています。

「13 ビット」ぶんの値は、次の式で、実際の温度に変換できます。

・いちばん左のビットが「1」のとき(「負」の温度)

温度 = –((値 – 4096) / 16)

・いちばん左のビットが「0」のとき(「正」の温度)

温度 = 値 / 16

以上を踏まえて、ADT7410 から「温度」を読み取る例を、**リスト 6-4** に示します。
実行すると、刻々と「温度」が表示されます。

リスト 6-4　温度を読み取る

```
# COM3 を開く
s = serial.Serial("COM3", 115200)

while 1:
    # コンフィグレーションレジスタを設定して初期化する
    # 16 ビット、ワンショット・モード
    accessI2C(s, command = 0x01, i2caddress = 0x48, i2ccommand = 0x03, 
data=[0x80])
    time.sleep(0.300)
    # 温度の値を読み取る
    result = accessI2C(s, command = 0x04, i2caddress = 0x48, i2ccommand = 
0x00, readbyte = 2)
    if result:
```

```
            # 16ビットの値に変換
            val = result[0] * 256 + result[1]
            # 温度に変換
            if val & 0x8000 :
                # 負の温度
                t = -(val - 32768) / 128.0
            else:
                # 正の温度
                t = val / 128.0
            print("温度=" + str(t))
        else:
            print("読み取りエラー")

# COMを閉じる
s.close()
```

リスト6-4では、まず、**ADT7410**を「16ビット」の「ワンショット・モード」に設定して、しばらく（ここでは0.3秒）待ちます。

```
# 16ビット、ワンショット・モード
accessI2C(s, command = 0x01, i2caddress = 0x48, i2ccommand = 0x03,
data=[0x80])
time.sleep(0.300)
```

そしてレジスタ「0x00」から「2バイト」読み取ることで、「温度」の値を得ます。

```
result = accessI2C(s, command = 0x04, i2caddress = 0x48, i2ccommand =
0x00, readbyte = 2)
val = result[0] * 256 + result[1]
```

この結果を、先の計算式で「温度」に変換すれば、実際の「温度」が求まります。

```
# 温度に変換
if val & 0x8000 :
  # 負の温度
  t = -(val - 32768) / 128.0
else:
  # 正の温度
  t = val / 128.0
  print("読み取りエラー")
```

コラム 複数の「子機」からのそれぞれの「温度」を調べる

「**[5-2]「アナログ温度計」で「温度」を調べる**」や「**[6-5]「I2C」接続の「温度センサー」をコントロール**」では、「温度」を測る操作をしています。

「温度」を測る場合には、「複数の子機」を配置して、各部屋の「温度」などを測りたくなるものです。

本書で示したサンプルでは、「すべての子機」を対象としています。そのため、そのまま使うと全部の「子機」が応答を返してしまいます。

「各子機」からの温度を別々に得るには、「子機」のそれぞれに「ID」を割り当てます。

IDの割り当てには、「インタラクティブモード」を使います。(「**Appendix A**」を参照)。

*

「TWELITE R2」を使って「TWELITE DIP」とパソコンとを接続し（**第7章**）、「TWELITE STAGE APP」を実行して「インタラクティブモード」に入ります。

メニューが表示されたら、「i」キーを入力します。
すると、「論理デバイスID」を入力する画面が表示されるので、「1～100」のいずれかの番号を入力してください。
これが、「子機」の固有の番号になります。
入力したら、[S] キーを押して保存してください（**図6-26**）。

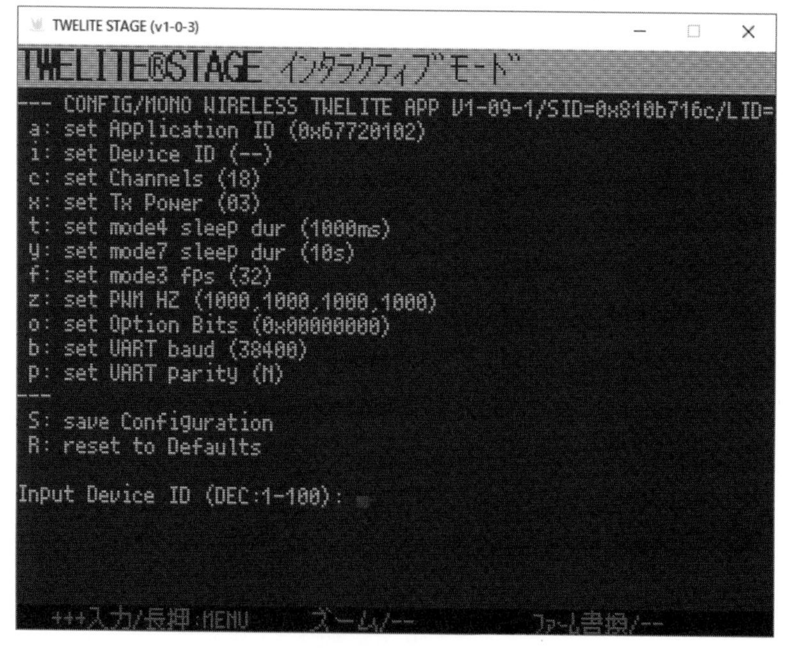

図6-26 「論理デバイスID」を書き換える

そして、プログラムでは、データを送信する「宛先ID」を、この「子機」の「ID」に変更します。

この章では、「I2C」アクセスする「accessI2C」関数では、デフォルトの送信先(sendto)を「0x78」(すべての子機)に設定してあります。

```
def accessI2C(s, sendto = 0x78, reqno = 0x00, command = 0x01,
    i2caddress = 0x00, i2ccommand = 0x00,
    data = [], readbyte = -1):
```

そこで、この関数を呼び出すとき、たとえば、**リスト6-4**の、

```
accessI2C(s, command = 0x01, i2caddress = 0x48, i2ccommand =
0x03, data=[0x80])
```

という箇所を、

```
accessI2C(s, command = 0x01, i2caddress = 0x48, i2ccommand =
0x03, data=[0x80], sendto= 1～100のいずれか)
```

のように、「sendto=インタラクティブモードで設定した子機の論理ID」のように修正すれば、その「子機」だけにコマンドを送信できます。

第5章で作った、「**LM61**」を用いた温度センサーの場合も、同様にして、「0x81」コマンドの1バイト目が「論理デバイスID」であるため、この値で切り分けすれば、「どの『子機』から送られてきた『温度』か」を分岐できます(**第4章**の**図4-19**を参照)。

コラム TWELITE STAGE BOARDでI2C接続する

本章で説明した電子工作は、「TWELITE STAGE BOARD」でも作れます。

「TWELITE STAGE BOARD」の「I/Oコネクタ」には、「SDA」「SCL」「GND」「VCC」が出ているので、これらに接続します(**図6-27**)。

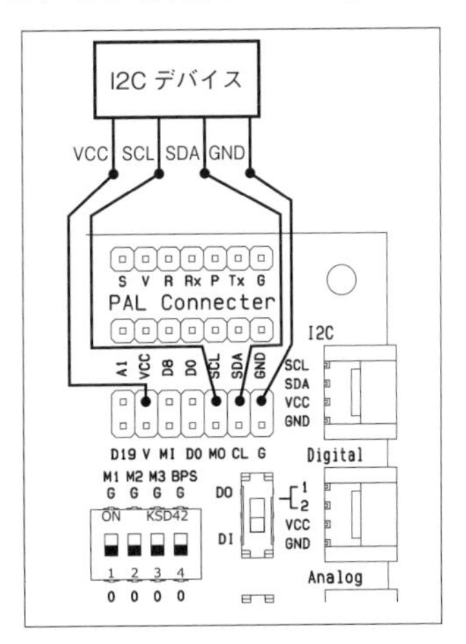

図6-27 TWELITE STAGE BOARDの「I/Oコネクタ」に「I2C」で接続する

第7章

「TWELITE」のプログラムを書き換える

ここまでの作例は、「TWELITE」に出荷時にインストールされている「超簡単！標準アプリ」を利用したものでした。しかし「TWELITE」は無線機能を内蔵した「マイコン」であり、プログラムを書き換えることもできます。
この章では、「超簡単！標準アプリ」をアップデートしたり、「標準以外のプログラム」に差し替えたりする方法を説明します。

7.1 「超簡単！ 標準アプリ」以外のプログラム

「TWELITE」のプログラムは、上書きして差し替えることができます。
差し替えると、「TWELITE」の機能が変わります（**図 7-1**）。

> **メモ** プログラムを変えたときには、「各ピンの使い方」も変わるので、注意してください。
> 「電源の ⊕（VCC）のピン」と「電源の ⊖（GND）のピン」は、どのプログラムでも同じです。
> しかし、「アナログ入力」「PWM 出力」「デジタル入力」「デジタル出力」「I2C」などのピンは、プログラムを差し替えると、「アナログ入力だったのに、それがデジタル出力として使われる」など、用途が変わることがあります。

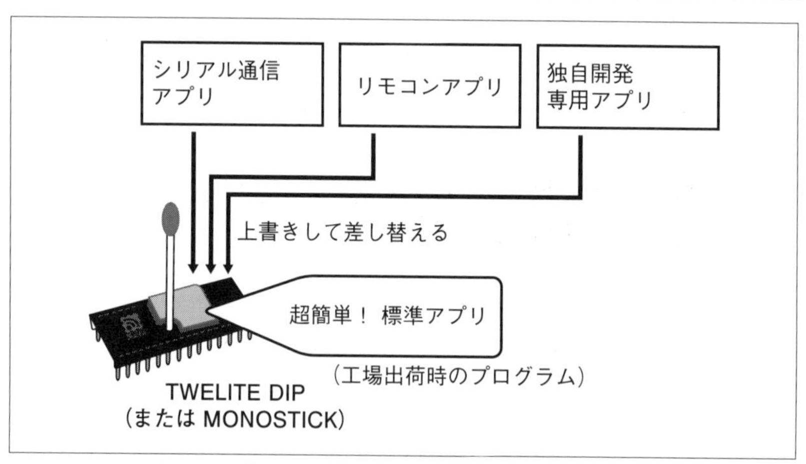

図 7-1 「TWELITE」のプログラムは入れ替えられる

「TWELITE DIP」用のプログラムは、

```
https://mono-wireless.com/apps/
```

にまとめられています。

① 超簡単！標準アプリ（App_Twelite）
「TWELITE DIP」の 工場出荷時に標準でインストールされているプログラムです。
サイトで公開されているプログラムは、工場出荷時のものよりも、新しいことがあります。
最新版では、機能が追加されていることもあります。

② シリアル通信アプリ（App_Uart）
シリアル通信に特化したプログラムです。
デフォルトの「超簡単！標準アプリ」では、シリアルに I/O ポートの状態が刻々と出力されるため、自由な通信ができません。
それに対して、この「シリアル通信アプリ」では、シリアルに入力されたデータを、「親子」間でそのまま転送できます。

③ リモコンアプリ（App_IO）
「アナログ入出力」や「I2C 制御ピン」の機能をつぶして、これらのピンをすべて「デジタル入出力」として機能させることで、12 ピンぶんの「オン / オフ」の制御ができるようにします。

④キューアプリ (App_CUE)
省電力の無線タグアプリ用プログラムです。「TWELITE CUE」の工場出荷時アプリです。各種センサやスイッチの状態を、子機が低消費電力で送信し、親機側でデータを収集できます。

⑤パルアプリ（App_PAL）
「TWELITE PAL」の工場出荷時に標準でインストールされているプログラムです。
「TWELITE PAL」に搭載されたセンサーのデータなどを送受信します。

⑥親機・中継器アプリ（App_Wings）
「MONOSTICK」の工場出荷時（2020 年 6 月以降）に標準でインストールされているプログラムです。
「TWELITE DIP（超簡単！標準アプリ）」や「TWELITE PAL（パルアプリ）」の「親機」や「中継器」として機能します。

※ 2020 年 6 月より前の「MONOSTICK」では、「超簡単！標準アプリ」の「MONOSTICK 版」（App_Twelite_MONOSTICK）が工場出荷時に書き込まれています。
この状態でも「超簡単！標準アプリが書き込まれた TWELITE（TWELITE DIP など）」と通信できますが、「TWELITE PAL」や「TWELITE CUE」などと通信できません。
「TWELITE STAGE APP」で「App_Wings」に書き換えることによって、「TWELITE DIP」だけでなく「TWELITE PAL」などとも通信できるようになります。また「中継器」の機能も追加されます。

この章では、「TWELITE DIP」に書き込まれているプログラムを入れ替える方法や、②や③のプログラムの基本的な使い方を説明します。

7.2 「TWELITE」のプログラムを書き換える

「TWELITE」のプログラムを書き換えるには、「TWELITE R2」(トワイライター2)という部品が必要です(図7-2)。

図7-2 TWELITE R2

「TWELITE R2」に「TWELITE DIP」を装着して、パソコンの「USBポート」に接続します。すると、「COMポート」として割り当てられます。

パソコン側で「TWELITE STAGE APP」を実行すると、プログラムを書き込むことができます(図7-3)。

なお、「MONOSTICK」のプログラムを書き込む場合も、これと同じ方法をとります。
ただし、「MONOSTICK」は、直接「USBポート」に接続できるため、「TWELITE R2」は必要ありません。

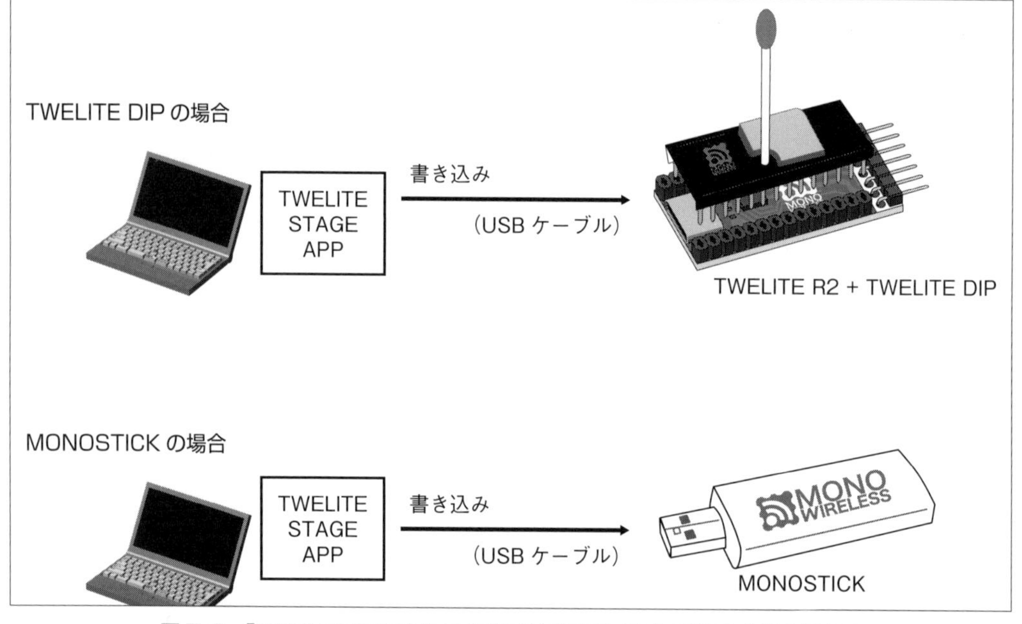

図7-3 「TWELITE DIP」や「MONOSTICK」のプログラムを書き換える

■「超簡単!標準アプリ」を最新版にする

では実際に、「TWELITE DIP」のプログラムを書き換えてみましょう。

ここでは、例として、「超簡単!標準アプリ」を最新版に書き換える方法を示します。

*

手 順 **「超簡単 !標準アプリ」を最新版に書き換える**

[1] 「TWELITE DIP」+「TWELITE R2」をパソコンに接続する

「TWELITE DIP」を「TWELITE R2」を装着し、パソコンに接続します。このとき、TWELITE DIP の向きを間違えないようにしてください(**図 7-4**)。

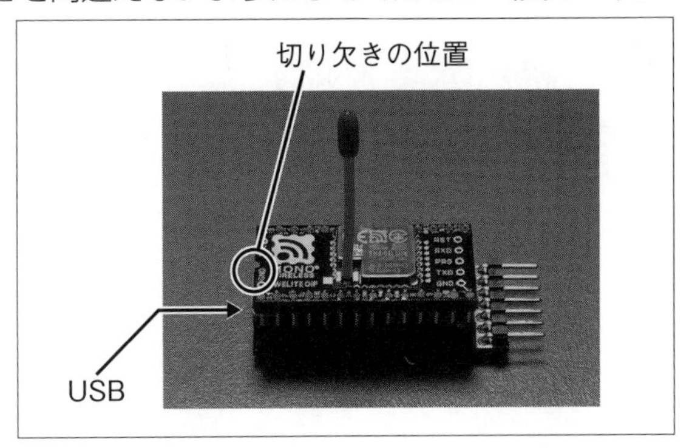

図 7-4 「TWELITE DIP」を「TWELITE R2」に接続し、パソコンに接続する

コラム アタッチメントキット

TWELITE DIP のピンは、繰り返し抜き差しするようにはできていません。頻繁に抜き差しするのであれば、「アタッチメントキット」を使ってください。

「アタッチメントキット」は、「IC ソケット」と「ピンヘッダ」のセットです(**図 7-5**)。

【アタッチメントキット】

https://mono-wireless.com/zif

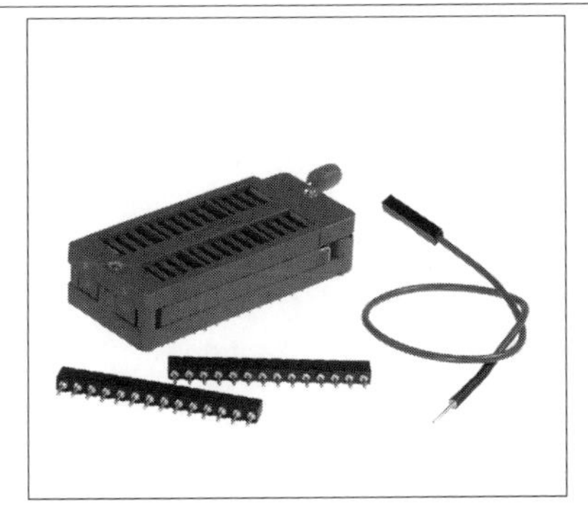

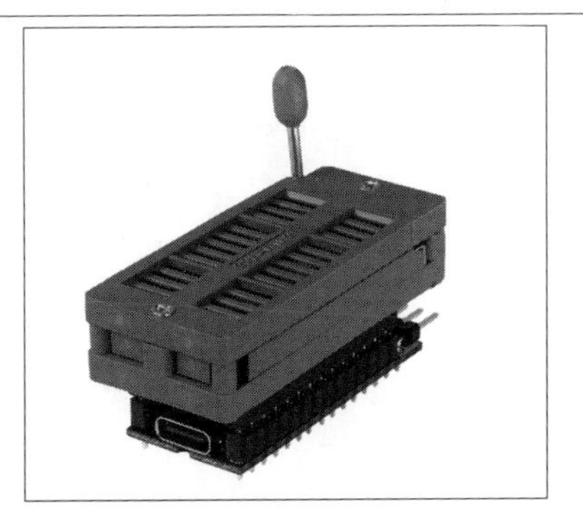

図 7-5 アタッチメントキット
左が「アタッチメントキット」。右が「TWELITE R2」に取り付けたところ。

[2] 「TWELITE STAGE APP」を起動する

「TWELITE STAGE APP」を起動します(詳細は**第 4 章**を参照してください)。

[3] 「アプリ書換」を選択する

メニューから［2 アプリ書換］を選択します（**図 7-6**）。

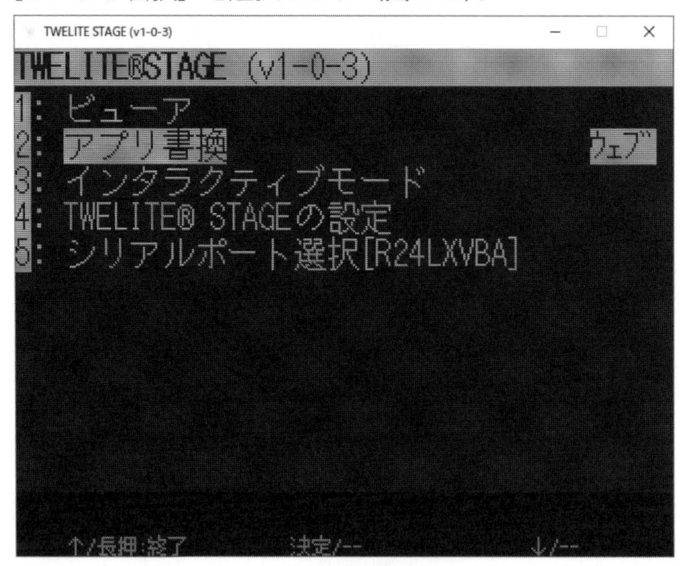

図 7-6 「アプリ書換」を選択する

[4] 「TWELITE APPS ビルド&書換」を選択する

メニューから［3 TWELITE APPS ビルド&書換］を選択します（**図 7-7**）。

> **メモ** 「TWELITE」のプログラムには､「Act」と「TWELITE APPS」の 2 種類があります。この章では「TWELITE APPS」を扱います。「Act」については、第 8 章で説明します。

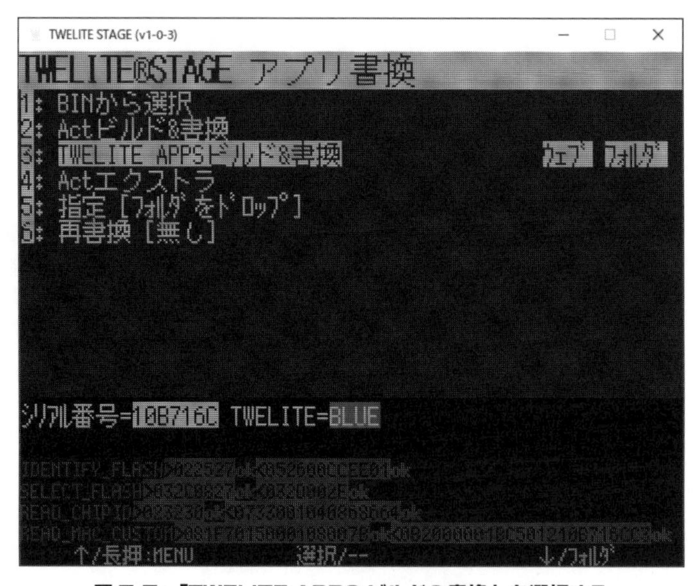

図 7-7 「TWELITE APPS ビルド&書換」を選択する

[5] 「超簡単！標準アプリ」を選択する

アプリ一覧が表示されます。「超簡単！標準アプリ」に相当する、[7 App_Twelite] を選択します（図 7-8）。

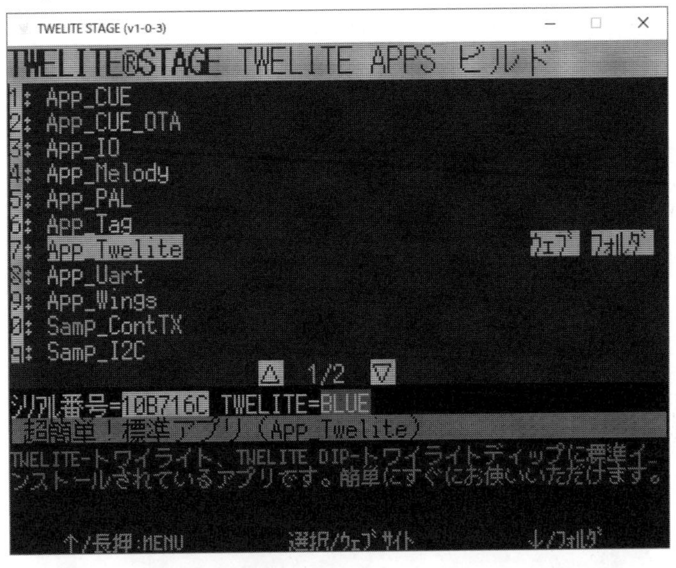

図 7-8 「超簡単！標準アプリ（App_Twelite)」を選択する

[6] 「TWELITE 用」を選択する

「TWELITE 用」か「MONOSTICK 用」か尋ねられます。

ここでは TWELITE 用のものを書き込みたいので、[1. App_Twelite] を選択します（図 7-9）。

図 7-9 「TWELITE 用（App_Twelite)」を選択する

[7] コンパイルされ、書き込まれる

インターネットから必要なファイルがダウンロードされ、ビルドして書き込まれます(**図7-10**)。

書き込みが完了したら[Enter]キーを押してください。

ここの手順では、次に書き込まれたバージョンを確認しますが、確認の必要がなければ、ここで「TWELITE R2」をパソコンから抜いて、さらに「TWELITE DIP」を取り外してしまってもかまいません。

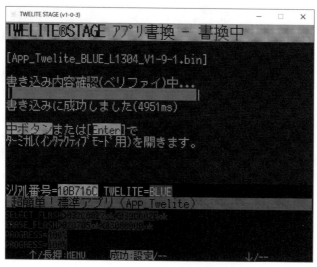

図7-10 プログラムが書き込まれた

[8] バージョンを確認する

図7-10にて[Enter]キーを押すと、「インタラクティブモード」に入ります。設定画面が表示され、画面最上行で、バージョン番号を確認できます(**図7-11**)。

これで書き込みは完了です。「TWELITE R2」をパソコンから抜いて、さらに「TWELITE DIP」を取り外してください。

```
TWELITE STAGE (v1-0-3)
TWELITE®STAGE インタラクティブモード
--- CONFIG/MONO WIRELESS TWELITE APP V1-09-1/SID=0x810b716c/LID=
 a: set Application ID (0x67720102)
 i: set Device ID (--)
 c: set Channels (18)
 x: set Tx Power (03)
 t: set mode4 sleep dur (1000ms)
 y: set mode7 sleep dur (10s)
 f: set mode3 fps (32)
 z: set PWM HZ (1000,1000,1000,1000)
 o: set Option Bits (0x00000000)
 b: set UART baud (38400)
 p: set UART parity (N)
---
 S: save Configuration
 R: reset to Defaults

  +++入力/長押:MENU    ズーム/--    ファーム書換/--
```

図7-11 「インタラクティブモード」でバージョン番号を確認する

ここでは「超簡単！標準アプリ」を書き込む方法を説明しましたが、他のプログラムも、同様にして書き換えることができます。

表 7-1 に、それぞれの製品において、工場出荷時に格納されているプログラムを示します。

さまざまな実験をしたあと、工場出荷時に戻したいときは、これらのプログラムを書き込んでください。

表 7-1　工場出荷時のプログラム

製品名	プログラム
TWELITE DIP	超簡単！標準アプリ（App_Twelite）
MONOSTICK	親機・中継器アプリ（App_Wings）
TWELITE PAL	パルアプリ（App_PAL）
TWELITE CUE	CUE アプリ（App_CUE）

※ 2020 年 6 月より前の「MONOSTICK」には、「超簡単！標準アプリ」の「MONOSTICK 版」（App_Twelite_MONOSTICK）が書き込まれています。

7.3 「シリアル通信アプリ」を使ってみる

「TWELITE」のプログラムの書き換え方が分かったところで、実際に、別のアプリに書き換えて試してみましょう。

*

まずは、「シリアル通信アプリ」を使ってみます。

■「シリアル通信アプリ」でできること

「シリアル通信アプリ」は、「パソコン」「スマートフォン」「タブレット」の他、「UART制御」(シリアル通信)できる「マイコン」などに「TWELITE」や「MONOSTICK」を接続して、無線で通信データを飛ばすアプリです(**図7-12**)。

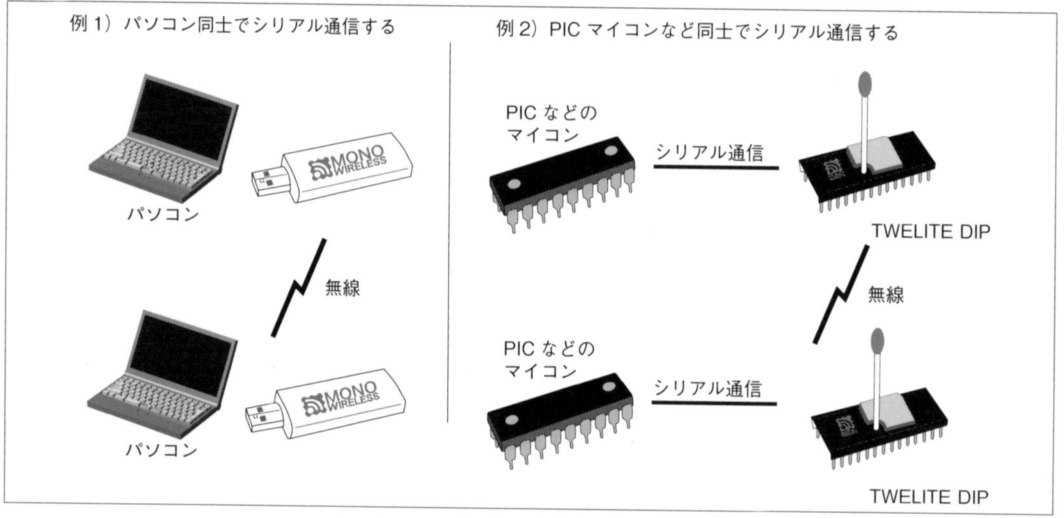

図7-12 「シリアル通信」専用アプリの概要

「シリアル通信アプリ」は、「超簡単!標準アプリ」と違って、これまで見てきたように、1秒ごとに表示される、

```
7881150160810037DE00000B000D39180000FFFFFFFFFF97
```

といった「子機」の「状態フラグ」が表示されません。

そのため、「TWELITE」によって「送受信データ」が付加されることなく、透過的に、「生のまま」のデータを無線で飛ばすことができます。

メモ 「シリアル通信アプリ」は、「データの暗号化」にも対応しています。ただし、デフォルトでは暗号化は無効です。「インタラクティブモード」に入って「暗号化キー」を設定することで暗号化されるようになります。

コラム 「シリアル通信アプリ」での「ピン配置」

「シリアル通信アプリ」に書き換えると、「超簡単！標準アプリ」でできるような、「アナログ入力」「PWM 出力」「デジタル入力」「デジタル出力」の機能は、使えなくなります。

「シリアル通信アプリ」に書き換えたときの「ピン配置」は、**表 7-A** のようになります。

表 7-A 「シリアル通信」専用アプリの「ピン配置」

ピン名	TWELITE DIP のピン番号	機 能
M1	13	「親機／子機」の設定。オープンで「子機」、GND で「親機」。 「インタラクティブモード」からも設定可能。
M2	26	「M1 ピン」がオープン（子機）のとき、このピンを「GND」にすると、「中継機」として機能する。「親機」で GND に接続することは、禁止。
M3	27	ピンを GND に落とすと、その間、スリープする。
EX1	23	このピンを GND にすると、UART モードを「書式・バイナリ」に強制する。
BPS	20	ピンを GND にして起動した場合、「インタラクティブモード」で設定した「ボーレート」「パリティ設定」を有効にする。 ピンがオープンのときは、「インタラクティブモード」での設定を無視して、デフォルトの「115200bps」「パリティなし」で起動する。 「MONOSTICK」では、このピンはオープン（開放）に設定されているため、デフォルトの「115200bps」以外には設定できない。
TX	10	UART の出力（TX）。「MONOSTICK」の場合は、USB の「COM ポート」に接続されている。
RX	3	UART の入力（RX）。「MONOSTICK」の場合は、USB の「COM ポート」に接続されている。
TX_SUB	2	「副 UART」の出力（TX）。「副 UART」に切り替えるには、「インタラクティブモード」に入って、「オプション・ビット」で指定。
RX_SUB	19	「副 UART」の入力（RX）。「副 UART」に切り替えるには、「インタラクティブモード」に入って、「オプション・ビット」で指定。

■「シリアル通信アプリ」の、3つのモード

「シリアル通信アプリ」には、次の3つのモードがあります。

① チャット・モード

1行のメッセージ（入力してから改行文字まで）を、すべての他の「TWELITE」や「MONOSTICK」に転送します。

データが送信されるタイミングは、「改行文字」を入力したときです。

*

送信されるテキストには、

ハンドル名 [番号]> メッセージ

というように、先頭に「ハンドル名 [番号]」が付与されます。

「ハンドル名」とは、チャットで用いる「ユーザー名」のことです。

チャット・モードにおいては、「親機」「子機」の区別はなく、入力した文字は、すべての他の機器に転送されます。

このモードでは、「バイナリ・データ」（0x00 ～ 0x1F、0x7F）を送信することはできません（**図 7-13**）。

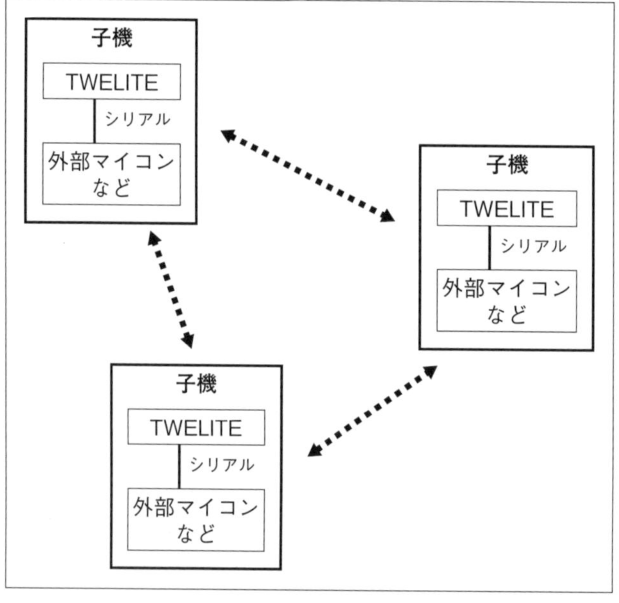

図 7-13　チャット・モード

②透過モード

基本動作は、①の「チャット・モード」と同じですが、送信時に「プロンプト文字」が追記されることがなく、入力された文字を、そのまま転送します（**図 7-14**）。

「送信」のタイミングは、「改行文字」が入力されたときだけでなく、

(1) あらかじめ指定した任意の文字が入力されたとき、
(2) 一定時間データが送信されなかったとき、

のいずれかを設定することができます。

透過モードでは、「バイナリ・データ」を送信することもできます。

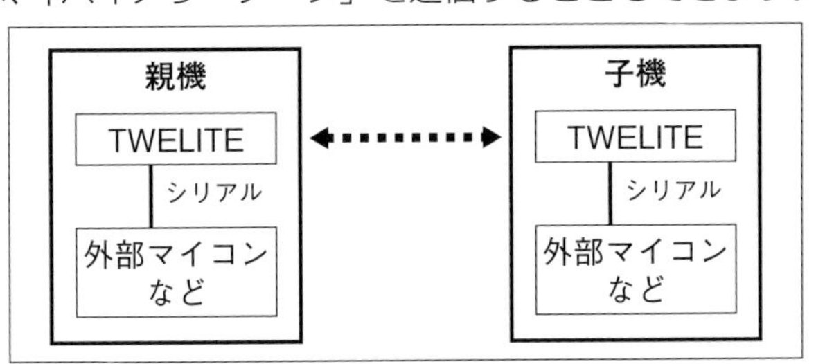

図 7-14 透過モード

③ 書式モード

②では、エラーチェックをしないため、データが欠ける可能性もあります。

そこで、「TWELITE」や「MONOSTICK」でチェックサムを設けて、チェックサムが正しくなければエラーとする処理をするのが「書式モード」です。エラー時に、再送する機能も備えられています。

「透過モード」と違って、「送信先」を指定できるため、「多対多」の接続もできます。また、「中継機」を使った距離の延長もできます（**図 7-15**）。

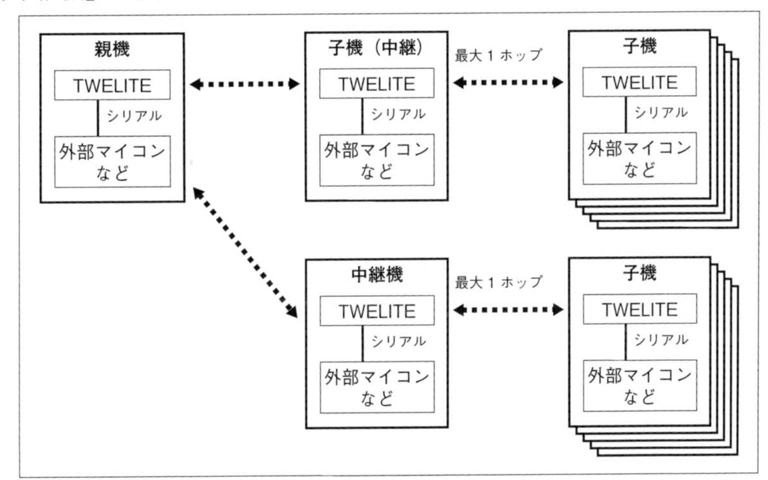

図 7-15 書式モード

これらの3つのモードのうち、本書では、「チャット・モード」と「透過モード」の2つのモードを扱います。

■「シリアル通信アプリ」に書き換える

まずは実験のため、**図7-16**のように、「2台のパソコンのそれぞれに、『MONOSTICK』を接続した状態」を用意します。

「MONOSTICK」のプログラムを、「シリアル通信アプリ」に書き換えます。

それぞれのパソコンで、「Tera Term」などの「ターミナル・ソフト」を動かしたとき、一方から入力した文字が、他のパソコンに表示されることを確かめます。

> **メモ** この実験では、「2台のMONOSTICK」を使いますが、「MONOSTICK」の代わりに「TWELITE R2」と「TWELITE DIP」の組み合わせを使ってもかまいません。まったく同等のことができます。
>
> また、2台のパソコンを使わずに、1台のパソコンに2台の「MONOSTICK」を接続して、「Tera Term」をそれぞれに対して起動し、2つの「Tera Term」間での通信を確認することもできます。

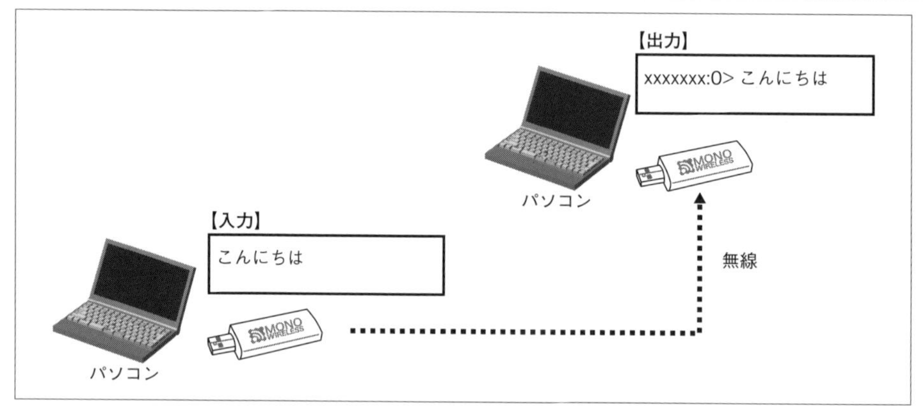

図7-16 「シリアル通信アプリ」で実験する内容

次のようにして、「シリアル通信アプリ(App_Uart)」に書き換えてください(**図7-17**)。

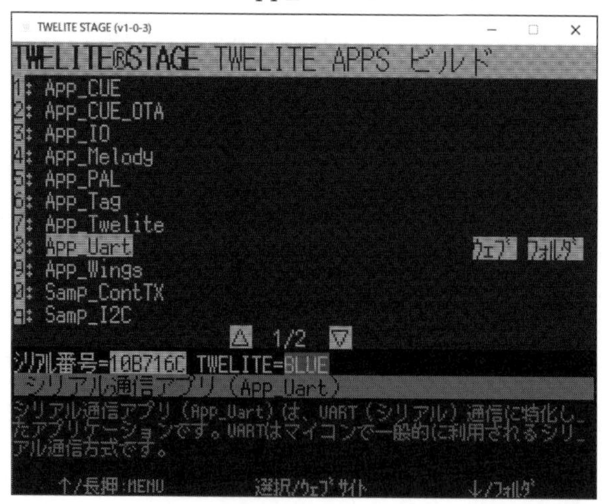

図7-17 シリアル通信アプリ(App_Uart)に書き換える

書き換えたプログラムは、抜き差ししても、ずっと有効です。
つまり、プログラムの書き換え作業は、1回だけ実行すれば、充分です。
工場出荷時に戻したいときは、「超簡単!標準アプリ」のプログラムに書き換えてください。

■「チャット・モード」でチャットする

デフォルトでは、「チャット・モード」として構成されています。
前掲の**図7-16**のように、2台のパソコンを用意し、「MONOSTICK」を接続してください。
そして、それぞれのパソコンで「Tera Term」を起動してください。

何度か[Enter]キーを押すと、

```
81002A8D:0>
```

または、

```
81002A8D:1>
```

という、コマンドプロンプトが表示されます。

「81002A8D」は、個体の種別を示す「ハンドル名」なので、個体によって異なります(「ハンドル名」は、インタラクティブモードで変更できます)。

「:0」や「:1」の「0」や「1」は、送信したメッセージの順序を示します。
まだ送信していないときは「0」で、Enterキーを押して送信すると、「1」「2」…「255」と増えていきます。
「255」を超えると、「0」に戻ります。

*

さて、このような画面で、何かメッセージを入力してみましょう。すると、もう片方のパソコンに、その文字が表示されるはずです(**図7-18**)。

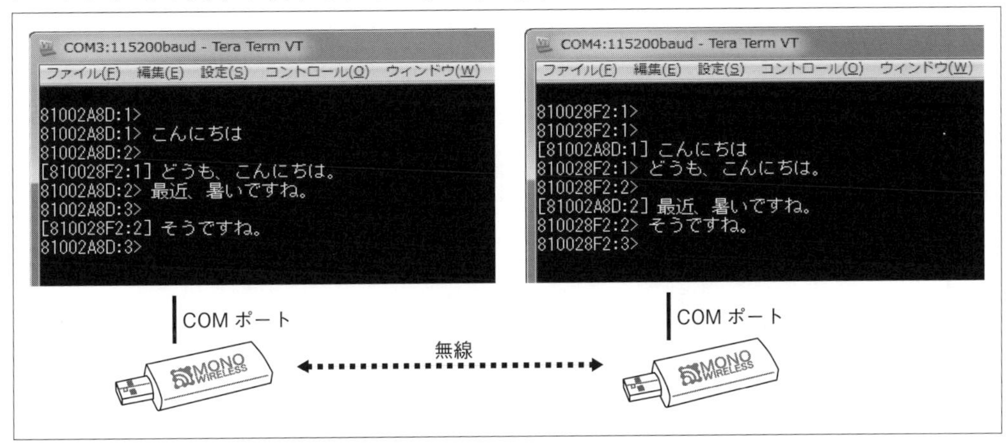

図7-18 「チャット・モード」でメッセージを送受信した例

ここでは、2台のパソコンしか用意していませんが、さらにたくさんのパソコンを用意すれば、それらすべてにも、メッセージが送信されます。

コラム Tera Termで通信する

「Tera Term」は「オープンソース」の「通信ソフト」です。下記のサイトからダウンロードできるのでインストールしてください。

【Tera Term】

https://ttssh2.osdn.jp/

メモ 「Tera Term」で操作している最中は、「TWELITE STAGE APP」を終了しておいてください。

「TWELITE」や「MONOSICK」で通信するには、Tera Termで「COMポート」に接続します（**図7-19**）。

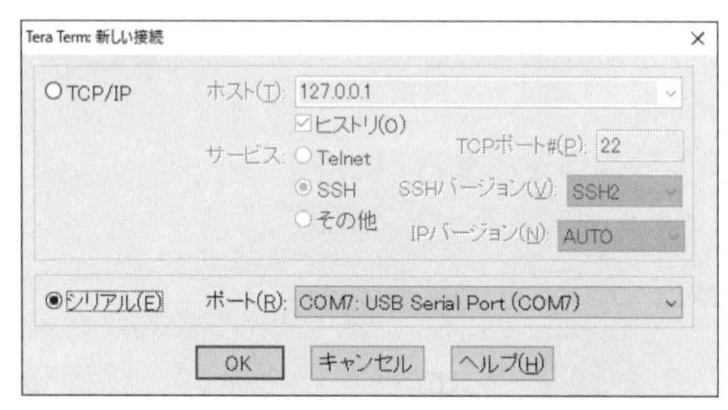

図7-19 「COMポート」に接続する

そして通信速度を設定します。［設定］メニューから［シリアルポート］を選択肢、［スピード］を「115200」に変更します（**図7-20**）。

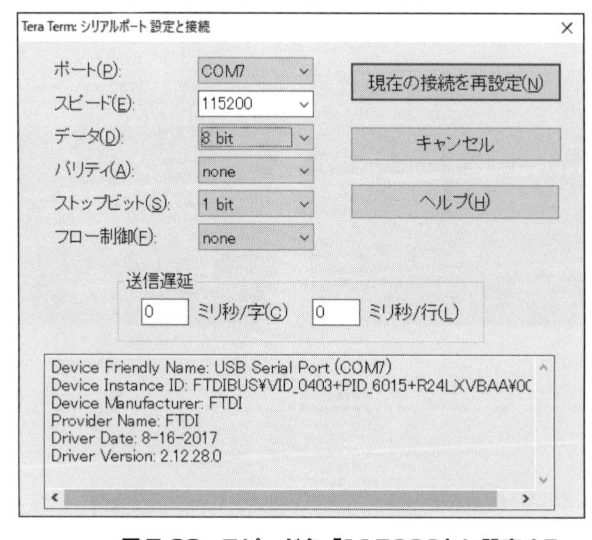

図7-20 スピードを「115200」に設定する

さらに [設定] — [端末] から、[改行コード] を「CR+LF」に変更します (**図 7-21**)。

Tera Term: 端末の設定
端末サイズ(T): 80 x 24
☑= ウィンドウサイズ(S):
☐自動的に調整(W):
改行コード
受信(R): CR+LF
送信(M): CR+LF
OK
キャンセル
ヘルプ(H)
端末ID(I): VT100
☐ローカルエコー(L):
応答(A):
☐自動切り替え(VT<->TEK)(U):
漢字-受信(K) UTF-8
☐半角カナ(F)
漢字-送信(J) UTF-8
☐半角カナ(D)
漢字イン(N): ^[$B
漢字アウト(O): ^[(B
ロケール(C): japanese

図 7-21 改行コードを「CR+LF」に変更する

■「透過モード」で「生データ」を送信

さて、「チャット・モード」は、ちょっとしたメッセージを送受信するのには便利なのですが、

- 「TWELITE」(MONOSTICK) によって、行頭に「ハンドル名」や「メッセージ番号」が付けられる。
- 「バイナリ・データ」を送信できない。

という問題があり、外部機器をコントロールするには不向きです。

そこで、「TWELITE」(MONOSTICK) に、何も制御して欲しくないときのために「透過モード」が提供されています。

「透過モード」に変更するには、「インタラクティブモード」から操作します。

*

実際にやってみましょう。

ここでは、「チャット・モード」で試したのと同じ構成で、「透過モード」に設定して試してみます (**図 7-22**)。

「透過モード」の場合には、入力した「文字」が、そのまま相手に表示されます。

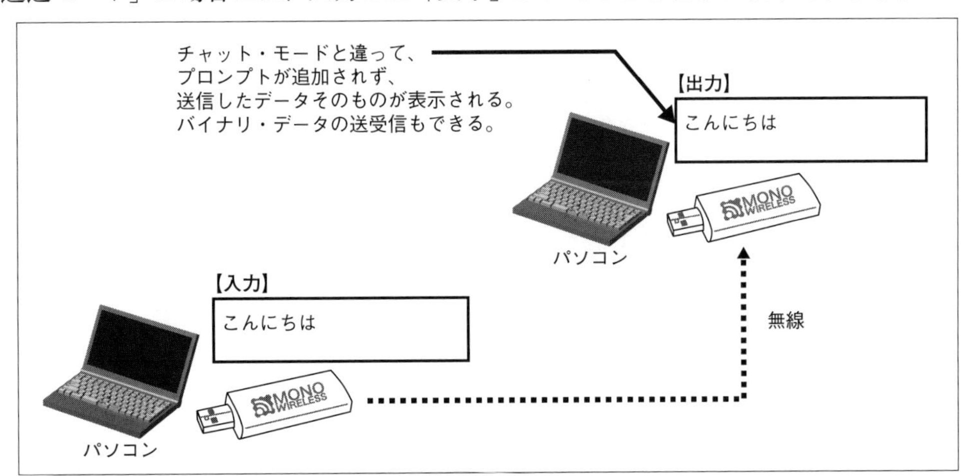

図 7-22 「透過モード」で動作テストする

■「透過モード」に設定

2台の「MONOSTICK」を、次のように「透過モード」に設定します。
「親機」と「子機」とで、設定は同じです。

*

手順 「透過モード」に変更する

[1] インタラクティブモードに入る

「Tera Term」を終了してください。「TWELITE STAGE APPS」を起動し、「インタラクティブモード」を選択します。

[2] 「透過モード」に設定

「透過モード」に設定します。「m」キーを押すとモードを尋ねられるので「D」[Enter]と入力します（**図7-22**）。モードの設定値の意味は、**表7-2**に示す通りです。

表7-2 モードの設定

モードの種類	意 味
C	チャット・モード
A	アスキー形式の書式モード
B	バイナリ形式の書式モード
D	透過モード

※「T」（透過モード・ペアリング）も設定できますが、推奨されません。「D」を使ってください。

図7-22 透過モードに設定する

[3] 保存する

最後に、設定を保存するため、「S」キーを押してください。

設定が書き込まれ、再起動したのち、「透過モード」に変更されます。

*

なお、「透過モード」では、「TWELITE」(MONOSTICK) は、一切のメッセージを表示しないので、起動時のバージョン番号のメッセージさえも表示されません。

つまり、上記 **手順 [3]** のあと、何も応答がないように見えます。

しかし実際には、キー入力された文字が、透過モードによって受け付けられ、電波で飛んでいます。

同様に、「子機」も設定してください。

コラム 元の「チャット・モード」に戻すには

「シリアル通信アプリ」のデフォルトの挙動である「チャット・モード」に戻すには、「インタラクティブモード」で、「R」キーを押して、設定を「デフォルト値」に戻します。

その後、「S」キーを押して設定を保存すると、再起動して、「デフォルト」の状態に戻ります。

*

もし、すべてを「デフォルト」の状態に戻すのではなく、「モード」だけ戻したいのであれば、「m」キーを押して「モード変更メニュー」を表示し、「C」キーを押すことで、「チャット・モード」に戻すこともできます (モードについては、**表 7-2** を参照)。

■「透過モード」でメッセージを送受信

実際に「透過モード」に設定した「MONOSTICK」を使って、**図 7-22** の構成でメッセージを送受信してみましょう。

*

「透過モード」の場合は、片方でキー入力すると、それがもう片方に、即座に表示されることが分かります。

「チャット・モード」と違って、[Enter] キーを押さなくても、すぐに反映されます。

このとき自分側には、何も表示されません (**図 7-23**)。

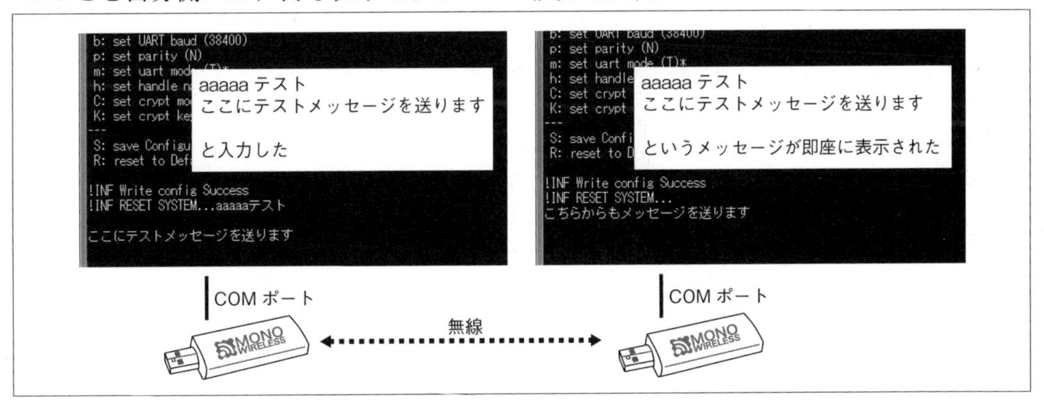

図 7-23 「透過モード」でのメッセージの送受信例

7.4 「透過モード」で「MIDI 機器」を制御

ここで、「透過モード」の製作例をひとつ、採り上げましょう。

*

ここで採り上げるのは、「MIDI インターフェイス」を使って、「離れた場所に置かれた音源を鳴らす」という例です。

パソコンから「MONOSTICK」を通じて、「MIDI データ」を送信します。

このデータを「TWELITE DIP」で作った回路で受け取り、「MIDI」に変換して、「楽器」が鳴るようにします (**図 7-24**)。

図 7-24 に示した通り、「パソコン側」には「MONOSTICK」を使い、「MIDI 機器側」には「TWELITE DIP」を使います。

「MIDI 機器」は 31250bps で通信しているため、「TWELITE」の設定を書き換えて、31250bps に変更します。

一方で、「MONOSTICK」の通信速度は変更できないため (コラム参照)、デフォルトの「115200bps」のままとします。

このように、「シリアル通信アプリ」では、互いの通信速度は違っていてもかまいません。

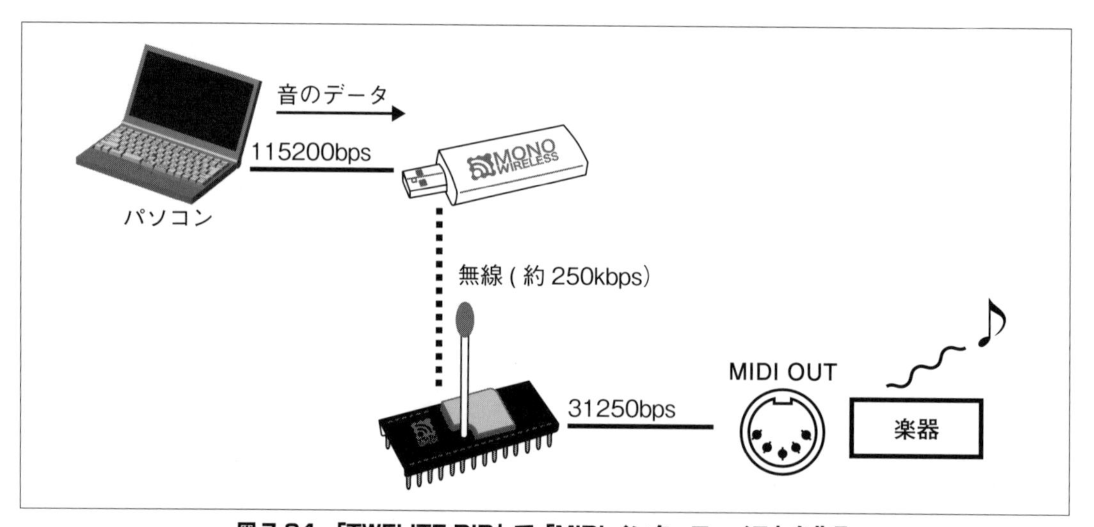

図 7-24 「TWELITE DIP」で「MIDI インターフェイス」を作る

コラム 「MONOSTICK」の通信速度を変更

通信速度は「インタラクティブモード」に入って、「b コマンド」で設定できます。

しかしデフォルトでは、「TWELITE」上の「BPS ピン」(「TWELITE DIP」では「20番ピン」)を GND 側に接続しておかないと、「インタラクティブモード」での通信速度の変更が効きません。

「MONOSTICK」は樹脂に固められており、「BPS ピン」が GND 側に接続されていません。そのため、「インタラクティブモード」での通信速度の変更が効きません。

しかし、「シリアル通信アプリ」の「Ver1.2」からは、「オプション・ビット」という設定をして、「BPS ピン」が「オープン(無接続)」であっても、「インタラクティブモード」でのボーレート設定を有効にできるようになりました。
(https://mono-wireless.com/jp/products/TWE-APPS/App_Uart/interactive.html)。

「オプション・ビット」を 2 進数で示したとき、「00010000」が、その設定です。

*

「インタラクティブモード」で「o」キーを押すと、「Input option bits」と尋ねられるので、

```
Input option bits: 00010000
```

と入力し、その後、「S」キーを押して保存して再起動してください。すると、「BPS ピン」の状態がどのようなものであっても、ボーレートの設定が有効になります。

しかし、この設定には、「間違って、パソコンから操作できないボーレートに設定してしまうと、元に戻すことすらできなくなってしまう」という問題があります。

そのような場合は「超簡単!標準アプリ」を書き込んだ後、次の URL に示されている方法で、EEPROM をクリアできます。

```
https://mono-wireless.com/jp/products/TWELITE-DIP/TWELITE-DIP-step5.html
```

■「子機」となる「MIDI インターフェイス側」の製作

では実際に、「子機」となる「MIDI インターフェイス」を作っていきましょう。

●「TWELITE DIP」の「通信速度」を変更

まずは、回路に使う「TWELITE DIP」のプログラムを「シリアル通信アプリ」に書き換えたり、通信速度を変更したりして初期設定しましょう。

*

次のように操作して、「31250bps で通信できる通過モードの子機」として構成してください。

*

手順 「TWELITE DIP」を「31250bps」で通信できる「通過モード」の「子機」として構成する

[1] パソコンと接続

「TWELITE R2」を使って、「TWELITE DIP」とパソコンとを接続してください。

[2] 「シリアル通信アプリ」に書き換え

「TWELITE STAGE APP」を使って、「シリアル通信アプリ」に書き換えてください。
前掲の**図 7-17**に示した手順と同じです。

[3] 「インタラクティブモード」に入る

「TWELITE STAGE APP」で「インタラクティブモード」を選択してください。

[4] 透過モードに設定

「透過モード」に設定するため、「m」キーを押してください。
モードを尋ねられるので、「D」[Enter] と入力して、「透過モード」に設定してください。

[5] 通信速度を変更

「ボーレート」を変更するため、「b」キーを押してください。

「ボーレート」が尋ねられたら、「MIDI の通信速度」である、「31250」[Enter] と入力してください (**図 7-25**)。

これで通信速度が、「31250bps」に設定されます。

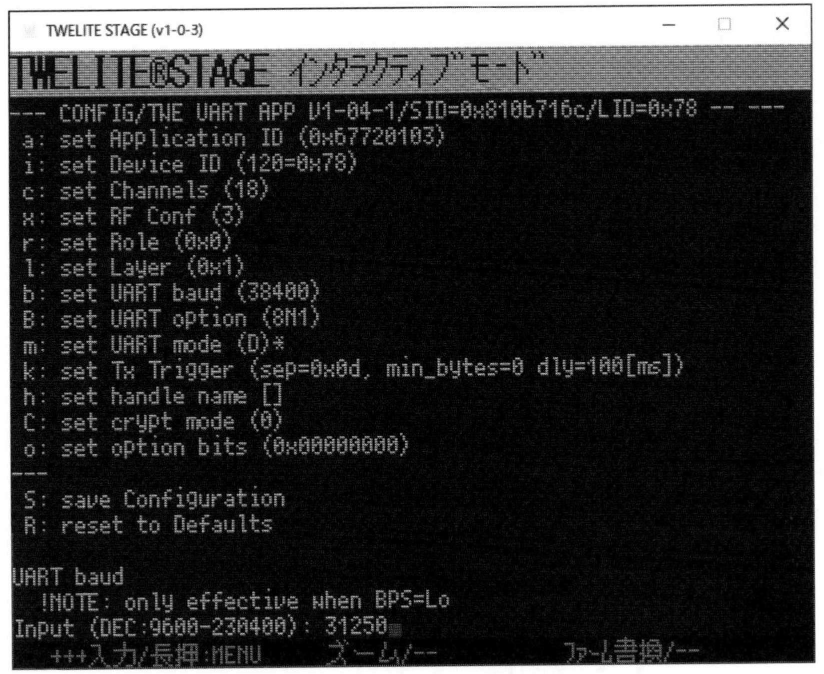

図 7-25 「31250bps」に設定する

[7] 保存して再起動

最後に、設定を保存するため、「S」キーを押してください。

設定が書き込まれ、再起動します。
以降、ここで設定したモードで動作するようになります。

＊

以上で、「TWELITE DIP」の設定は終わりです。 パソコンから取り外して、この「TWELITE DIP」を使って、以降、回路を作っていきます。

> **メモ** 「インタラクティブモード」の「b」で、ボーレートを書き換えても、「TWELITE R2」を使ってパソコンと接続するときは、いつでも、115200bps です。
>
> これは、「インタラクティブモード」のボーレートの設定変更は、「20 番ピン」が「GND」に接続されていないときには無効だからです。
>
> 「TWELITE R2」では、「20 番ピン」が「オープン（無接続）」であるため、「インタラクティブモード」での通信速度の変更が効かず、「115200bps」となります。
> (もちろん、「TWELITE R2」を改造して、「20 番ピン」を「GND」に接続した場合は、この限りではありません)。

●「MIDI インターフェイス」を作る

「MIDI インターフェイス」の回路を、**図 7-26・図 7-27** に示します。

【製作に必要なもの】

- 「子機セット」(「ブレッドボード」「TWELITE DIP」「006P 9V 電池 1 本」「『006P 9V 電池』用の『電池ボックス』」「ジャンパ線適量」
- 「三端子レギュレータ」TA48033S　1 本
- 「三端子レギュレータ」78L05　1 本
- 「NPN 型トランジスタ」2SC1815　2 本
- 「抵抗」1kΩ　4 本
- 「抵抗」220Ω　2 本
- 「セラミックコンデンサ」0.1 μF　2 本
- 「電解コンデンサ」100 μF　2 本
- 「コネクタ」DIN5 ピンコネクタ　1 個

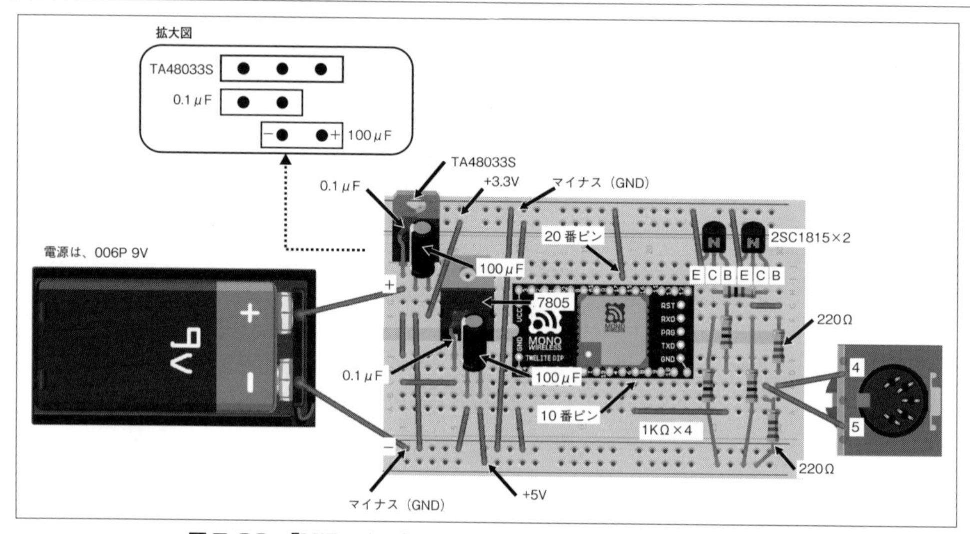

図 7-26 「MIDI インターフェイス」の「ブレッドボード」実装例

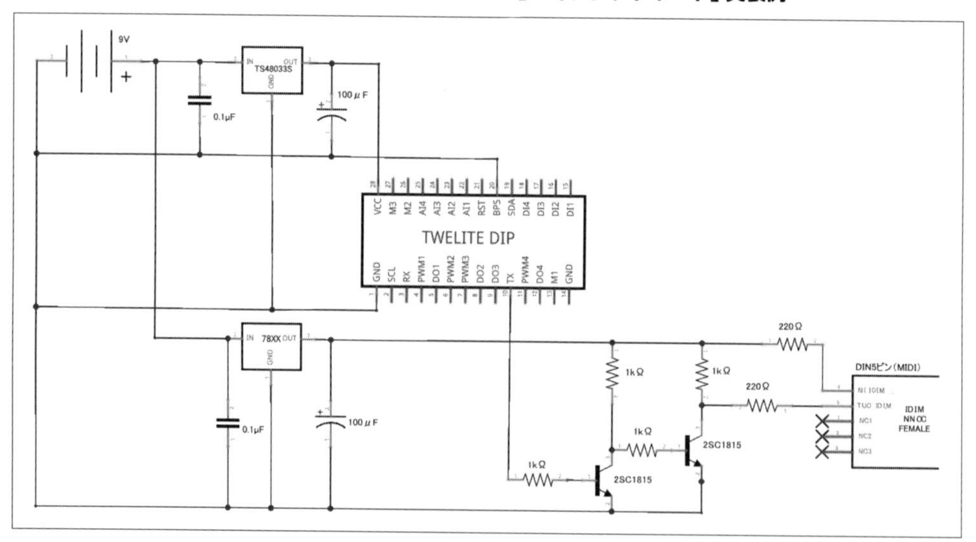

図 7-27 「図 7-26」の回路図

製作のポイントは、以下の通りです。

①「電源」は「3.3V」と「5V」が必要

「MIDI」は「5V」で駆動します（一部、「3.3V」で駆動する製品もありますが、まだ一般的ではありません）。

一方で、「TWELITE」は「2.0V～3.6V」で動作します。

そこで、この回路では、「電源」を「9V」とし、「3端子レギュレータ」を使って、「5V」と「3.3V」を作り出しています。

②「ボーレート設定」を「有効」にするため「20番ピン」を「GND」に接続

「インタラクティブモード」で設定した「ボーレート」の設定は、「20番ピン」が「GND」に接続されているときにだけ「有効」になります。

そこで、この回路では、「20番ピン」を「GND」に接続するようにしています。

③「シリアル出力」を「5V」に変換して「MIDI端子」に接続

「MIDI端子」は、「DIN5ピン」の形状です（**図7-28**）。

使用するのは「4番ピン」と「5番ピン」です。

ここには、「5V」で「5mA」の電流が流れるように、回路を構成します。

「TWELITE」のシリアル出力は、「10番ピン」です。

これは「TWELITE」の「電源電圧」と同じ電圧（この回路では「3.3V」）なので、「5V」に上げる必要があります。

そこで、トランジスタによるスイッチング回路で、「5V」を流すようにしています。

＊

「MIDI端子」に通すときには、回路に示したように、「220Ω」の抵抗を介すのが、「MIDI」の「リファレンス回路」なので、それにならっています。

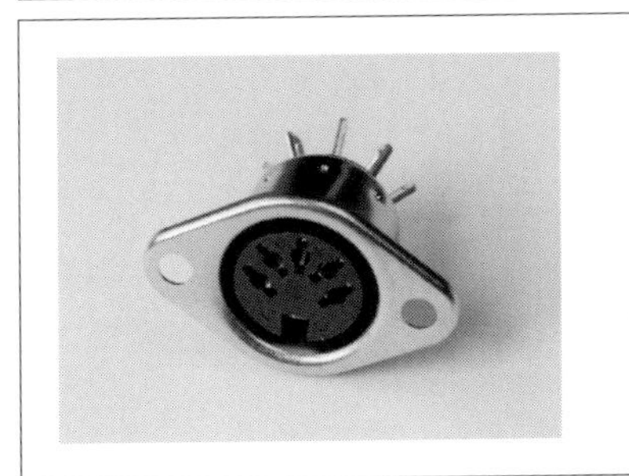

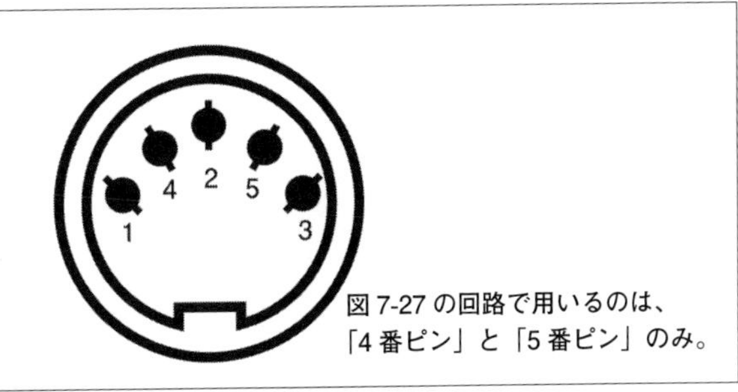
1
4
2
5
3
図7-27の回路で用いるのは、
「4番ピン」と「5番ピン」のみ。

図7-28 「DIN5ピン」で構成された「MIDI端子」

実際に製作した回路を、**図7-29**に示します。

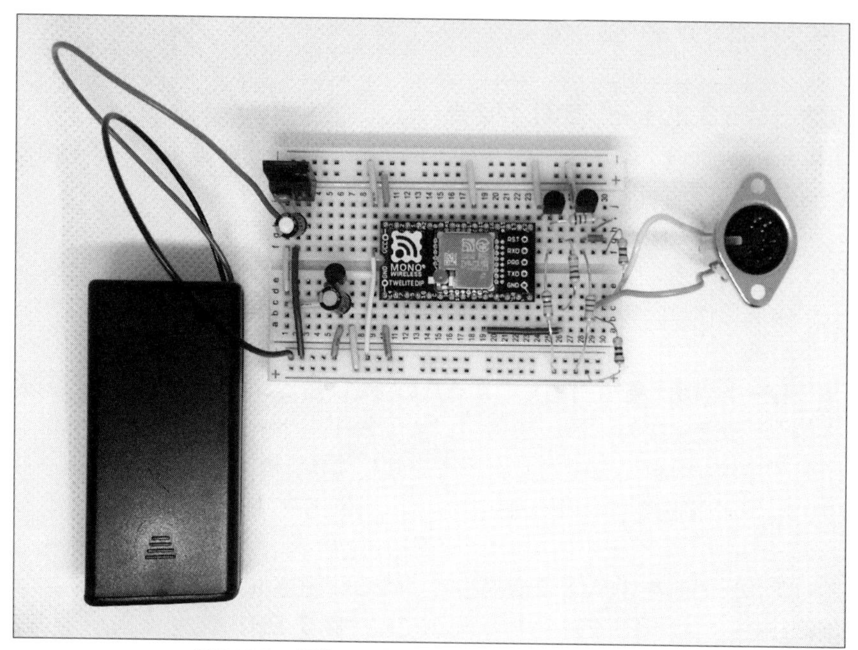

図7-29　製作した「MIDIインターフェイス回路」

■「親機」の「MONOSTICK」を構成

「子機」となる「MIDIインターフェイス回路」を作ったら、「親機」を構成しましょう。

「親機」は、「MONOSTICK」とします。「MONOSTICK」は、「透過モードの親機」として設定しておきます。

この手順は、160ページの「**【手順】　透過モードに変更する（親機側）**」と同じです。

■MIDIを制御するプログラムの例

「親機」と「子機」が出来上がったら、実際に、「MIDI」を制御してみましょう。

MIDIにデータを流すには、ただ、その「バイナリ・データ」をパソコンから「COMポート」に書き込むだけです。

MIDIの詳細は省略しますが、代表的な「MIDI制御データ」として、「ノート・オン」と「ノート・オフ」という2種類のデータがあります。

① ノート・オン

「ある音が押された」という意味を示すデータです。

```
0x90　音程　強さ
```

の 3 バイトのデータです。

「音程」は、中央の「ド」の音が「0x3c」(10 進数で 60)で、半音上がれば 1 増え、半音下がれば 1 減ります。

「強さ」は、「0x00 ～ 0x7F」の値で、大きいほど強く音が出ます。
なお、「0x00」を指定したときは、次に説明する「ノート・オフ」と同じで、「音を消す」という意味になります。

MIDI 機器が、「ノート・オン」のデータを受け取ると、発音します。

② ノート・オフ

「ある音が離された」という意味を示すデータです。

```
0x80　音程　強さ
```

の 3 バイトのデータです。
「音程」や「強さ」の意味は、「ノート・オン」と同じです。

MIDI 機器が、「ノート・オフ」のデータを受け取ると、音が消えます。

*

以上を踏まえて、「Python」でプログラムを作ったのが、**リスト 7-1** です。

リスト 7-1 を実行すると、「子機」に接続された「MIDI 機器」から、「ド」「レ」「ミ」と音が鳴るはずです。

リスト7-1 「子機」に接続された「MIDI機器」にデータを送信する例

```
import serial
import time

# COM3を開く
s = serial.Serial("COM3", 115200)

# ド
s.write(bytes("\x90\x3c\x7f", "utf-8"))
time.sleep(0.5)
s.write(bytes("\x80\x3c\x7f", "utf-8"))
time.sleep(0.5)
# レ
s.write(bytes("\x90\x3e\x7f", "utf-8"))
time.sleep(0.5)
s.write(bytes("\x80\x3e\x7f", "utf-8"))
time.sleep(0.5)
# ミ
s.write(bytes("\x90\x40\x7f", "utf-8"))
time.sleep(0.5)
s.write(bytes("\x80\x40\x7f", "utf-8"))

# COMを閉じる
s.close()
```

コラム 「エラー」と「再送処理」をしたいときは、「書式モード」を使う

「透過モード」は、「シリアル・データ」をそのまま無線化します。
無線の送信時に「エラー」があったときでも、「再送」はしません。
また、「エラー」が発生したかどうかも分かりません。

*

エラーがあったときに再送処理したいときには、「書式モード」を使うといいでしょう。

「書式モード」では、データを「送信する側」で、「チェック・サム」などの確認データを付与して送信します。
すると「受信側」で「チェック・サム」が確認され、正しければ、そのデータが展開され、出力されます。

正しくない場合には、「再送処理」が行なわれます。
「送信側」では、正しく相手に届いたのか、それともエラーであったのかを確認することもできます(図 7-A)。

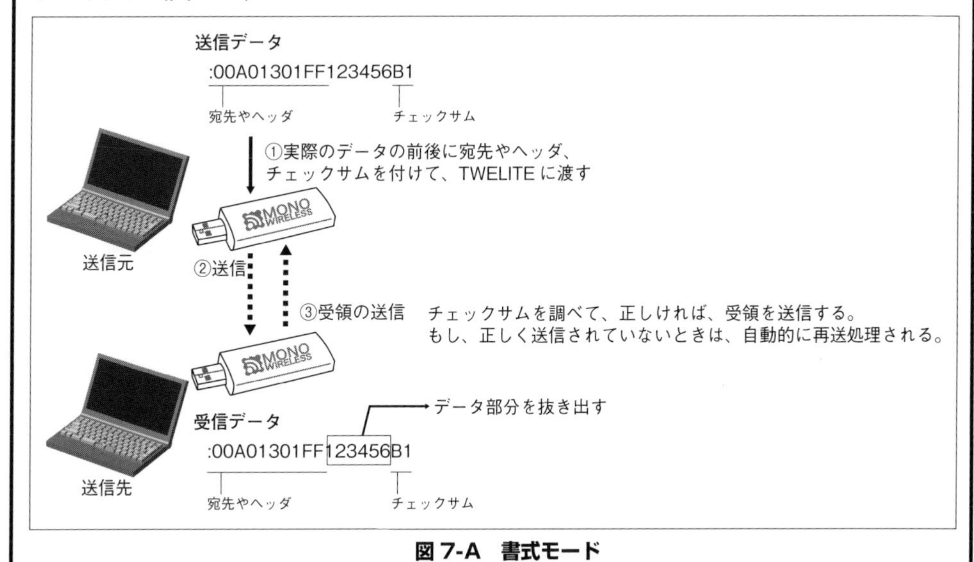

図 7-A 書式モード

コラム 「リモコンアプリ」を使ってみる

「リモコンアプリ（App_IO）」は、テレビのリモコンのような、リモートでの「オン / オフ」の操作を目的としたものです。

■ リモコンアプリの動作

「リモコンアプリ」は、「超簡単！標準アプリ」と違って、「親機→子機」の通信はできず、「親機」はデータを受けるだけです。

「子機→親機」の方向の通信に限って、12 本のデジタル信号（「オン / オフ」の信号）を送信できます（図 7-B）。

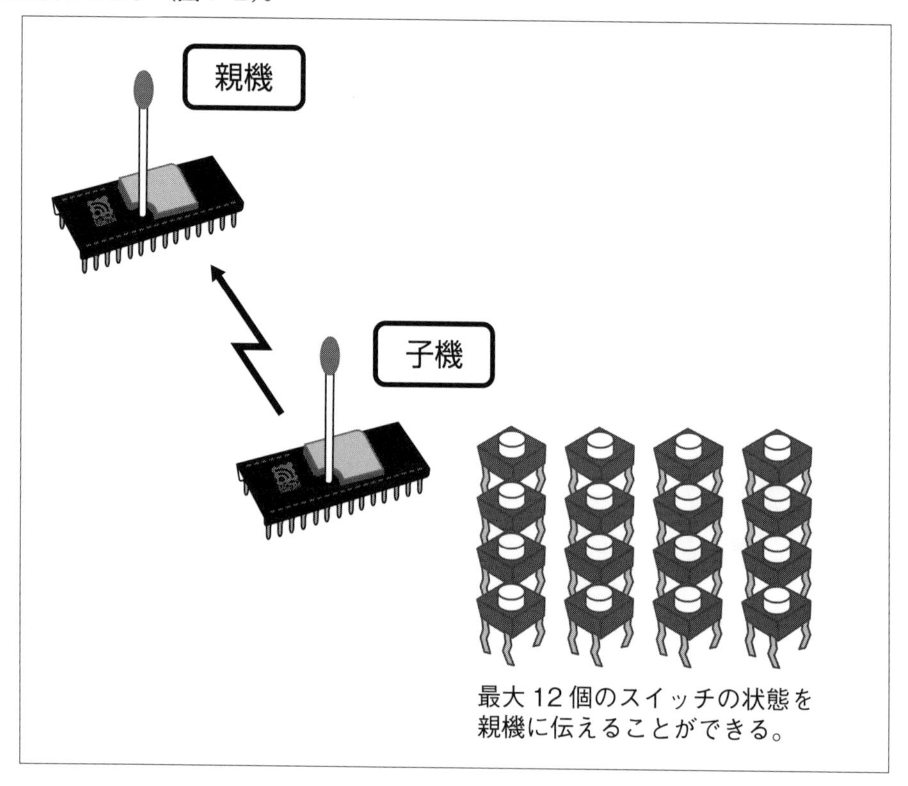
親機
子機
最大 12 個のスイッチの状態を
親機に伝えることができる。

図 7-B 「リモコンアプリ」の動作

12 本のデジタル信号を送れるだけでなく、次の特徴もあります。

① 「周波数チャンネル」はピンで切り替え可能

「TWELITE」は、いくつかの周波数チャンネルに対応して、混信しないようにできます。

「超簡単！標準アプリ」の場合、「周波数チャンネル」を変更するには、パソコンに接続して、「インタラクティブモード」から設定しないといけません。

しかし「リモコンアプリ」では、2つのピン(23番ピン、25番ピン)を使って4つの周波数帯の中から選択できます。

そのため、リモコンを作るときに、たとえば、「ディップ・スイッチ」などで、利用者が周波数帯を選べるように構成できます。

② 暗号化に対応

「インタラクティブモード」で「暗号化キー」を設定しておくと、「暗号化」が有効になります。

異なる「暗号化キー」が設定されているもの同士で通信できないようにできます。

③「入力」を最短で処理

「超簡単!標準アプリ」に比べて、「子機」からの「送信データ」が、素早く親機に反映されるように工夫されています。

その他、「子機」からの通信が途絶えたときに、「親機」の信号線を元に戻す機能や、一定時間長押ししたときだけ電波を送信する「省電力モード」などが備わっています。

反面、アナログの計測、一部のシリアルコマンドが省略されています。

コラム 「リモコンアプリ」の「ピン配置」

「リモコンアプリ（App_IO)」を「TWELITE」に書き込むと、「アナログ入力」や「PWM出力」、「I2Cの信号線」として使われていたピン群は、すべてデジタル信号を扱うようになり、**図7-C**のように割り当てが変わります。

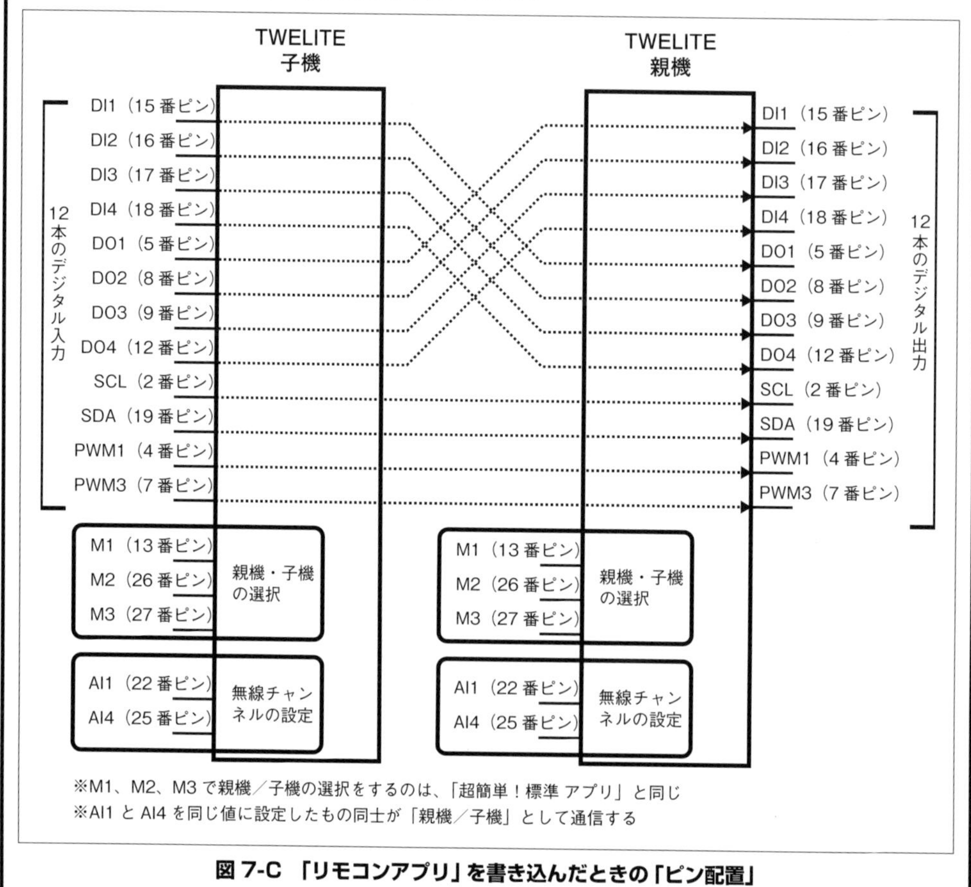

図7-C 「リモコンアプリ」を書き込んだときの「ピン配置」

第8章

「TWELITE」に独自のプログラムを書き込む

「TWELITE」は汎用的なマイコンです。独自のプログラムを書き込んで、好きな動作にカスタマイズできます。

「TWELITE」には、「MWX ライブラリ」というライブラリが提供されていて、「Arduino」のプログラムのような書式で、簡単にプログラム開発できます。

この章では、「TWELITE」の「内部構造」や「ライブラリ」を理解して、独自のプログラムを開発する方法を説明します。

8.1 独自のプログラムで、できるようになること

第6章までは、工場出荷時に書き込まれている「超簡単！標準アプリ（App_Twelite）」を使って、「TWELITE」を活用する方法を説明してきました。

「超簡単！標準アプリ」では、配線をつなぐだけで無線化できます。

そして、**第7章**で説明したように、「シリアル通信アプリ（App_Uart）」に書き換えれば、シリアル通信を無線化するなど、その動作を変えることができます。

しかし、「TWELITE」の機能は、これだけではありません。

「自分で作ったプログラム」を書き込んで実行することもできます。

そうすれば、「TWELITE のピン」や「送受信される無線データ」を、自由に操れるようになります。

> **メモ** 「TWELITE DIP」に限らず、「TWELITE PAL」「TWELITE CUE」など、他の「TWELITE シリーズ」や「MONOSTICK」についても同様です。

■パソコンがなくても複雑な操作ができる

第6章では、無線の「温度センサー」を作る際、「超簡単！標準アプリ」を使いましたが、この処理では、(1)「電圧」を取得して、(2) それをパソコン側に送信し、(3) パソコン側で、電圧から実際の温度に変換しました。

しかし、独自のプログラムを作って ROM に書き込めば、「TWELITE」内蔵のマイコンで、「あらかじめ電圧から温度に変換した値」をパソコンに戻せます。

さらには、「7 セグ LED などで数字を表示できる親機」を作り、温度を、その「7 セグ

LED」で表示するプログラムをROMに書き込んでおけば、「パソコンを使わないシステム」ができます(**図8-1**)。

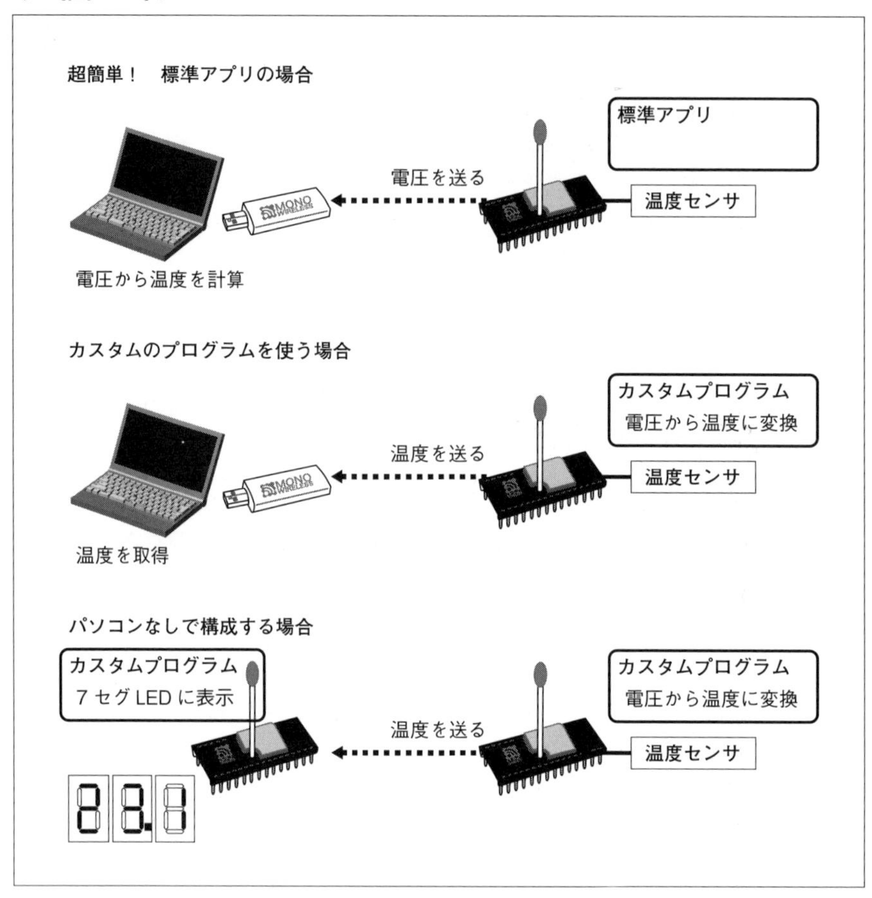

図8-1 独自のプログラムでできること

また、同じく**第6章**では、「液晶モジュールに文字を表示する」「音声合成ICを使って喋らせる」などの回路例を示しました。

これらの実例では、パソコンから「文字」を送信しました。

一方で、「TWELITE」の内部に、あらかじめ、「表示するメッセージ」や「喋らせる内容」を、いくつか登録しておき、子機側から、「どのスイッチが押されたかで、表示したり喋らせたりする内容を変える」というプログラムを作っておけば、パソコンがなくても「液晶表示」や「音声合成」ができるようになります(**図8-2**)。

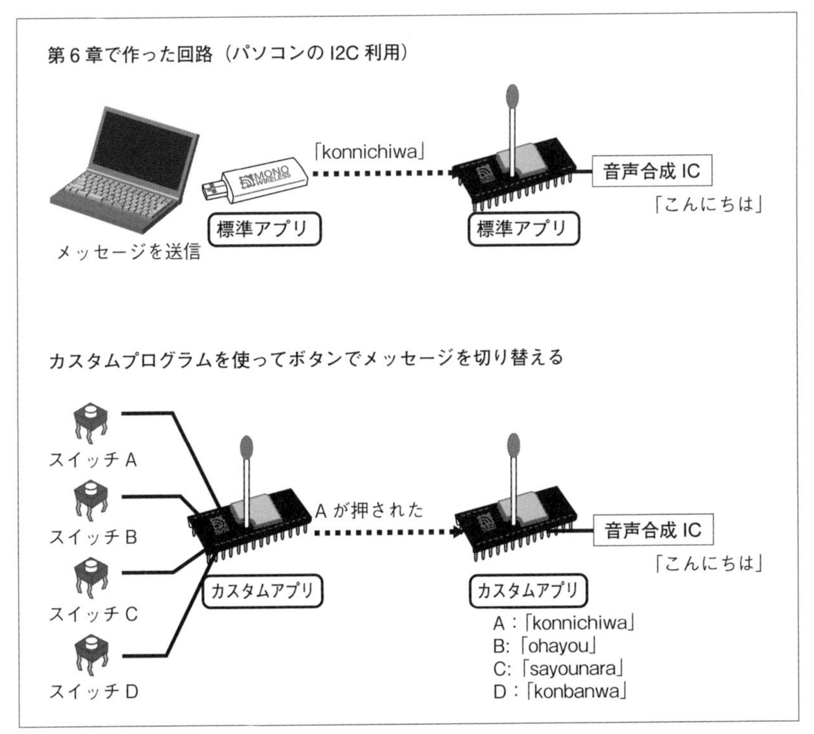

図8-2　あらかじめメッセージを「TWELITE」に書き込んでおいて切り替える例

8.2　「TWELITE APPS」と「act」

「TWELITE」で動く独自のプログラムには、**「TWELITE APPS」**と**「act」（アクト）**の2種類があります**（表8-1）**。どちらも「C++言語」を使って開発します。

---

① TWELITE APPS

工場出荷時に組み込まれている「超簡単！標準アプリ（App_Twelite）」「親機・中継器アプリ（App_Wings）」「パルアプリ（App_PAL）」「CUEアプリ（App_CUE）」のほか、**第7章**で紹介した「シリアル通信アプリ（App_Uart）」など、「TWELITE STAGE APP」の［TWELITE APPSビルド＆書換］から書き換えられる形式のアプリです。

これらは「MWSDK」を使って作るもので、「TWELITE」の機能を余すことなくフルで利用できます。また、すべてのプログラムはソースが公開されているため、「超簡単！標準アプリ」などを少し改良して動作を変えたいということもできます。

反面、独自のプログラムの書き方をするため、開発が複雑になりがちです。

② act

TWELITEのプログラムをより簡単に書けるようにした「MWXライブラリ（Mono Wireless C++ Library for TWELITE）」と呼ばれるライブラリを使って作るプログラムです。「TWELITE STAGE APP」の［Actビルド＆書換］メニューから書き換えます。

「Arduino」のプログラムに似た書式で開発できるため、①に比べてプログラムをシンプルに作れます。

反面、複雑な処理ができない部分がいくつかあります。

また、①とは「無線データ」の形式が異なるため、標準的な方法では②と①とで相互通信できません。つまり、「act」としてプログラムを作るのであれば、「親機」「子機」ともに「act のプログラム」を作らなければなりません。

モノワイヤレス社では、より簡単にプログラムを書ける「② act」の方法を推奨しています。
実際、「act」のほうがドキュメントもサンプルも充実しています。
そこで、本書でも、この「act」を使った開発方法を説明します。

表8-1 「TWELITE APPS」と「act」

種類	利用するライブラリ	書き方	複雑さ	書き換え方法
TWELITE APPS	MWSDK	独自	複雑	[TWELITE APPS ビルド&書換]
act	MWSDK + MWX ライブラリ	Arduino に似た書き方	シンプル	[Act ビルド&書換]

8.3 開発環境の準備とサンプル・プログラムの実行

それでは、実際に「act」のプログラムが、どのようなものか試してみましょう。
モノワイヤレス社は、いくつかの「サンプル・プログラム」を提供しています。
手始めに、もっともシンプルな「サンプル・プログラム」を書き込んでみましょう。

■必要なもの

開発には、次のものが必要です。

① TWELITE STAGE APP

これまでも使ってきた「TWELITE STAGE APP」です。「コンパイラ」や「ライブラリ」も含まれています。

②テキスト・エディタ

プログラムを編集するための「テキスト・エディタ」です。好きなものを使えます。
たとえば、「Visual Studio Code (https://code.visualstudio.com/)」や「サクラエディタ (https://sakura-editor.github.io/)」などを使うとよいでしょう。

③ TWELITE R2

パソコンに接続して書き換えるための装置です。
第7章で説明したように、「TWELITE R2」に「TWELITE DIP」(もしくは「TWEWLITE PAL」などの「TWELITE シリーズ」)を装着し、USB ケーブルでパソコンと接続して書き換えます。
(「MONOSTICK」のプログラムを書き換える場合は、「TWELITE R2」は必要ありません)。

■「Lチカ」を作る

この節では、モノワイヤレス社がサンプルとしている「Lチカ」(「LED」を「チカチカ」させる)の「サンプル・プログラム」(「act1」という名前で提供されています)を使います。

無線機能などは使わず単体で動作するもので、「DO1(デジタル出力1)」を0.5秒(500ミリ秒)の間隔で「オン」「オフ」するものです。つまり「DO1」に「LED」を取り付けておけば、「LEDがチカチカ」します。

そのための回路として、**第2章**で作成した「デジタル出力の子機」(**図2-10・図2-11**)もしくは「TWELITE STAGE BOARD」を使います(**図8-3**)。これらはあらかじめ用意しておいてください。

> **メモ**　「Lチカ」のサンプルでは無線機能を使わないため、回路は「親機」「子機」のどちらの設定でもかまいません。

> **メモ**　「actプログラム」については、モノワイヤレス社が「チュートリアル」(https://mono-wireless.com/jp/products/act/)を提供しています。こちらのドキュメントも参照するとよいでしょう。

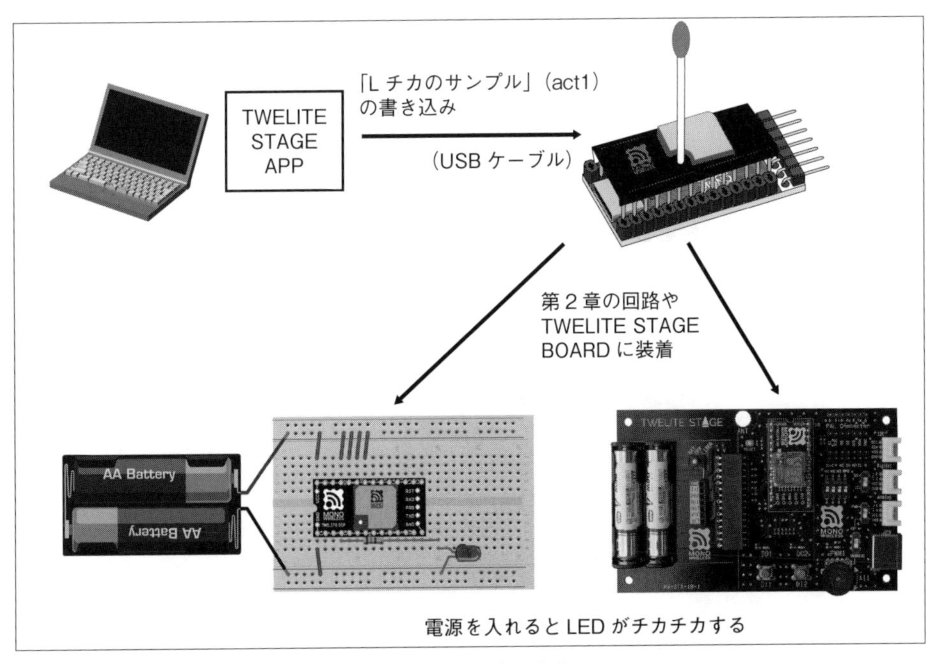

図8-3　この節の内容

図8-3に示したように、この節では次の手順で「Lチカ」のサンプルを動かします。

---

①回路(または「TWELITE STAGE BOARD」)を用意する
②「TWELITE R2」と「TWELITE DIP」を組み合わせてパソコンに装着する
③「TWELITE STATGE APP」で②の「TWELITE DIP」のプログラムを「Lチカのサンプル」(act1)に書き換える

④②をパソコンから取り外す
⑤「TWELITE R2」から「TWELITE DIP」を取り外す
⑥①の電源を切った状態で⑤を装着する
⑦①の電源を入れる。「L チカ」が始まる

では、この流れで実際に試していきましょう。

■「TWELITE DIP」をパソコンに接続する

まずは「TWELITE R2」に「TWELITE DIP」を取り付け、パソコンに接続します。

この手順は、**第7章**と同じなので、**「7-2　TWELITE のプログラムを書き換える」**を参照してください。

■「Lチカのサンプル」に書き換える

「TWELITE STAGE APP」を操作し、次のようにして、「L チカのサンプル」(act1) に書き換えます。

手 順　L チカのサンプルに書き換える

[1] 「TWELITE STAGE APP」を起動する

「TWELITE R2+TWELITE DIP」をパソコンに取り付けた状態で、「TWELITE STAGE APP」を起動します。

これまで何度か説明してきたように、「接続されているシリアル・ポート」を選択し、メインメニューに入ります。

[2] [アプリ書き換え] を選択する

[アプリ書換] を選択します **(図 8-4)**。

図 8-4 [アプリ書換] を選択する

[3]　[Act ビルド&書換] を選択する

[Act ビルド&書換] を選択します **(図8-5)**。

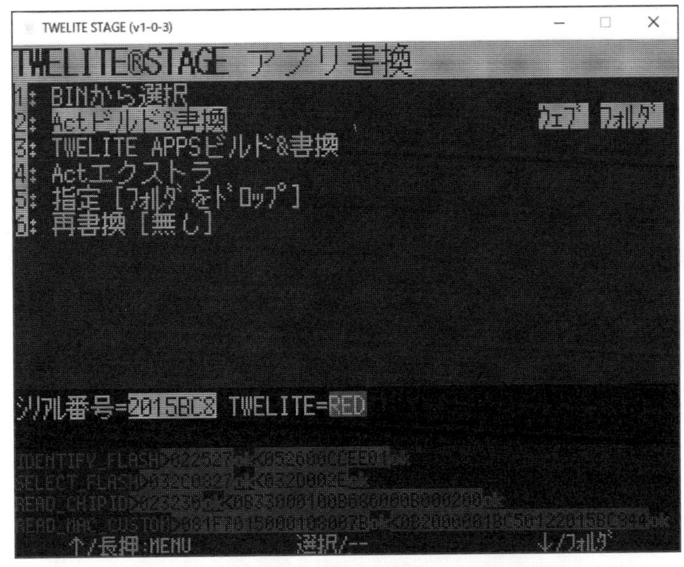

図8-5　[Act ビルド&書き換え] を選択する

[4]　[act1] を選択する

「TWELITE STATGE APP」の管理下にある「act プログラム」の一覧が表示されます。
「L チカ」のサンプルに相当する [act1] を選択します **(図8-6)**。

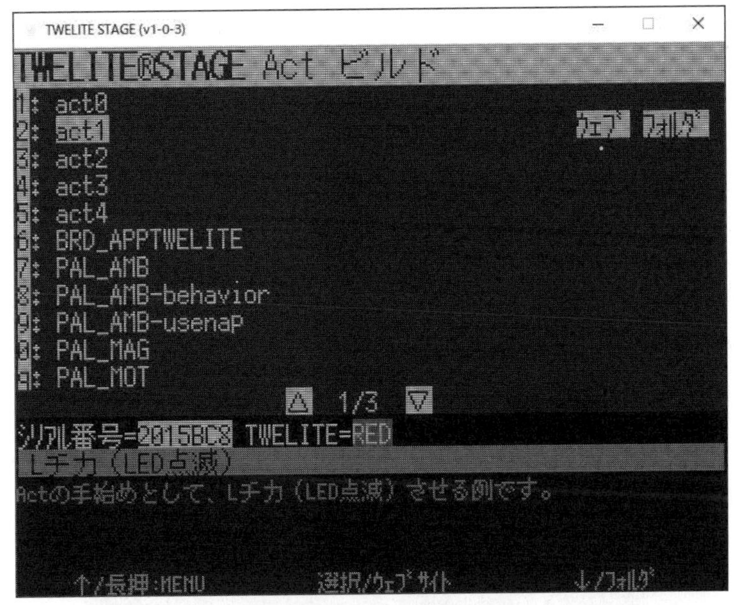

図8-6　[act1] を選択する

[5] コンパイルされ書き込まれる

コンパイルされ、プログラムが書き込まれます（**図8-7**）。

> **メモ** 「TWELITE」を標準の挙動に戻すには、「超簡単！標準アプリ（App_Twelite）」などに書き換えます。第7章を参照してください。

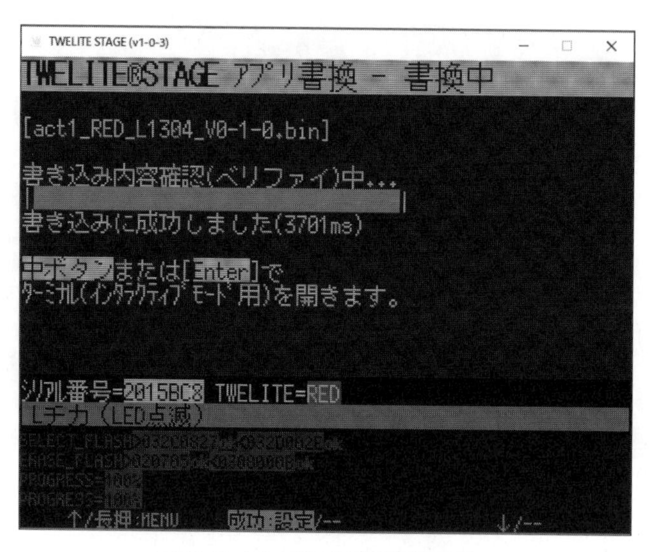

図8-7 プログラムが書き込まれた

■書き換えた「TWELITE DIP」を回路に装着する

「DO1（デジタル出力1）」に「LED」を接続した回路（「本書の**図2-10**・**図2-11**」もしくは「TWELITE STAGE BOARD」）に、いま書き換えた「TWELITE DIP」を装着します（電源を切った状態で装着してください）。

電源を入れると、「LED」（「TWELITE STAGE BOARD」の場合は「DO1」の「赤LED」）が「チカチカ」するはずです（**図8-8**）。

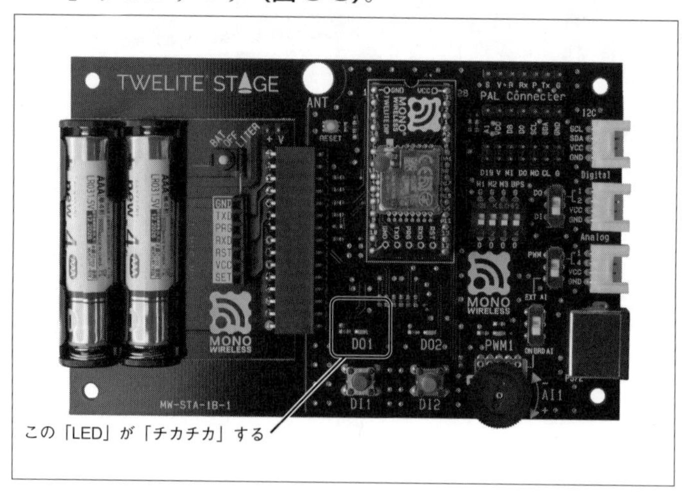

図8-8 「TWELITE STAGE BOARD」に装着したところ。「LED」がチカチカする

8.4　act プログラミングの基本

一通りの操作の流れがわかったところで、独自のプログラムを作るには、どのようにすればよいのか、「act プログラミング」の基本を説明します。

■「TWELITE STAGE APP」が管理する「ソースコード」の場所

最初に知っておきたいのが、「TWELITE STAGE APP」が管理する「ソースコードの場所」と「フォルダの構造」です。

●ソースコードの場所

［Act ビルド＆書換］を選択したときは、「act1」をはじめとし、さまざまなプログラムが表示されますが、これらは「TWELITE STAGE APP」のインストール先の「MWSDK\Act_samples」にあります。

このフォルダは、「TWELITE STAGE APP」において［Act ビルド＆書換］で「act」を一覧表示している際、［フォルダ］をクリックすると表示されます（図 8-9）。

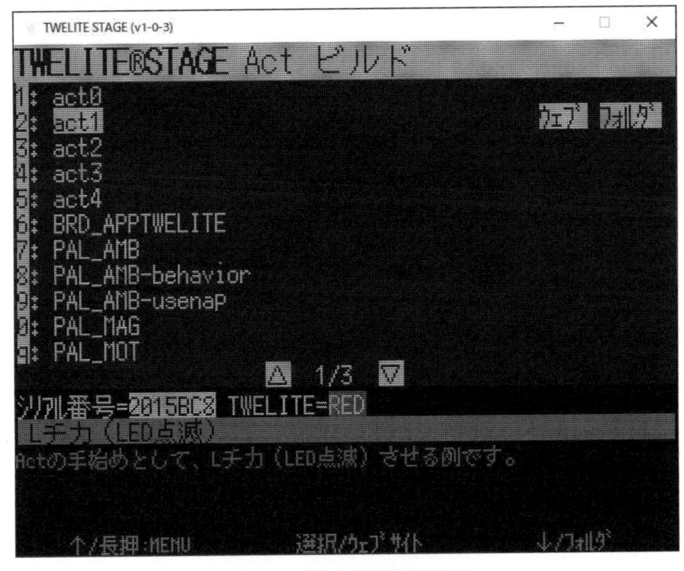

図 8-9　［フォルダ］を開く

●フォルダの構造

実際に「act1」のフォルダを開いたのが、図 8-10 です。「.vscode」「build」「000desc.txt」「C++ のソースファイル」で構成されていることがわかります。

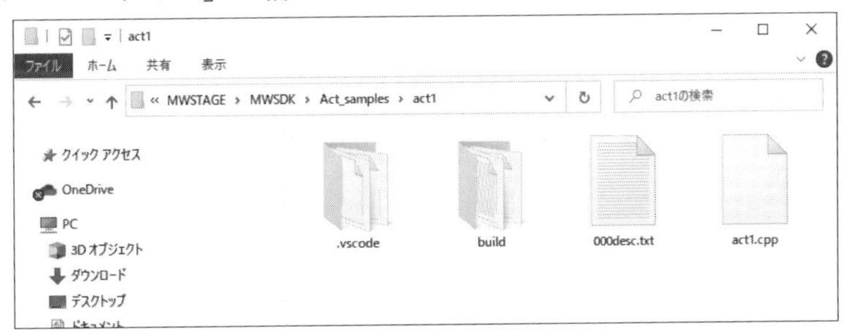

図 8-10　フォルダの内容

① .vscode

Visual Studio Codeで開くときの設定です。プログラムのビルドには関係ありません。Visual Studio Code以外のエディタで編集するときは使いませんし、必須でもありません。

② build

プログラムをビルドするのに必要な「Makefile」や「バッチファイル」が格納されています。
「TWELITE STAGE APP」から「Actビルド&書換」の操作をしたときは、「Makefile」が使われます。「バッチファイル」は、「TWELITE STAGE APP」を使わずにWindows環境でビルドするときに使われるものです。

③ 000desc.txt

プログラムの説明文です。「TWELITE STAGE APP」で選択したとき、下に説明文として表示される文字列が記述されています。

④ C++のソースファイル

フォルダ名と同名の「.cpp」ファイルが格納されています。
「act1」の場合は、「act1.cpp」です。これがソースファイル本体です。

メインフォルダに存在する「.cppファイル」は、すべてビルドの対象となるため、、ファイル名は任意でかまいませんが、慣例的に「フォルダ名と同名にすること」が推奨されます。
「サブフォルダ」に存在する場合は、Makefileの変更が必要です。

■「setup」と「loop」

先ほど実行した「Lチカ」のプログラム(act1)は、どのような構造になっているのでしょうか。
実際に「act1」のソースコードをテキスト・エディタで開いて確認してみましょう。

「act1.cpp」を**リスト8-1**に示します。
見るとわかるように、とてもシンプルなプログラムです。

- 先頭に「#include <TWELITE>」と書いてTWELITEのライブラリをインクルードしています。
- 「void setup()」と「void loop()」という関数があります。

「Arduino」の開発をしたことがある人にはわかるかも知れませんが、この2つの関数は、「初期化」と「繰り返し」の処理を書く部分です。「actプログラミング」では、「Arduinoの開発」と似たような感覚でプログラムを書けます。

メモ 「似たように書けるようにライブラリが工夫されている」だけであり、互換性があるわけではありません。

リスト 8-1　act プログラミングによる「L チカ」（act1）

```
#include <TWELITE>

/*** the setup procedure (called on boot) */
void setup() {
    pinMode(18, OUTPUT);
    digitalWrite(18, LOW); // TURN DO1 ON
    Serial << "--- act1 (blink LED) ---" << crlf;
}

/*** loop procedure (called every event) */
void loop() {
    delay(500); // 500ms delay
    digitalWrite(18, HIGH); // TURN DO1 OFF
    delay(500); // 500ms delay
    digitalWrite(18, LOW); // TURN DO1 ON
}
```

① setup 関数

実行時に最初に 1 回だけ実行される関数です。「一度だけ実行したい処理」をここに書きます。一般には、「初期化の処理」を書きます。

すぐあとに説明しますが、**リスト 8-1** では「デジタル出力」の初期化処理をしています。

② loop 関数

繰り返し何度も実行する関数です。**リスト 8-1** では、「デジタル出力」を「オン」「オフ」することで、「L チカ」をしています。

loop 関数のなかで処理している「delay 関数」は、指定したミリ秒（1000 分の 1 秒）だけ待つ関数です。「digitalWrite 関数」は、すぐあとに説明するように、デジタル出力の「オン」「オフ」を設定する関数です。

メモ　「delay 関数」は、TWELITE の「タイマ機能」を使って指定時間だけ待ちます。5 ミリ秒以下を指定することはできません。もっと短い単位で待つには、ポーリング処理の「delkayMicroseconds 関数」を使います。

メモ　loop 関数は連続して実行されるわけではなく、約 1ms ごとに実行されます。低消費電力で動かすため、loop 関数の実行後に、CPU が DOZE モードに入り、そこから 1ms ごとの TickTimer によって始動するためです。

■ピンの初期化

「act1」では、「デジタル出力1」を繰り返し「オン」「オフ」することで「Lチカ」を実現していますが、「TWELITE」でピンの入出力をするには、はじめに「ピンの初期化」が必要です。

その処理が、setup関数のところに書かれている「pinMode関数」の呼び出しです。

```
pinMode(18, OUTPUT);
```

「pinMode関数」の第1引数には「ピン番号」、第2引数には入出力などの「用途」を指定します。

①ピン番号

「ピン番号」は、「ペリフェラルから見えるピン番号」を指定します。TWELITEには「DIO0」～「DIO20」の20本の入出力ピンがあり、自在に使えます。

ここで指定する番号は、「超簡単!標準アプリ」とも「TWELITE DIPのピン番号」とも違っているので注意してください。

表8-2に示すように、「デジタル出力1(DO1)」なら、「18」を指定します。これは「TWELITE DIP」にシルク印刷されている番号です(**図8-11**)。

ここでは「pinMode(18, OUTPUT)」と記述していますが、これらの番号は「PIN_DIGITAL名前空間」に「DIO0～DIO19」という定数で定義されているため、「pinMode(PIN_DIGITAL::DIO18, OUTPUT)」とも書けます。

メモ **表8-2**に示したもの以外に、「DO0(値は0x80)」と「DO1(値は0x81)」を出力専用として使えます。しかし電源投入時に「HIGHレベル」が担保される必要があるなど、ハードウェアの制約があります。詳しくは、「特殊ピンの取り扱い(https://mono-wireless.com/jp/tech/Hardware_guide/Lite_pins_special.html)」を参照してください。

表8-2 ピン名とピン番号の対応

actから指定するピン番号	超簡単!標準アプリのピン名称	TWELITE DIPのピン番号
PIN_DIGITAL::DIO0	AI2(アナログ入力2)	23
PIN_DIGITAL::DIO1	AI4(アナログ入力4)	25
PIN_DIGITAL::DIO2	M2(モード設定ビット2)	26
PIN_DIGITAL::DIO3	M3(モード設定ビット3)	27
PIN_DIGITAL::DIO4	DO3(デジタル出力3)	9
PIN_DIGITAL::DIO5	PWM1(PWM出力1)	4
PIN_DIGITAL::DIO6	TX(UART送信)	10
PIN_DIGITAL::DIO7	RX(UART受信)	3
PIN_DIGITAL::DIO8	PWM4(PWM出力4)	11
PIN_DIGITAL::DIO9	DO4(デジタル出力4)	12
PIN_DIGITAL::DIO10	M1(モード設定ビット1)	13

act から指定するピン番号	超簡単！標準アプリのピン名称	TWELITE DIP のピン番号
PIN_DIGITAL::DIO11	DI3（デジタル入力 3）	17
PIN_DIGITAL::DIO12	DI1（デジタル入力 1）	15
PIN_DIGITAL::DIO13	DI2（デジタル入力 2）	16
PIN_DIGITAL::DIO14	SCL（I2C クロック）	2
PIN_DIGITAL::DIO15	SDA（I2C データ）	19
PIN_DIGITAL::DIO16	DI4（デジタル入力 4）	18
PIN_DIGITAL::DIO17	BPS（UART 速度設定）	20
PIN_DIGITAL::DIO18	DO1（デジタル出力 1）	5
PIN_DIGITAL::DIO19	DO2（デジタル出力 2）	8

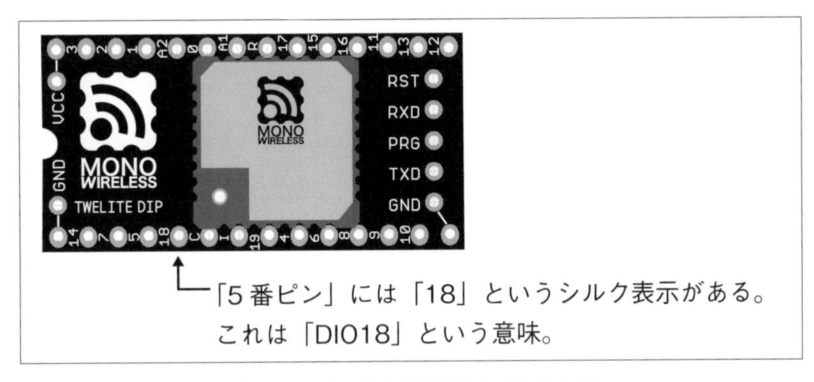
「5 番ピン」には「18」というシルク表示がある。
これは「DIO18」という意味。
MONO WIRELESS
TWELITE DIP
RST
RXD
PRG
TXD
GND
VCC

図 8-11 「TWELITE DIP」のシルク面

②用途

「用途」には、「入力」「出力」などの用途を指定します（表 8-3）。

ここでは「OUTPUT」を指定しているので、「出力」として構成されます。

メモ 「超簡単！標準アプリ」では、ピンによって入力や出力のどちらを使うのかが決まっていますが、独自のプログラムを作るのですから、こうした用途に縛られることはありません。たとえば、「20 本全部を出力として使う」といった使い方もできます。

メモ 「起床ピン」とは、「立下り」や「立上り」によって Wakeup したいときに設定します。

表8-3　用途を指定する引数

定　義	プルアップ	用　途
PIN_MODE::INPUT	無	入力
PIN_MODE::OUTPUT	無	出力
PIN_MODE::INPUT_PULLUP	有	入力
PIN_MODE::OUTPUT_INIT_HIGH	無	出力（初期状態HIGH）
PIN_MODE::OUTPUT_INIT_LOW	無	出力（初期状態LOW）
PIN_MODE::WAKE_FALLING	無	入力、起床ピン、立下り
PIN_MODE::WAKE_RISING	無	入力、起床ピン、立上り
PIN_MODE::WAKE_FALLING_PULLUP	有	入力、起床ピン、立下り
PIN_MODE::WAKE_RISING_PULLUP	有	入力、起床ピン、立上り

■デジタル出力のオン・オフ

デジタル出力をオン・オフするには、「digitalWrite関数」を使います。

第1引数は「ピン番号」、第2引数は「LOW」または「HIGH」です。「LOW」で出力が「0」に、「HIGH」で出力が「1」になります。

act1の「loop関数」では、次のようにして、「500ミリ秒待つ」「デジタル出力1をHIGHにする」「500ミリ秒待つ」「デジタル出力1をLOWにする」という処理をしています。

loop関数は繰り返し実行されるため、この処理によって、「LED」は、「500ミリ秒」ごとに「チカチカ」します。

メモ アナログ出力（PWM出力）したいときは、「Analogueクラス」を使います（https://mwx.twelite.info/api-reference/predefined_objs/analogue）。

```
void loop() {
    delay(500); // 500ms delay
    digitalWrite(18, HIGH); // TURN DO1 OFF
    delay(500); // 500ms delay
    digitalWrite(18, LOW); // TURN DO1 ON
}
```

コラム　シリアル・ポートを使ったデバッグ

リスト 8-1 で使われている Serial クラスは、シリアル・ポートに文字列を出力するヘルパ・クラスです。「TWELITE R2」などでパソコンに接続した状態で実行すると、この文字列が「TWELITE STAGE APP」の「ターミナル」で出力できるため、デバッグに役立ちます。

デフォルトで 115200bps に設定されており、初期化せずに使えます。

【Serial クラス】

https://mwx.twelite.info/api-reference/predefined_objs/serial

```
Serial << "--- act1 (blink LED) ---" << crlf;
```

TWELITE プログラムの開発には、「TWELITE STAGE BOARD」を使うとたいへん便利です。

「TWELITE STAGE BOARD」には、「TWELITE R2」を装着する端子があります。ここに「TWELITE R2」を接続した状態でパソコンに接続すれば、「TWELITE DIP」を「TWELITE STAGE BOARD」に装着したままプログラムを書き換えられますし、Serial クラスで入出力した内容は、「TWELITE STAGE APP」のターミナルで確認できるからです。

「TWELITE STAGE BOARD」に「TWELITE R2」を装着するときは、「TWELITE STAGE BOARD」に電池を取り付けずに、電源スイッチを「LITER」側にします（**図 8-12**）。なお使用中に電源スイッチを操作すると、PC と切断されることがあるので、操作しないようにしてください。

図 8-12　「TWELITE STAGE BOARD」に「TWELITE R2」を取り付ける

8.5 タイマ処理とボタンの処理

このように「setup 関数」と「loop 関数」を使うことで、基本的なプログラムが書けますが、実用的に使うには、あと 2 つほど、理解しておいたほうがよい事柄があります。

それは「タイマ処理」と「ボタン処理」です。これらは「クラス」として定義されていて、「一定時間ごとに実行したい処理」や「ボタンが押されたときの処理」を書くのに便利です。

モノワイヤレス社が「act サンプル」として使い方を提供しているので、そのサンプルを見ながら、使い方を説明します。

■タイマ処理

リスト 8-1 に示した「act1」では、「delay 関数」を使って、一定時間待つことで「L チカ」を実現していました。

しかし「タイマ処理」を使うと、あらかじめタイマを設定しておいて、「その時間が経過したときに処理を実行する」という書き方ができます。

提供されているサンプルのうち、「act2」がまさに、その処理をするものです。

「act2」のソースを、**リスト 8-2** に示します。

リスト 8-2 タイマを使う例（act2）

```
#include <TWELITE>

const uint8_t PIN_DO1 = 18;
int iLedCounter = 0;

/*** the setup procedure (called on boot) */
void setup() {
    pinMode(PIN_DO1, OUTPUT);
    digitalWrite(PIN_DO1, LOW); // TURN DO1 ON

    Timer0.begin(10); // 10Hz Timer

    Serial << "--- act2 (using a timer) ---" << crlf;
}

/*** loop procedure (called every event) */
void loop() {
    if (Timer0.available()) {
        if (iLedCounter == 0) {
            digitalWrite(PIN_DO1, HIGH);
            iLedCounter = 1;
        } else {
            digitalWrite(PIN_DO1, LOW);
            iLedCounter = 0;
        }
    }
}
```

●タイマの初期化

「act」では、「Timer0」「Timer1」･･･「Timer4」の5つのタイマが提供されていて、それぞれ独自の周期を設定できます。

タイマを使うには、beginメソッドで、タイマの周波数を指定します。

```
Timer0.begin(10); // 10Hz Timer
```

周波数は周期の逆数なので、このように10Hzを指定したときは、1秒間に10回、すなわち100ミリ秒ごとにタイマが発生します。

> **メモ**　5つのタイマは汎用タイマで、どのように利用しても自由ですが、「MWXライブラリ」を使って「PWM出力するとき」には、「Timer1」～「Timer4」が、その用途に使われます。

●タイマの処理

指定したタイマ時間が経過したかどうかは、loop関数内で、「availableメソッド」を使って確認できます。

```
void loop() {
    if (Timer0.available()) {
        // タイマ時間が経過した
    }
}
```

リスト8-2では、タイマ時間が経過したときに、「digitalWrite関数」で、「デジタル出力1」を「HIGH」や「LOW」に設定することで、「Lチカ」を実現しています。

●タイマを使う利点

定期的に実行する場合は、このようにタイマを使うと、プログラムがすっきりします。そればかりか、「同時に異なる周期で実行したいとき」のプログラムがしやすくなります。

たとえば「デジタル出力1は100ミリ秒ごと」「デジタル出力2は200ミリ秒ごと」に「オン・オフ」したいような場合、「delay関数」を使った書き方だと煩雑になります。

しかしタイマを使って書けば、「Timer0」と「Timer1」を使って、それぞれ「10Hz」「5Hz」にするだけで済みます。

【setup関数】

```
Timer0.begin(10); // 10Hz Timer
Timer1.begin(5); // 5Hz Timer
```

【loop関数】

```
if (Timer0.available()) {
    // 100ミリ秒ごとに実行したい処理
}
if (Timer1.available()) {
    // 200ミリ秒ごとに実行したい処理
}
```

実際に、そのサンプルが「act3」として提供されているので、興味がある人は確認してみてください。

■ボタン処理

「act」では、「デジタル入力」に接続した「押しボタン」などを処理する際、「Buttons」クラスを利用できます。

「Buttons」クラスは、「ボタンの状態が変化したとき」を知ることができます。「チャタリング(押したあとにメカニカルな理由で、短時間でオン・オフを繰り返す現象)」の対策にも対応しています。

メモ Buttonsクラスはチャタリング対策機能もあるため、「押しボタン」など、人間が操作するモノを対象にする場面で使います。信号の状態を読み取りたいときは、digitalRead関数やdigitalReadBitmap関数を使います。

Buttonsクラスを使ったボタン処理のサンプルが「act4」として提供されています(**リスト8-3**)。

リスト8-3 Buttonsクラスを使ったボタン処理の例(act4)

```
#include <TWELITE>

const uint8_t PIN_LED = 18;
const uint8_t PIN_BUTTON = 12;

void setup() {
    pinMode(PIN_LED, OUTPUT);
    pinMode(PIN_BUTTON, INPUT_PULLUP);

    Buttons.setup(5);
    Buttons.begin(1UL << PIN_BUTTON, 5, 10);

    Serial << "--- act4 (button&LED)  ---" << crlf;
}

/*** loop procedure (called every event) */
void loop() {
    if (Buttons.available()) {
        uint32_t bm, cm;
        Buttons.read(bm, cm);

        if (bm & (1UL << 12)) {
            digitalWrite(PIN_LED, HIGH);
            Serial << "Button Released!" << crlf;
        } else {
            digitalWrite(PIN_LED, LOW);
            Serial << "Button Pressed!" << crlf;
        }
    }
}
```

●「act4」を動かすための回路

「act4」のプログラムは、

・「デジタル入力 1（DI1。プログラム側で指定する場合は「DIO12」に相当。表 8-1 を参照）」に「押しボタン・スイッチ」を接続
・「デジタル出力 1（DO1。プログラム側で指定する場合は「DIO18」に相当。表 8-1 を参照）」に「LED」を接続

という回路を想定したもので、「押しボタン・スイッチ」の「オン・オフ」で、自分の「LED」が「オン・オフ」します。

実際に試すには、ブレッドボードで**図 8-13** に示すように「押しボタン・スイッチとLED」を接続した回路を作るか、「TWELITE STAGE BOARD」を使います。
「TWELITE STAGE BOARD」を使う場合は、「DI1 の赤い押しボタン」を押すと、その上の「DO1 の赤い LED」が点いたり消えたりします（**図 8-14**）。

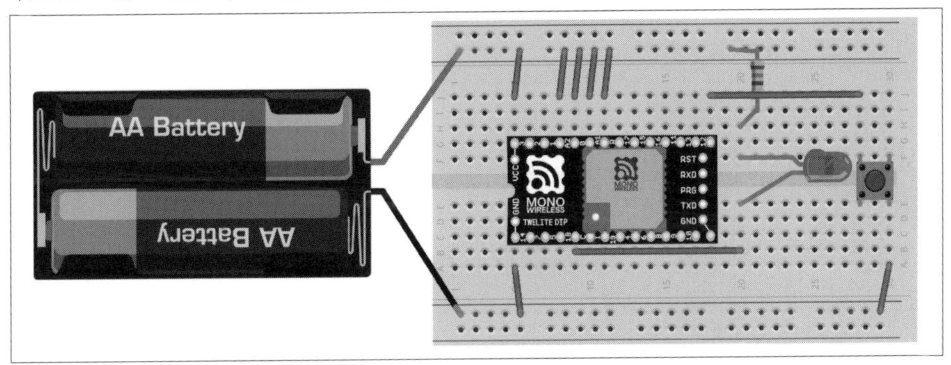

図 8-13　「act4」のサンプルを動かすための回路

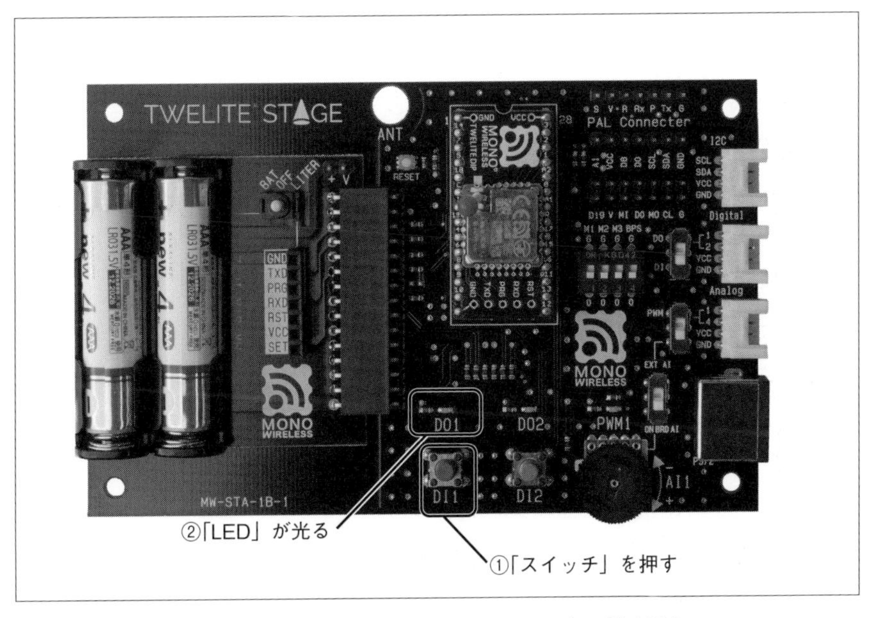

図 8-14　「TWELITE STAGE BOARD」で試す場合

●ボタン処理の初期化

まずは「ピン」を初期化します。これはButtonsクラスとは関係なく、「どのピンを入力」「どのピンを出力」にするかの設定です。

今回の回路では、「押しボタンをDIO12」「LEDをDIO18」につないでいます。

```
const uint8_t PIN_LED = 18;
const uint8_t PIN_BUTTON = 12;
```

前者を出力、後者を入力プルアップとして、次のように初期化します。

```
pinMode(PIN_LED, OUTPUT);
pinMode(PIN_BUTTON, INPUT_PULLUP);
```

続いて、Buttonsクラスを初期化します。

```
Buttons.setup(5);
Buttons.begin(1UL << PIN_BUTTON, 5, 10);
```

初期化の処理で指定している「5」や「10」の値は、「チャタリングを考慮したボタン確定」の時間です。

「押しボタン・スイッチ」などメカニカルなボタンは、ボタンを押したあと、少しの間「オン・オフ」を繰り返す時間があります。

・「Buttons.setup」で指定している「5」は、連続参照回数の最大値です。内部でテーブルをもつためsetup()でメモリを確保します。
下記のbeginのパラメータと同じ値を指定します。

・「Buttons.begin」で第2引数と第3引数に指定している「5」と「10」は、何ミリ秒間に、何回値を確認して、値を確定するのかの設定です。
この例では、「10ミリ秒」での確認を「5回」実施して、値を確定します。言い換えると、値が確定するのに「10 × 5=50ミリ秒」かかるという意味です。

メモ 少しややこしいですが、基本的には、「5」と「10」を指定すれば十分です。もう少しボタンの反応速度を速めたいのであれば、「10」の値を小さくしてください。

「Buttons.begin」の第1引数に指定している「1UL << PIN_BUTTON」は、「どのDIOを監視対象にするか」のビット・パターンです。

PIN_BUTTONは12なので、「DIO12」を押しボタンとして監視するという意味になります(図8-15)。

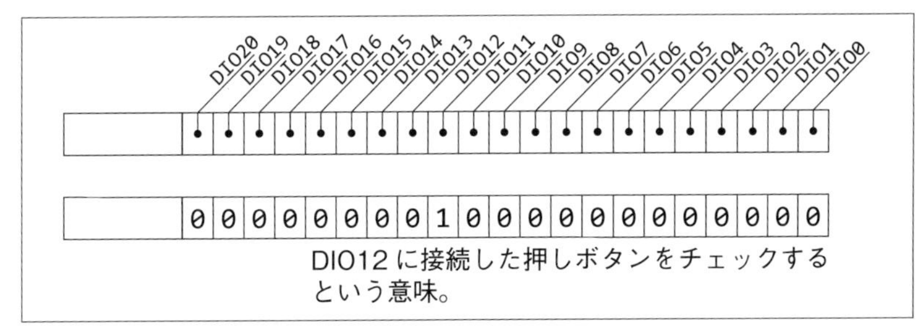

図 8-15 ボタンのビット・パターン

●ボタンが押されたときの判定

「ボタンの状態」が前回と比べて変化したときは、「available メソッド」の値が「true」となります。そこで、次のようにして、ボタンの状態が変化したかどうかを判定できます。

> **メモ** 監視対象は Buttons.begin の第 1 引数で指定したビット・パターンに相当するピンだけです。それ以外のピンが変化しても、available メソッドの値は「True」にはなりません。

```
void loop() {
    if (Buttons.available()) {
        // ボタンの状態が変化した
    }
}
```

ボタンの状態を読み取るには、「read メソッド」を使います。「read メソッド」には 2 つの引数を渡します。

それぞれ**図 8-15** に示したように「DIO」と「ビット」が対応しており、第 1 引数には「現在の状態」、第 2 引数には「前回から変化した箇所」が格納されて戻ってきます。

```
uint32_t bm, cm;
Buttons.read(bm, cm);
```

この回路では、押しボタン・スイッチを「DIO12」に設定しているため、次のようにすれば、押しボタンが押されているかどうかを判定できます。

```
if (bm & (1UL << 12)) {
    // 押されている
}
```

8.6 無線通信する

ここまで「1つのTWELITE」でプログラミングする基本的な例を説明してきました。

「TWELITE」は「無線マイコン」なので、無線通信をするところがプログラミングの醍醐味です。

無線通信には、どのようなプログラムを書けばよいのか説明します。

■無線通信のサンプル

無線通信関係のクラスは使うものが多いので、「MWXライブラリ」のリファレンスを見ながらひとつずつ理解するよりも、サンプルを確認したほうが、理解が早いです。

無線通信する「act」のサンプルとして、「BRD_APPTWELITE」（デジタル・アナログ転送）というプログラムが提供されています。

これは、「超簡単！標準アプリ」と同様に、「DI1 ～ DI4」および「AI1 ～ AI4」の内容を無線で送信し、別の「TWELITE」の「DO1 ～ DO4」および「PWM1 ～ PWM4」に出力する挙動をします。

このサンプルを**リスト8-4**に示します。これを見ながら、無線通信のやり方を見ていきましょう。

なおサンプルではアナログ入出力も扱っているため、そのやり方も習得できます。

> **メモ** 「BRD_APPTWELITE」は、「超簡単！標準アプリ」と同等ですが、パケットの構造は異なります。
>
> そのため、「BRD_APPTWELITE」と「超簡単！標準アプリ（APP_Twelite)」もしくは「親機・中継器（APP_Wings)」とで互いに通信することはできません。
>
> 「BRD_APPTWELITE」をはじめ、actプログラミングで送受信されるパケットを「MONOSTICK」で受信して参照したいときは、「App_Wings」または「Parent_Monostick」というサンプルを使うとよいでしょう。

実際に試すには、「超簡単！標準アプリ」の挙動を確認するときと同じ回路を使います。

具体的には、本書の**第2章**で製作している「子機」「親機」の適当な組み合わせを使うか、片方を「子機」、もう片方を「親機」に設定した「TWELITE STAGE BOARD」を使います。

この「actプログラム」を「子機」「親機」それぞれの「TWELITE DIP」に書き込みます。

リスト8-4　無線通信のサンプル（BRD_APPTWWELITE）

```
// use twelite mwx c++ template library
#include <TWELITE>
#include <NWK_SIMPLE>
#include <BRD_APPTWELITE>

/*** Config part */
// application ID
const uint32_t APP_ID = 0x1234abcd;
```

```
// channel
const uint8_t CHANNEL = 13;

/*** function prototype */
MWX_APIRET transmit();
void receive();

/*** application defs */
const char APP_FOURCHAR[] = "BAT1";
uint8_t u8devid = 0;

uint16_t au16AI[5];
uint8_t u8DI_BM;

/*** setup procedure (run once at cold boot) */
void setup() {
    // init vars
    for(auto&& x : au16AI) x = 0xFFFF;
    u8DI_BM = 0xFF;

    /*** SETUP section */
    auto&& brd = the_twelite.board.use<BRD_APPTWELITE>();

    // check DIP sw settings
    u8devid = (brd.get_M1()) ? 0x00 : 0xFE;

    // setup analogue
    Analogue.setup(true, ANALOGUE::KICK_BY_TIMER0);


    // setup buttons
    Buttons.setup(5); // init button manager with 5 history table.

    // the twelite main class
    the_twelite
        << TWENET::appid(APP_ID)
        << TWENET::channel(CHANNEL)
        << TWENET::rx_when_idle();


    // Register Network
    auto&& nwksmpl = the_twelite.network.use<NWK_SIMPLE>();
    nwksmpl << NWK_SIMPLE::logical_id(u8devid);


    /*** BEGIN section */
    // start ADC capture
    Analogue.begin(pack_bits(
                        BRD_APPTWELITE::PIN_AI1,
                        BRD_APPTWELITE::PIN_AI2,
                        BRD_APPTWELITE::PIN_AI3,
                        BRD_APPTWELITE::PIN_AI4,
                        PIN_ANALOGUE::VCC)); // _start continuous adc capture.
```

```
    // Timer setup
    Timer0.begin(32, true); // 32hz timer

    // start button check
    Buttons.begin(pack_bits(
                        BRD_APPTWELITE::PIN_DI1,
                        BRD_APPTWELITE::PIN_DI2,
                        BRD_APPTWELITE::PIN_DI3,
                        BRD_APPTWELITE::PIN_DI4),
                        5,
                        4);


    the_twelite.begin(); // start twelite!

    /*** INIT message */
    Serial << "--- BRD_APPTWELITE(" << int(u8devid) << ") ---" << mwx::crlf;
}

/*** loop procedure (called every event) */
void loop() {
    if (Buttons.available()) {

        uint32_t bp, bc;
        Buttons.read(bp, bc);

        u8DI_BM = uint8_t(collect_bits(bp,
                            BRD_APPTWELITE::PIN_DI4,   // bit3
                            BRD_APPTWELITE::PIN_DI3,   // bit2
                            BRD_APPTWELITE::PIN_DI2,   // bit1
                            BRD_APPTWELITE::PIN_DI1)); // bit0

        transmit();
    }

    if (Analogue.available()) {
        au16AI[0] = Analogue.read(PIN_ANALOGUE::VCC);
        au16AI[1] = Analogue.read_raw(BRD_APPTWELITE::PIN_AI1);
        au16AI[2] = Analogue.read_raw(BRD_APPTWELITE::PIN_AI2);
        au16AI[3] = Analogue.read_raw(BRD_APPTWELITE::PIN_AI3);
        au16AI[4] = Analogue.read_raw(BRD_APPTWELITE::PIN_AI4);
    }

    if (Timer0.available()) {
        static uint8_t u16ct;
        u16ct++;

        if (u8DI_BM != 0xFF && au16AI[0] != 0xFFFF) {
            // finished the first capture
            if ((u16ct % 32) == 0) { // every 32ticks of Timer0
                transmit();
            }
        }
```

```
    }

    // receive RF packet.
    if (the_twelite.receiver.available()) {
        receive();
    }
}

/*** transmit a packet */
MWX_APIRET transmit() {
    // 後掲リスト8-5
}

void receive() {
    //後掲リスト8-6
}
```

■必要なファイルのインクルード

プログラムの冒頭では、次の3つのファイルをインクルードしています。

```
#include <TWELITE>
#include <NWK_SIMPLE>
#include <BRD_APPTWELITE>
```

「TWELITE」は、これまでも使ってきた、「MWXライブラリ」です。残りの2つの役割は、次の通りです。

① NWK_SIMPLE

シンプル中継ネットのライブラリです。基本的な無線通信の際に使います（https://mwx.twelite.info/networks/nwk_simple）。

② BRD_APPTWELITE

「超簡単！標準アプリ」と同じ配線を想定したライブラリです。「超簡単！標準アプリ」と同じ配線になるようにDIOを初期化したり、ピン定義の定数が定義されていたりします（https://mwx.twelite.info/boards/brd_apptwelite）。

表8-4に、ピン定義を示します。

無線機能の中心となるのは、①の「NWK_SIMPLE」です。②は、この「BRD_APPTWELITE」が、「超簡単！標準アプリ」と同じピン配置で動かすためにだけ使っているものです。

表8-4　BRD_APPTWELITEで定義されている「超簡単！標準アプリ」と互換のピン定義

BRD_APPTWELITEの定数	対応するDIO
PIN_DI1	PIN_DIGITAL::DIO12
PIN_DI2	PIN_DIGITAL::DIO13
PIN_DI3	PIN_DIGITAL::DIO11
PIN_DI4	PIN_DIGITAL::DIO16
PIN_DO1	PIN_DIGITAL::DIO18
PIN_DO2	PIN_DIGITAL::DIO19
PIN_DO3	PIN_DIGITAL::DIO4
PIN_DO4	PIN_DIGITAL::DIO9
PIN_M1	PIN_DIGITAL::DIO10
PIN_M2	PIN_DIGITAL::DIO2
PIN_M3	PIN_DIGITAL::DIO3
PIN_BPS	PIN_DIGITAL::DIO17
PIN_A1	PIN_ANALOGUE::A1
PIN_A2	PIN_ANALOGUE::A3
PIN_A3	PIN_ANALOGUE::A2
PIN_A4	PIN_ANALOGUE::A4

■the_twelite オブジェクトとビヘイビア

「MWX ライブラリ」には、「無線の基本設定」や「スリープの手続き」など、基本的な無線マイコンを操作する手続きを含む「the_twelite」というオブジェクトがあります。無線通信する場合には、このオブジェクトを使ってプログラムを作るのが基本です。

「the_twelite」には、「割り込み処理」や「イベントコールバック関数」を定義した独自のクラスを登録できます。こうしたクラスのことを**「ビヘイビア」**と言います。

先ほどインクルードした「NKW_SIMPLE」や「BRD_APPTWELITE」は、ビヘイビアとして構成されているクラスです（図8-16）。

以下、この2つのビヘイビアの処理と全体の初期化について説明します。

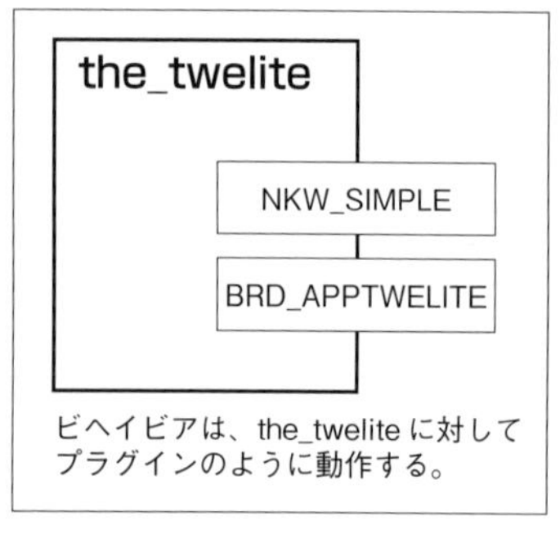
the_twelite
NKW_SIMPLE
BRD_APPTWELITE
ビヘイビアは、the_twelite に対して
プラグインのように動作する。

図8-16　ビヘイビア

メモ the_twelite オブジェクトは、MWX ライブラリの中枢となるオブジェクトであり、明示的に使っていなくても裏で動いています。
たとえばこれまで説明してきた act2 や act4 には the_twelite のコードはありませんが、初期化などの処理で裏で使われています。

● BRD_APPTWELITEの登録と親機・子機の判定

BRD_APPTWELITEは、「超簡単！標準アプリ」と同じピン配置で使うことを想定したビヘイビアです。

まずは、次のようにビヘイビアを初期化し、登録します。

```
auto&& brd = the_twelite.board.use<BRD_APPTWELITE>();
```

実際にこの処理をしている「mwx_brd_app_twelite.hppファイル」を参照するとわかりますが、コンストラクタの部分にpinMode関数の呼び出しがあり、「超簡単！標準アプリ」と同じピン配置に入出力が設定されます。

そのため、BRD_APPTWELITEを使う場合は、これまで説明してきたような、setup関数内で「pinMode関数」を呼び出して、使用するピンの入出力を初期化する必要はありません。

> **メモ** 必要がない、というよりもしてはいけません。
> なおTimer1～Timer4は内部で1000Hzに初期化されますが、必要に応じて、周波数を変更したりPWM用として使ったり、ソフトウェアタイマーとして使ったりできます。

サンプルでは、このあと、「子機」か「親機」かの判定をしています。

「超簡単！標準アプリ」では、「M1ピン」を使って「子機」か「親機」かを切り替えますが、これと同等の判定を次のように処理しています。

```
u8devid = (brd.get_M1()) ? 0x00 : 0xFE;
```

この処理によって、「u8devid変数」には、「M1が設定されているとき（親機のとき）は0x00」「M1がオープンのとき（子機のとき）は0xFE」の値が設定されます。この値は、次に「NWK_SIMPLE」を初期化するときに使います。

● TWELITEネットワークの初期化

続いて、「TWELITEネットワーク」を初期化していきます。

まずは、the_tweliteに対して、「アプリケーションID」「チャンネル」「受信の有効化」を設定します。

①アプリケーションIDとチャンネル

「アプリーションID」は、「プログラムの種類を定めるID値」、チャンネルは「無線のチャンネル」です。

次のように定義しています。

```
/*** Config part */
// application ID
const uint32_t APP_ID = 0x1234abcd;
// channel
const uint8_t CHANNEL = 13;
```

「TWELITE」の無線通信では、「同じアプリケーションIDではないデータは無視する」という挙動になっており、そうすることで混信を防ぎます。

ここでアプリケーションIDとして定義されている「0x1234abcd」は例であり、他と重複しない値であることが推奨されます（コラム「アプリケーションIDの決め方」を参照）。

「チャンネル」は無線の周波数域です。「11」～「26」の範囲の任意の値を指定します。

コラム アプリケーションIDの決め方

アプリケーションIDは、「同じデータで異なる挙動をするプログラム」とは重複させないことが重要です。

たとえば、ある「開発者A」が、「Xというデータを受信したときに、DIO1に接続したLEDが光る」という独自プログラム（プログラムA）を作ったとします。

それに対して、別の「開発者B」は、「Xというデータを受信したときに、DIO1に接続したスピーカーから何か喋る」という独自プログラム（プログラムB）を作ったとします。

このとき、同じ部屋でABが同時に「Xというデータを送信する」と、両者が競合してしまい、好ましくない事態になります。

こうした問題を防ぐため、「TWELITE」では、「32ビットの唯一無二の値」をプログラムごとに付けておき、「同じ番号でないものは受信しても無視する」という仕組みをとって、混信を防いでいるのです。

モノワイヤレス社は、次の指針でアプリケーションIDを定めることで、他の開発者と重複しないようにする方法を推奨しています。

(1)「任意の値」を指定する場合（重複が起こりうるので推奨されない方法）

開発者が好きな任意の値を指定する場合は、アプリケーションIDを16進数で「0xHHHHLLLL」と表現したとき、「HHHH」は「0x0001～0x7FFF」、「LLLL」も「0x0001～0x7FFF」である値を、適当に選びます。

任意の値を指定するので、他の開発者と重複する可能性があります。

(2) 保有している「TWELITE」の「シリアル番号」から計算する（重複しづらいので推奨される方法）

「TWELITE」には、唯一無二のシリアル番号が刻印されています。このシリアル番号に「0x80000000」を加えた値を採用すれば、他の開発者と重複しません。

たとえば、「TWELITE」の1円玉大の銀色の部分に、「シリアル番号」が「S/N：1003BF4」と記載されていた場合、それに、「0x80000000」を加えた、「0x81003BF4」を使うようにします。

ただし、手持ちの「TWELITE」のシリアル番号の下4桁が0000またはFFFFの場合は、この生成方法は使えないので、適当にズラする必要があります。

> 自分だけが使う場合には、アプリケーションIDに、さほど神経質にならなくてもいいでしょう。
> しかし、もし「TWELITE」を内蔵した製品を販売する場合には、他と重複しない「アプリケーションID」の利用を意識すべきです。

② the_twelite の初期化

the_twelite は、次のように初期化します。

```
// the twelite main class
the_twelite
  << TWENET::appid(APP_ID)
  << TWENET::channel(CHANNEL)
  << TWENET::rx_when_idle();
```

・appid

appid で、アプリケーションIDを設定します。

・channel

channel でチャンネルを設定します。

・rx_when_idle

rx_when_idle で、スリープ時の無線の受信が可能になります。この指定をしないと、無線の受信ができず、送信専用となります。

> **メモ** 送信専用なら、rx_when_idle を呼び出さないほうがよいでしょう。スリープ時に無線の受信をしないので、電池持ちが良くなります。

●NWK_SIMPLEの初期化

次にNWK_SIMPLEを初期化してthe_tweliteに登録します。次のようにしています。

```
auto&& nwksmpl = the_twelite.network.use<NWK_SIMPLE>();
```

次にlogical_idメソッドを使って、無線通信の「識別ID」を設定します。**表8-5**に示す値を指定します。

表8-5　識別ID

識別ID	役　割
0x00	親機
0x01～0xEF	子機
0xFE	IDを割り振らない子機

すでに説明したように、このサンプルでは「M1ピン」で「親機」「子機」を切り替える挙動としており、その状態によって、「0x00」か「0xFE」を格納した「u8devid変数」の値を設定しています。

そこで次のようにすることで、「親機」または「子機」として、「識別ID」を設定します。

```
nwksmpl << NWK_SIMPLE::logical_id(u8devid);
```

●押しボタンの監視

押しボタンが押されたかどうかを判定するために、Buttonsクラスを使います。まずは次のように初期化します。

```
Buttons.setup(5);
```

そして「デジタル入力1～デジタル入力4」を監視するように設定します。

これらのピンは、**表8-4**に示したように「PIN_DI1～PIN_DI4」の定数で示せます。

pack_bitsは「指定した位置に『1』をセットするヘルパ関数」です。

(https://mwx.twelite.info/api-reference/functions-1/utility/pack_bits)

```
Buttons.begin(pack_bits(
    BRD_APPTWELITE::PIN_DI1,
    BRD_APPTWELITE::PIN_DI2,
    BRD_APPTWELITE::PIN_DI3,
    BRD_APPTWELITE::PIN_DI4),
    5,
    4);
```

●アナログ入力の監視

同様にして、アナログ入力の変化も監視します。それには、Analogueクラスを使います(https://mwx.twelite.info/api-reference/predefined_objs/analogue)。

まずは、初期化します。

```
Analogue.setup(true, ANALOGUE::KICK_BY_TIMER0);
```

第1引数は、半導体内部のレギュレータの初期化を待つかどうかです。通常は「true」に設定し、「待つ」ようにします。

第2引数は、AD変換する周期に用いるタイマー・デバイスを使います。

「E_AHT_DEVICE_TICK_TIMER」を指定すると、「TickTimer」という16msごとに実行される内部割り込みが使われます。「E_AHI_DEVICE_TIMER0～E_AHI_DEVICE_TIMER4」を指定すると、Timer0～Timer4を使うようにもできます。

メモ さらに第3引数を指定すると、AD変換が完了したあとに呼び出すコールバック関数を指定することもできます。

次にbeginメソッドを呼び出して、AD変換をはじめます。最後に指定している「PIN_ANALOGUE::VCC」は、「電源の電圧」です。

```
Analogue.begin(pack_bits(
  BRD_APPTWELITE::PIN_AI1,
  BRD_APPTWELITE::PIN_AI2,
  BRD_APPTWELITE::PIN_AI3,
  BRD_APPTWELITE::PIN_AI4,
  PIN_ANALOGUE::VCC));
```

これでAD変換が始まります。

すぐあとに説明しますが、AD変換が完了したかどうかは、loop関数内でavailableメソッドを使って確認できます。

● Timer0の初期化

このサンプルでは、Timer0を32Hz周期に設定しています。

```
Timer0.begin(32, true); // 32hz timer
```

すぐあとに説明しますが、このタイミングで、現在の情報を電波に乗せて送信しています。

● the_twelite のと開始

TWELITE を実際に動かすため、最後に、begin メソッドを呼び出します。

```
the_twelite.begin(); // start twelite!
```

これで「無線通信」や「スリープの処理」などの基本機能が動き始めます。

■無線データの送信処理

これで初期化が終わったので、次に無線データの送信方法を説明します。

このサンプルでは、

①ボタンの状態が変化したとき
②アナログ入力の値が変化したとき
③ Timer0 によって一定時間が経過したとき

の、いずれかのときに、無線データを送信しています。

その処理は、loop 関数にあります。

●ボタンの状態が変化したとき

次のように Button.available で確認して、ボタンの状態を読み込み、transmit 関数を呼び出しています。

```
if (Buttons.available()) {
    uint32_t bp, bc;
    Buttons.read(bp, bc);

    u8DI_BM = uint8_t(collect_bits(bp,
                        BRD_APPTWELITE::PIN_DI4,   // bit3
                        BRD_APPTWELITE::PIN_DI3,   // bit2
                        BRD_APPTWELITE::PIN_DI2,   // bit1
                        BRD_APPTWELITE::PIN_DI1)); // bit0
    transmit();
}
```

ボタンの状態を知るには、read メソッドを呼び出します。

ここでは、状態を u8_DI_BM という変数に格納しています。

collect_bits 関数は、第1引数に指定した値のなかで、第2引数以降に指定したビットが立っている場所を探すものです。

(https://mwx.twelite.info/api-reference/functions-1/utility/collect_bits)

●アナログ入力の値が変化したとき

AD コンバータによる変換が完了すると、Analogue.available() が true になります。true になったら、アナログ入力の値を読み込みます。値を読み込むには、read メソッドまたは read_raw メソッドを使います。

read メソッドは「ミリボルト単位の値」を返します。read_raw メソッドは、AD 変換された「0 ～ 1023」の範囲の値を返します。2.47V が最大値に相当します。

メモ　available で確認したら、速やかに read メソッドまたは read_raw メソッドを使って読み出してください。次の AD 変換が実行されるタイミングまで処理が遅れると、現在の値ではなく、次の AD 変換の値が読み込まれることがあります。

```
if (Analogue.available()) {
    au16AI[0] = Analogue.read(PIN_ANALOGUE::VCC);
    au16AI[1] = Analogue.read_raw(BRD_APPTWELITE::PIN_AI1);
    au16AI[2] = Analogue.read_raw(BRD_APPTWELITE::PIN_AI2);
    au16AI[3] = Analogue.read_raw(BRD_APPTWELITE::PIN_AI3);
    au16AI[4] = Analogue.read_raw(BRD_APPTWELITE::PIN_AI4);
}
```

● Timer0 によって一定時間が経過したとき

Timer0 によって一定時間が経過したときは、次のように 32 回分実行されたときに限って、transmit 関数を呼び出しています。

Timer0 は、すでに 32Hz 周期に設定しているので、それが 32 回分ということは、1 秒ごとに無線データが送信されます。

```
if (Timer0.available()) {
    static uint8_t u16ct;
    u16ct++;

    if (u8DI_BM != 0xFF && au16AI[0] != 0xFFFF){ // finished the first capture
        if ((u16ct % 32) == 0) { // every 32ticks of Timer0
            transmit();
        }
    }
}
```

●データの送信処理

データの送信処理は、上記で登場した transmit 関数の処理にあります。transmit 関数は、**リスト 8-5** のように処理しています。

リスト 8-5　transmit 関数

```
/*** transmit a packet */
MWX_APIRET transmit() {
    if (auto&& pkt = the_twelite.network.use<NWK_SIMPLE>().prepare_tx_packet()) {
        Serial << "..DI=" << format("%04b ", u8DI_BM);
        Serial << format("ADC=%04d/%04d/%04d/%04d ", au16AI[1],
 au16AI[2], au16AI[3], au16AI[4]);
        Serial << "Vcc=" << format("%04d ", au16AI[0]);
        Serial << " --> transmit" << mwx::crlf;
```

```
        // set tx packet behavior
        pkt << tx_addr(u8devid == 0 ? 0xFE : 0x00)
            << tx_retry(0x1)
            << tx_packet_delay(0,50,10);

        // prepare packet payload
        pack_bytes(pkt.get_payload()
            , make_pair(APP_FOURCHAR, 4)
            , uint8_t(u8DI_BM)
        );

        for (auto&& x : au16AI) {
            pack_bytes(pkt.get_payload(), uint16_t(x));
        }

        // do transmit
        return pkt.transmit();
    }
    return MWX_APIRET(false, 0);
}
```

①送信パケットの作成

まずは、送信パケットを作成します。

```
if (auto&& pkt = the_twelite.network.use<NWK_SIMPLE>().prepare_tx_packet()) {
    // パケットの作成に成功
}
```

「TWELITE」では、送信データを「FIFO」で管理しています。
送信完了まで、次の要求を入れないようにしてください。

②宛先/再送回数/送信遅延の設定

宛先/再送回数/送信遅延を設定します。

```
// set tx packet behavior
pkt << tx_addr(u8devid == 0 ? 0xFE : 0x00)
    << tx_retry(0x1)
    << tx_packet_delay(0,50,10);
```

(1) tx_addr

宛先を設定します。**表8-6**のいずれかの値を指定します。

ここでは「親機」の場合は「すべての子機」を示す「0xFE」を、「子機」の場合は「親機」を示す「0x00」を指定しています。

メモ 「0x8XXXXXXX」の書式を使うと、「TWELITE」の刻印されている「シリアル番号」で相手を特定することもできます。

表8-6 宛先

設定値	意　味
0x00	親機
0x01 ～ 0xEF	指定した子機
0xFE	すべての子機（ブロードキャスト）
0xFF	（親機も含む）すべての無線局（ブロードキャスト）

(2) tx_retry

再送回数を指定します。この回数には「初回」を含みません。

ここでは「1」を指定していますが、これは、「最初に1回送信し、次に1回再送する」という意味で、計2回送信されます。

メモ 条件が良くても、無線パケットの送信成功率は、1回のみでは9割程度です。そこで通常、再送は1回または2回とします。電池で間欠駆動する場合は、再送回数が電池の消費度合いに影響します。

(3) tx_packet_delay

送信するまでの「遅延」と「再送時間」を指定します。

```
tx_packet_delay(uint16_t u16DelayMin,
                uint16_t u16DelayMax,
                uint16_t u16RetryDur)
```

u16DelayMinとu16DelayMaxは、送信遅延時間です（単位はミリ秒）。

この間のどこかのランダムなタイミングでパケットを送信します。最後のu16RetryDurは再送間隔を指定します。

メモ 同じ無線エリア内に同じ設定で動作する複数のTWELITEがある場合、タイミングが同期してうまく送信できないことがあります。適度に送信タイミングを調整することで、同期による無線パケットの衝突を緩和できます。

---

③送信データ（ペイロード）の設定

次に、データの中身（ペイロード）を設定していきます。

送信できるデータは、1パケット当たり90バイト以下であれば、任意の書式でかまいません。

TWELITEでは、データの中身を作ったり、取り出したりするためのヘルパ関数が、いくつか提供されています。

このサンプルでは、「pack_bytes」というヘルパ関数を使って、データを作成しています。

まずは、次のようにして、DO1 ～ DO4の状態が格納されたu8DI_BMという値を格納します。

```
pack_bytes(pkt.get_payload()
    , make_pair(APP_FOURCHAR, 4)
    , uint8_t(u8DI_BM)
);
```

「APP_FOURCHAR」は、次のように定義された識別子です。
これは「データの頭に、こうした文字列を付けて、データを区別したい」というだけのものです。

たとえば複数のデータ構造を使うときは、あるデータには「BAT1」、別のデータには「BAT2」のように識別子を変えれば判断できるので、このようにデータの先頭に「特定の文字列を付けて区別する」のは、データ構造を決めるときに、よく使われる手法です。

メモ 1パケットのデータ量は限られているため、電池の持ちなどの要求が厳しい場面では、こうした識別子も最小データ量で実装しますが、ここではデータの見やすさを優先して4文字の英数文字としています。

```
const char APP_FOURCHAR[] = "BAT1";
```

続いて、アナログデータをパケットのデータとして押し込みます。

```
for (auto&& x : au16AI) {
    pack_bytes(pkt.get_payload(), uint16_t(x));
}
```

pack_bytesは、引数に渡したデータを順に詰め込むものです。
この結果として、**図8-17**に示すデータ構造が出来上がります。

B	A	T	1	デジタル	電源	アナログ1	アナログ2	アナログ3	アナログ4

図8-17　詰め込まれたデータ構造

④送信

最後に、transmitメソッドを呼び出すと、このパケットが送信されます。

```
return pkt.transmit();
```

ただし送信はFIFOで処理されるため、すぐに送られるわけではありません。
なお、ここでは戻り値を利用していませんが、戻り値には、要求の成功失敗の情報と要求に対応する番号が格納されています。送信完了まで待ちたいときは、戻り値の値を利用します。

メモ 送信には送信前のキャリアセンスや250Kbpsで変調した無線電波を送信する処理が行なわれ、再送がある場合は再送分すべて処理が終わってから送信終了となります。再送なしでも1パケットに1ms～4ms程度の送信時間が必要です。

■データの受信処理

最後に、データの受信処理を説明します。

●無線データ到着の確認

無線データが到着したかどうかは、loop関数内で、「the_tweliteオブジェクト」の「recivier.availableメソッド」を呼び出して判定します。

このサンプルでは、次のように、無線データを受信したときは、receive関数を呼び出すようにされています。

```
// receive RF packet.
if (the_twelite.receiver.available()) {
    receive();
}
```

●届いた無線データの処理

receive関数で、実際の受信処理をしています（**リスト8-6**）。

リスト8-6　receive関数

```
void receive() {
    auto&& rx = the_twelite.receiver.read();

    Serial << format("..receive(%08x/%d) : ", rx.get_addr_src_long(),
rx.get_addr_src_lid());

    // expand packet payload (shall match with sent packet data
structure, see pack_bytes())
    char fourchars[5]{};
    auto&& np = expand_bytes(rx.get_payload().begin(), rx.get_payload().end()
        , make_pair((uint8_t*)fourchars, 4)
    );

    // check header
    if (strncmp(APP_FOURCHAR, fourchars, 4)) { return; }

    // read rest of payload
    uint8_t u8DI_BM_remote = 0xff;
    uint16_t au16AI_remote[5];
    expand_bytes(np, rx.get_payload().end()
        , u8DI_BM_remote
        , au16AI_remote[0]
        , au16AI_remote[1]
        , au16AI_remote[2]
        , au16AI_remote[3]
        , au16AI_remote[4]
    );

    Serial << format("DI:%04b", u8DI_BM_remote & 0x0F);
    for (auto&& x : au16AI_remote) {
        Serial << format("/%04d", x);
```

```
    }
    Serial << mwx::crlf;

    // set local DO
    digitalWrite(BRD_APPTWELITE::PIN_DO1, (u8DI_BM_remote & 1) ? HIGH : LOW);
    digitalWrite(BRD_APPTWELITE::PIN_DO2, (u8DI_BM_remote & 2) ? HIGH : LOW);
    digitalWrite(BRD_APPTWELITE::PIN_DO3, (u8DI_BM_remote & 4) ? HIGH : LOW);
    digitalWrite(BRD_APPTWELITE::PIN_DO4, (u8DI_BM_remote & 8) ? HIGH : LOW);

    // set local PWM : duty is set 0..1024, so 1023 is set 1024.
    Timer1.change_duty(au16AI_remote[1] == 1023 ? 1024 : au16AI_remote[1]);
    Timer2.change_duty(au16AI_remote[2] == 1023 ? 1024 : au16AI_remote[2]);
    Timer3.change_duty(au16AI_remote[3] == 1023 ? 1024 : au16AI_remote[3]);
    Timer4.change_duty(au16AI_remote[4] == 1023 ? 1024 : au16AI_remote[4]);
}
```

①受信パケットの取得

受信したデータは、receiver.readを呼び出して、パケットとして取り出します。

```
auto&& rx = the_twelite.receiver.read();
```

②先頭の識別子の判定

受信したパケットを解析していきます。

送信時に「pack_bytes」で詰め込んだデータは、「expand_bytes」を使って取り出せます。

まずは次のようにして、先頭4バイトを取り出します。

```
char fourchars[5]{};
auto&& np = expand_bytes(rx.get_payload().begin(), rx.get_payload().end()
    , make_pair((uint8_t*)fourchars, 4)
);
```

図8-17に示したように、パケットのデータ先頭には「BAT1」という文字列を書き込んでいるので、これと合致するかを判定します。もし合致しないときは何もせずにreturnします。

```
// check header
if (strncmp(APP_FOURCHAR, fourchars, 4)) { return; }
```

③デジタルデータとアナログデータの取り出し

送信時に「pack_bytes」で詰め込んだ、「デジタルデータ」と「アナログデータ」を取り出します。

下記の処理によって、デジタルの状態がu8DI_BM_remoteに、アナログの状態がau16AI_remoteに格納されます。

```
// read rest of payload
uint8_t u8DI_BM_remote = 0xff;
uint16_t au16AI_remote[5];
expand_bytes(np, rx.get_payload().end()
    , u8DI_BM_remote
    , au16AI_remote[0]
    , au16AI_remote[1]
    , au16AI_remote[2]
    , au16AI_remote[3]
    , au16AI_remote[4]
);
```

④デジタル出力

③で読み込んだデータと同じになるよう、デジタル出力を設定します。

```
// set local DO
digitalWrite(BRD_APPTWELITE::PIN_DO1, (u8DI_BM_remote & 1) ? HIGH : LOW);
digitalWrite(BRD_APPTWELITE::PIN_DO2, (u8DI_BM_remote & 2) ? HIGH : LOW);
digitalWrite(BRD_APPTWELITE::PIN_DO3, (u8DI_BM_remote & 4) ? HIGH : LOW);
digitalWrite(BRD_APPTWELITE::PIN_DO4, (u8DI_BM_remote & 8) ? HIGH : LOW);
```

⑤ PWM 出力（アナログ出力）

同様にして、アナログ入力に相当する値を PWM として出力します。

このサンプルでは PWM 処理に「Timer1 ～ Timer4」を使ってデューティ比を設定することで出力しています。

```
// set local PWM : duty is set 0..1024, so 1023 is set 1024.
Timer1.change_duty(au16AI_remote[1] == 1023 ? 1024 : au16AI_remote[1]);
Timer2.change_duty(au16AI_remote[2] == 1023 ? 1024 : au16AI_remote[2]);
Timer3.change_duty(au16AI_remote[3] == 1023 ? 1024 : au16AI_remote[3]);
Timer4.change_duty(au16AI_remote[4] == 1023 ? 1024 : au16AI_remote[4]);
```

8.7 無線で動く「赤外線リモコン」を作る

解説は、このぐらいにして、少し実用的なモノを作っていきましょう。
この節では、無線で動く「赤外線リモコン」を作ります。

■無線で動く「赤外線リモコン」の構成

この節で作る「赤外線リモコン」は、次の構成とします（図8-18）。「赤外線リモコン」として動作する「act プログラム」を、以降で作っていきます。

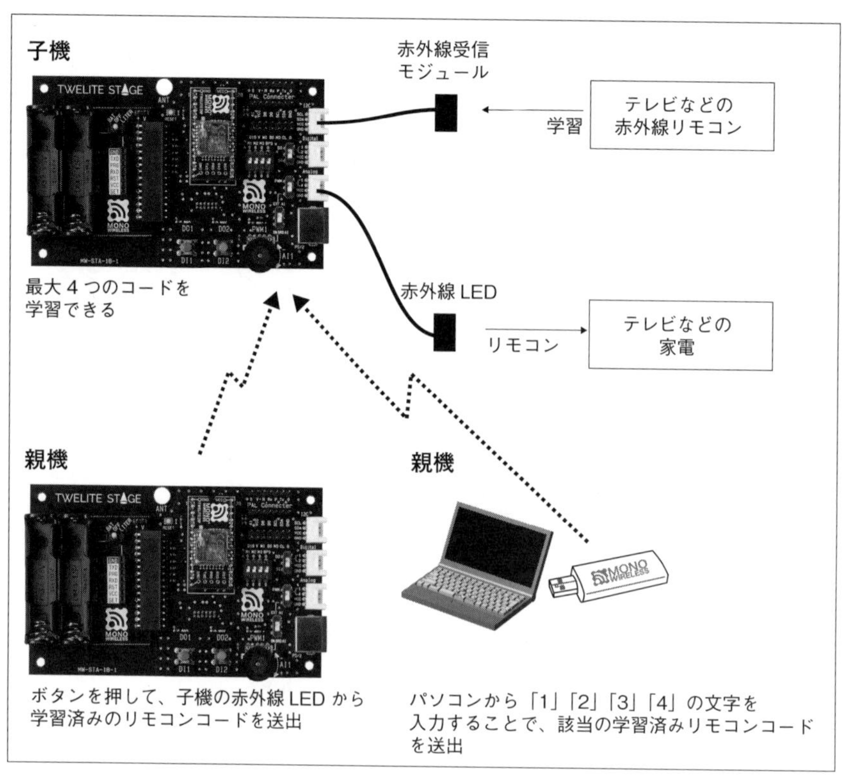

図8-18　この節で作る「赤外線リモコン」の構成

①子機

「TWELITE STAGE BOARD」もしくは「ブレッドボード」を使って、「赤外線の受信モジュール」と「赤外線LED」を接続した回路を作ります。

これはよくある「学習リモコン」として、次のような動作するようにします。

- 「押しボタン・スイッチ1（デジタル入力1）」を押してから、「赤外線の受信モジュール」に対して、テレビなどの赤外線リモコンを当てると、それを学習する
- 「押しボタン・スイッチ2（デジタル入力2）」を押すと、学習した赤外線コードを送信す受信

最大4つの赤外線コードを学習できるようにし、「M2」「M3」のディップスイッチで切り替えられるようにします。

また電源を切っても、学習した赤外線コードを失わないよう、「TWELITE」の内部の「EEPROM」に保存するようにします。

> **メモ** 「EEPROM」の先頭部は、インタラクティブモードの設定などが記録されるため、原則、先頭から256バイト（余裕があれば1024バイト）の利用は避けてください。

③親機

親機は2種類作ります。

(1)「TWELITE DIP」の親機

回路の構成は、「押しボタン・スイッチ1（デジタル入力1）」をもつだけの構成とし、押すと電波が送出され、子機でその電波を受信すると、対応する学習済みの赤外線コードを赤外線LEDから送出することで、離れたところから家電などの操作ができるようにします。

4種の赤外線コードのどれを使うのかは、親機側の「M2」「M3」のディップスイッチで切り替えられるようにします。

(2)「MONOSTICK」の親機

(1)と同じものを「MONOSTICK」で作ります。

パソコンのシリアル・ポートから「1」「2」「3」「4」のいずれかの文字を入力すると、無線パケットが送信され、子機がそれを受信すると、対応する赤外線コードが家電に向けて送信されるようにします。

■赤外線を送受信する「GROVEモジュール」

赤外線リモコンで必要なのが、赤外線を受信したり送信したりする部品です。ここでは半田付けなどをせずに使える「GROVEモジュール」を使います。

● GROVEモジュール

「GROVEモジュール」とは、SEEED社が提唱する「4本の配線」で、さまざまな部品を接続できる共通規格です。

コネクタでつなげることができるため、半田付け不要です（図8-19）。

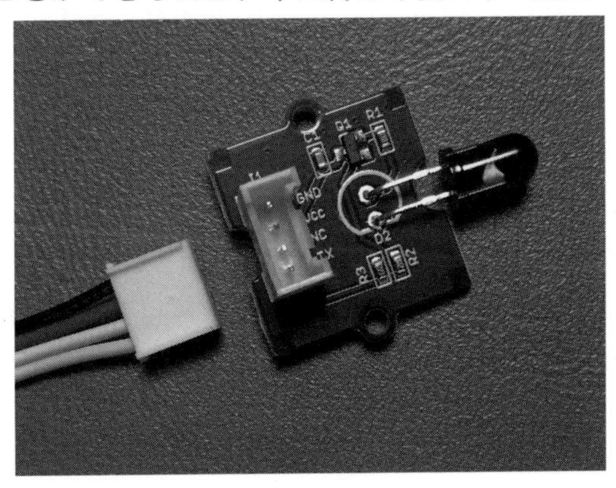

図8-19　GROVEのコネクタとケーブル

● GROVEモジュールの種類

「GROVEモジュール」は、「デジタル」「アナログ」「I2C」の3種類に分かれます。また、電源電圧が「3.3V」のものと「5V」のものがあります。「TWELITE」では、「3.3V」のものだけが利用できます。

メモ 「GROVEモジュール」は、単純な配線の規格です。「TWELITE」は省電力なモジュールであるため、大きく電源を消費するモジュールは利用できないことがあります。

●赤外線送信モジュールと赤外線受信モジュール

SEEED社は、「GROVEモジュール」として、「赤外線送信機」(https://wiki.seeedstudio.com/Grove-Infrared_Emitter/)と「赤外線受信機」(https://wiki.seeedstudio.com/Grove-Infrared_Receiver/)を、それぞれ提供しています(**図8-20**)。

どちらも「デジタル」の「GROVEモジュール」です。

今回は、これを使います。

このモジュールは比較的出回っているもので、SEEED社の通販サイトのほか、マルツオンラインやスイッチサイエンスなどの電子部品の通販サイトなどで入手可能です。

メモ 送信機はトランジスタ+赤外線LED、受信機はパーツショップで入手できる赤外線レシーバを使った基本的な回路です。GROVEモジュールが入手できない場合は、似た回路を自作してください。GROVEモジュールページに回路図が記載されています。

図8-20　赤外線送信機(左)と赤外線受信機(右)

■回路の製作

では、回路を製作します。

●「TWELITE STAGE BOARD」を使う場合

「TWELITE STAGE BOARD」を使う場合は、次のように構成します。

①子機

「TWELITE STAGE BOARD」には、「GROVEモジュール」をつなぐ端子があるので、ここに、そのままつなぎます。

「3つのGROVE端子」があり、上から順に「I2C」「デジタル」「アナログ」となっています。

「赤外線送信モジュール」と「赤外線受信モジュール」は、どちらも「デジタル」なので、この構成だと、1つしか接続できない気もしますが、そのようなことはありません。

「I2C」「デジタル」「アナログ」は、「超簡単！標準アプリ」を使うときに限ったものです。

これらは**図8-21**のように接続されているので、今回のようにカスタムな「actプログラム」を作るのであれば、プログラムから制御するピンを合わせれば、どう接続しても自由です。

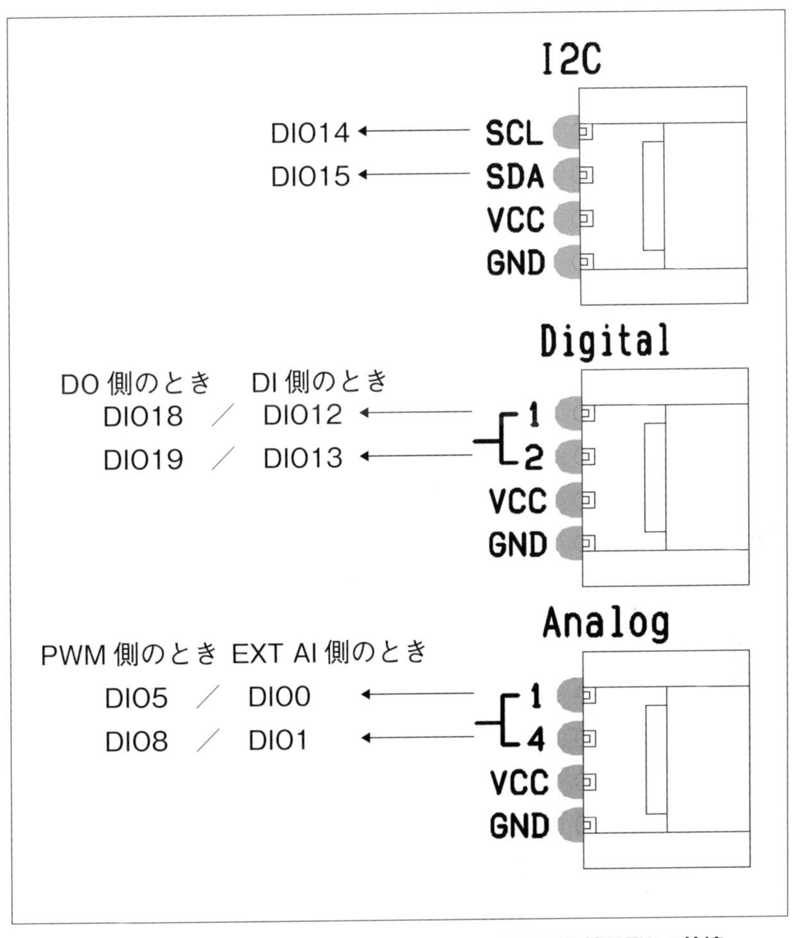

図8-21　TWELITE STAGE BOARDのGROVE端子周りの接続

そもそも今回は、「TWELITE STAGE BOARD」上の「押しボタン・スイッチ」を使いたいので、「デジタル」のGROVE端子に接続すると、基板上の押しボタンと競合してしまいます。

そこで今回は、**図8-22**のように、「I2C」のところに「赤外線受信モジュール」を、「アナログ」のところに「赤外線送信モジュール」を接続することにします。つまり**表8-7**のように接続するようにします。

「アナログ」の部分は、「TWELITE STAGE BOARD」に切り替えスイッチがあります。「EXT AI」と「PWM」の側に、それぞれ向けてください。

メモ ネタバラしをすると、「赤外線送信モジュール」を「アナログ」のほうに接続するのは必然です。すぐあとに説明しますが、赤外線リモコンは38khzで変調されており、その変調に「アナログ端子」が持つ、PWM出力の機能を使うためです。

また、これから作るプログラムでは、「M1」を「親機・子機の切り替え」として使うことにします。

「M1」を「G」に向けると「子機」、「O」に向けると「親機」とします。

「M2」「M3」は、学習するリモコンの番号とします。

表8-8に示すように設定して最大4種類のリモコンコードを学習できるようにしますが、ひとまず、両方とも「G」側に設定するものとします（**図8-23**）。

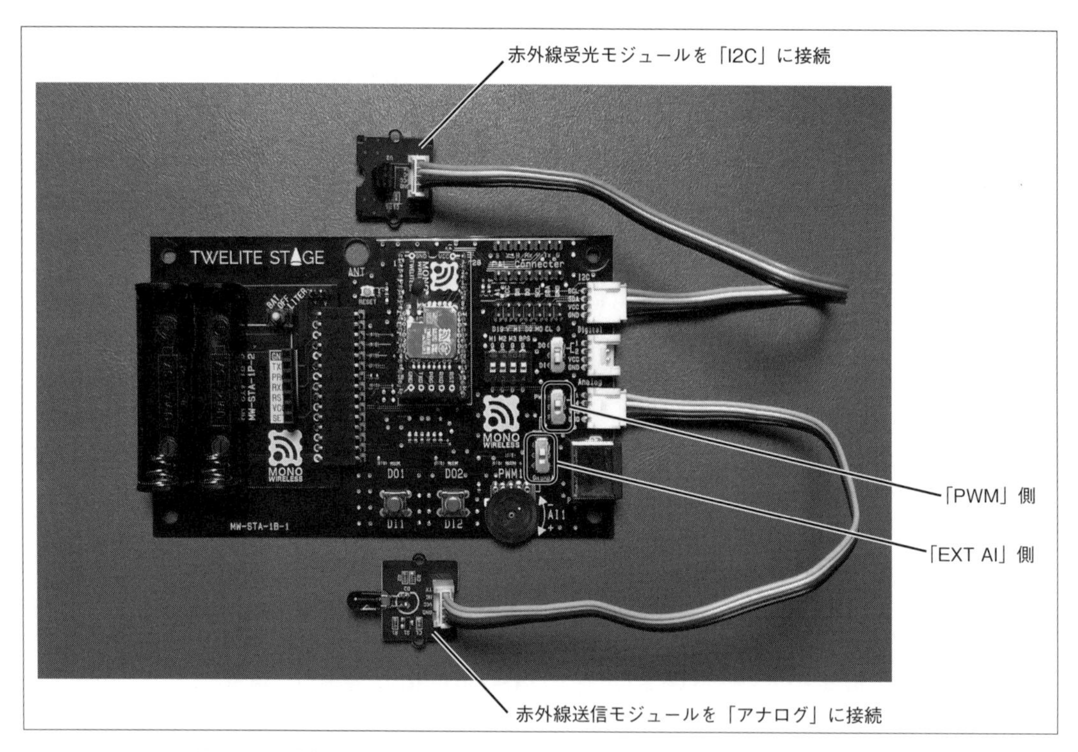

図8-22 「赤外線送信モジュール」と「赤外線受信モジュール」との接受信

表 8-7　接続するピン

TWELITE DIP のピン	DIO	接続先
2	DIO14	赤外線受信モジュールの入力
4	DIO5	赤外線送信モジュールの出力

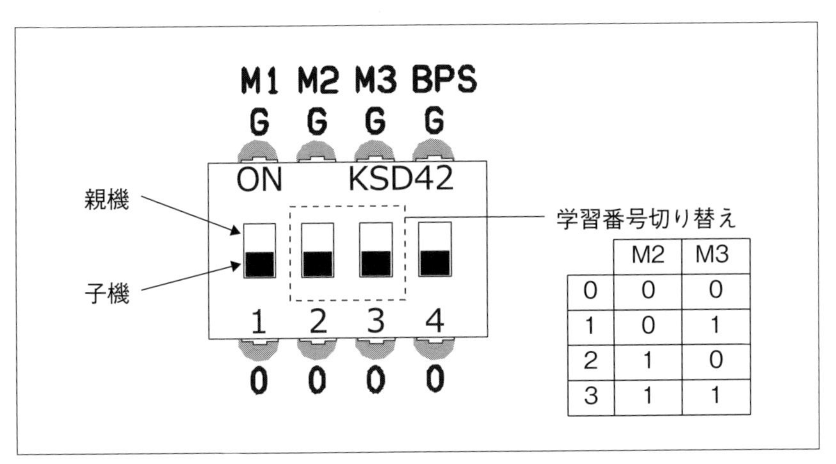

図 8-23　ディップスイッチの用途

メモ　TWELITE STAGE BOARD を電池で動作させる場合は、電池 2 本では赤外用 LED を強く発光させるのに十分な電圧が得られないことがあります。
本書では触れませんが、動作しない場合は、乾電池 4 本または 9V 電池からのレギュレータによる 3.3V への降圧、3.3V 昇圧 DCDC コンバーターの利用といった方法を用いて乾電池 2 本より高い電圧を供給してください。

②親機

親機は、外部に何も接続せず、「TWELITE BOARD STAGE」に「(カスタムの act プログラムを書き込み済みの) TWELITE DIP」を装着する構成とします。

「赤いボタン (デジタル入力 1)」をオン・オフすると、子機にその指令が無線で送信されるようにします。

コラム　ブレッドボードで試作する場合

ブレッドボードで構成するときは、**第 2 章**で説明した「基本的な子機」を参考に、「デジタル入力 1」と「デジタル入力 2」に「押しボタン·スイッチ」を取り付けてください。

なお、このサンプルでは「デジタル出力 1」と「デジタル出力 2」は、それぞれ、「学習中であるとき」「送信中であるとき」に点灯するようにしていますが、なくてもかまいません。

そして「赤外線送信モジュール」と「赤外線受信モジュール」を、**表 8-7** に示したように取り付けます。

ブレッドボードで試作するときの難点は、「GROVE モジュールの取り付け」かも知れません。「GROVE モジュールのコネクタ」を使うのがよいですが、ピンが 2.54mm ピッチではないので、ブレッドボードに直接、刺さりません。

簡単なのは、「Groveケーブル」の片側を切断して、ハンダでメッキして、直接配線してしまう方法です。

それだと少し乱暴だと思う人は、Groveの「プロトシールド」を使うとよいでしょう。

「プロトシールド」は、「Groveモジュール」を自作するときに使う、「コネクタ」だけが乗っている基板です。これにハンダ付けして、必要な信号を取り出せます(**図8-24**)。

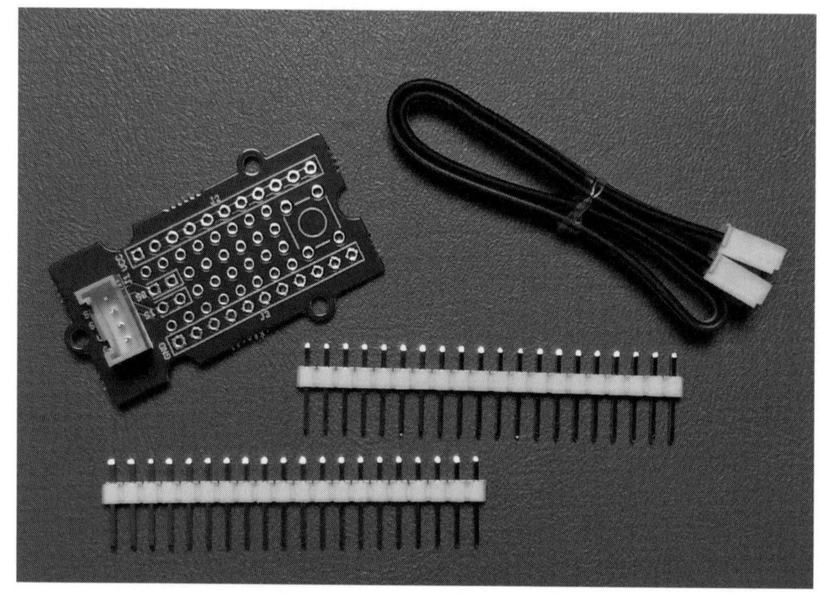

図8-24 Groveの「プロトシールド」

■赤外線リモコンプログラムの書き込み

赤外線リモコンプログラムは、少し長いので、本書のサポートページからダウンロードできるようにしておきました。

提供するサンプルに収録されている「**twelite_remocon**」(**TWELITE用**)と「**monostick_remocon**」(**MONOSTICK用**)がそれです。

英数文字だけで構成された適当なフォルダに展開しておき、次のようにすると「TWELITE」や「MONOSTICK」に書き込めます。

> **メモ** フォルダ名やファイル名に、空白や日本語名などが含まれていると、コンパイルに失敗します。

手順 カスタムなactプログラムを書き込む

[1] 「TWELITE STAGE APP」を起動する

「TWELITE R2+TWELITE DIP」をパソコンに取り付けた状態で、「TWELITE STAGE APP」を起動します。

これまで何度か説明してきたように、「接続されているシリアル・ポート」を選択し、メインメニューに入ります。

[2] [アプリ書き換え] を選択する

[アプリ書換] を選択します。

[3] フォルダをドラッグ＆ドロップする

書き込みたいソースファイル一式が格納されたフォルダをドラッグ＆ドロップします（図8-25）。

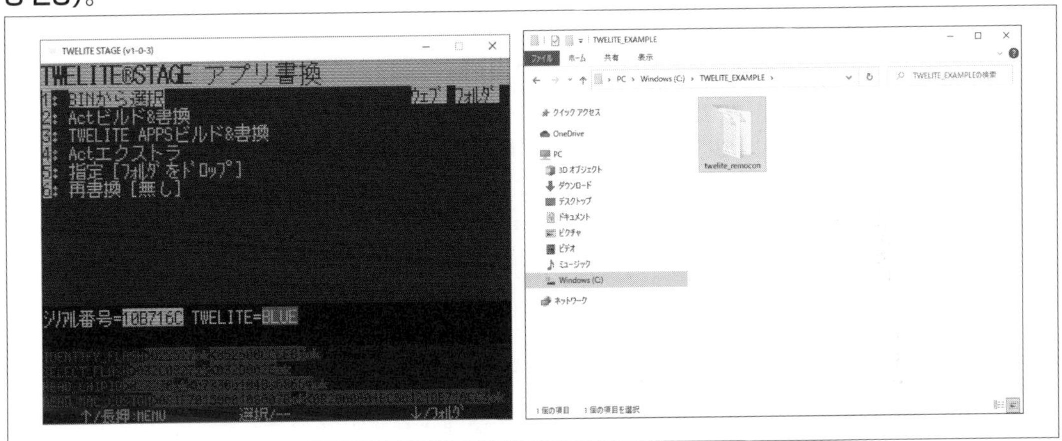

図8-25 ソースファイル一式を含むフォルダをドラッグ＆ドロップする

[4] [指定] を選択して書き込む

[5 指定] の部分に、ドラッグ＆ドロップしたフォルダ名が表示されます。ここで [5 指定] をマウスやカーソルキーで選択すると、「TWELITE」に、そのプログラムが書き込まれます（図8-26）。

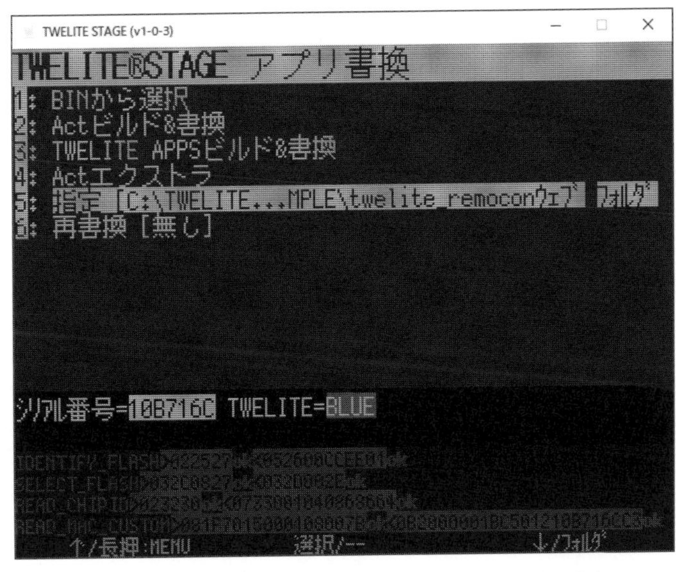

図8-26 [5 指定] を選択して「TWELITE」に書き込む

■動作確認

実際に、動作を確認してみましょう。

●親機・子機の確認

まずは「2つのTWELITE」に書き込んで、前掲の図8-18に示したように「親機」「子機」を構成して、動作を確認してみてください。

確認手順は、次の通りです。

【子機の動作確認】

①「赤い押しボタン」を押す
②ボタンの上の「赤LED」が光ります
③赤外線受信モジュールに向けて、テレビなどのリモコンを押して送信します
（②から③の操作は、「赤LED」が消える前に、素早くしてください）
④ボタンの上の「赤LED」が消えます（これで学習完了です）
⑤赤外線送信モジュールをテレビなどの操作したい家電に向けて、「緑の押しボタン」を押す
⑥テレビなどの家電がリモコンの通りに動きます

【親機の動作確認】

①子機を用意し、上記の手順で子機にリモコンを学習させておきます
②子機の赤外線送信モジュールをテレビなどの操作したい家電に向けておきます
③親機の「赤い押しボタン」を押します。子機からリモコンの電波が送信され、家電などが動くはずです

● MONOSTICKの動作確認

次に、MONOSTICKの動作確認をします。

本書のサポートページからダウンロードできるサンプルを展開します。そして「TWELITE STAGE APP」を使って、「monostick_remocon」を、先と同じ手順で「MONOSTICK」に書き込みます。

そのうえで、次のように操作することで、動作テストします。

【MONOSTICKの動作確認】

①子機の赤外線送信モジュールをテレビなどの操作したい家電に向けておきます
②「TWELITE STAGE APP」でターミナルを起動して、「1」キーを押します。押すたびに、子機から赤外線が送信され、家電などが動きます

メモ このサンプルは「4つ」のリモコンコードを記録できます。「M2」「M3」のディップスイッチを切り替えてください（図8-23を参照）。

「MONOSTICK」から操作するときは、「1」「2」「3」「4」のいずれかのキーを押すことで、それぞれ、切り替えて学習したリモコンのコードを送出できます。

■赤外線リモコンの仕組みとプログラムコード

動作を確認できたところで、プログラムがどのようになっているのかを見ていきましょう。

●赤外線リモコンの仕組み

コードの説明に先立ち、赤外線リモコンがどのように動作しているのかを説明します。

赤外線リモコンは、「38kHz/ デューティ比 3 分の 1」で変調されて送信されています。

今回、利用している GROVE の「赤外線受信モジュール」は、38kHz の変調をモジュール自体が処理した結果を出力します。実際、適当な赤外線リモコンの出力を「赤外線受信モジュール」に当てて、その出力をオシロスコープで見てみると、**図 8-27** に示す波形を確認できます。

学習リモコンでは、この「0」と「1」の信号を取り込んで、あとで同じ信号が出せるように記録しておくわけです。具体的には、定期的に digitalRead 関数を使ってピンの値を読み取り、それが、どのぐらいの時間継続するのかを記録します。

どのぐらいの時間間隔で読み取るかというという点ですが、赤外線リモコンの仕様では 300 μ秒～ 600 μ秒程度らしいです。

今回は少し余裕をもって 250 μ秒ごとに取り込むことにします。周波数にすれば 4000Hz です。

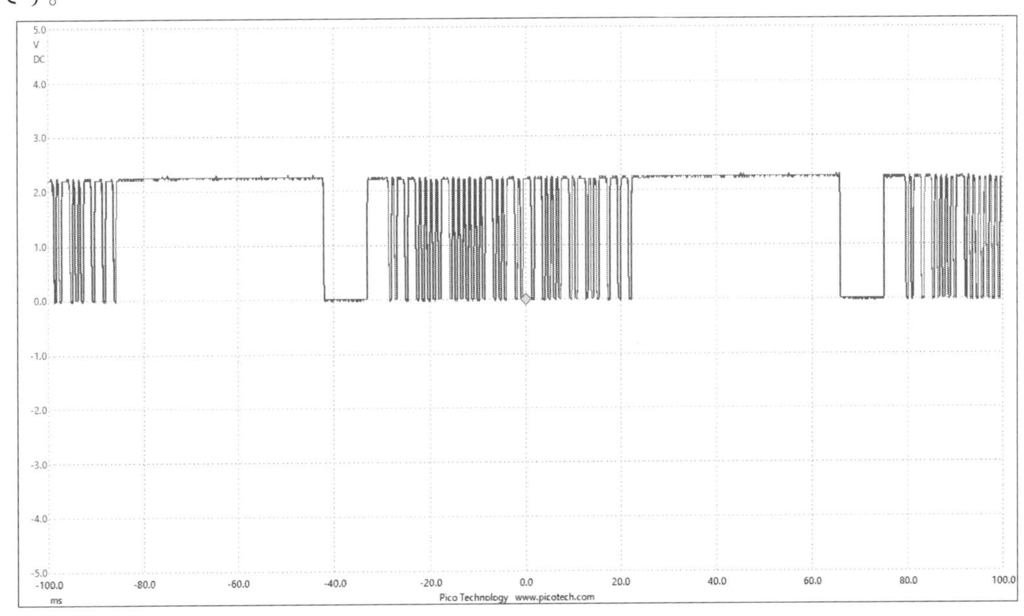

図 8-27　赤外線受信モジュールの受信例

図 8-27 は、38kHz の復調が終わったあとのデータです。

学習したデータを送出する際には、38kHz の変調をかける必要があります。

たとえば、**図8-28**のような波形として出力します。
38kHzの変調をかけないと、うまくいかないことに注意してください。
すぐあとに説明しますが、デューティ比は「1/3」でよいそうです。
この変調処理には、TWELITEの「PWM」の機能を使って実装します。

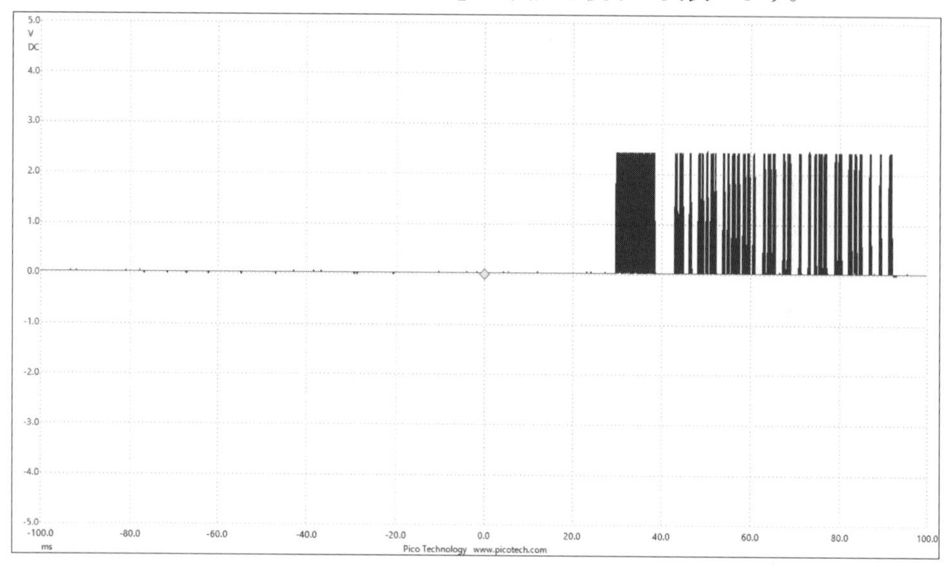

図8-28 送信時に38kHzの変調をかける

●プログラムのコード

リスト8-6に、「TWELITE」で赤外線リモコンを実現するためのコードを示します。
以降、このプログラムの主要な処理を説明していきます。

リスト8-6 「TWELITE」で赤外線リモコンを実現するためのコード

```
#include <TWELITE>
#include <NWK_SIMPLE>

// アプリケーションIDと無線チャンネル
const uint32_t APP_ID = 0x1234abcd;
const uint8_t CHANNEL = 13;

// パケットペイロード識別子
const char APP_FOURCHAR[] = "IRDT";

// DIOピン定義
const uint8_t BTN_RECORDING = 12;    // 学習開始ボタン（DI1）
const uint8_t BTN_PLAYING = 13;      // 再生ボタン（DI2）
const uint8_t IR_INPUT = 14;         // 赤外線モジュール接続先（SCL）
const uint8_t IR_OUTPUT = 5;         // 赤外線LED接続先（PWM1）
const uint8_t LED_1 = 18;            // 学習中にチカチカするLED（DO1）
const uint8_t LED_2 = 19;            // 再生中にチカチカするLED（DO2）
const uint8_t M1 = 10, M2 = 2, M3 = 3;   // M1、M2、M3
```

```
// 赤外線読み込みバッファサイズとバッファ
const uint16_t IRBUFLEN = 256;
static uint8_t irdata[IRBUFLEN];

// 学習中・再生中フラグ
bool isRecording = false;
bool isPlaying = false;

uint16_t ircounter;
uint16_t iroffset = 0;
uint16_t datalen;
int  beforeValue, nowValue;

/*** function prototype */
MWX_APIRET transmit();
void receive();

// デバイスID
uint8_t u8devid = 0;

uint8_t getCh() {
    return ((digitalRead(M2) ? 1 : 0) << 1) || (digitalRead(M3) ? 1 : 0);
}

// EEPROM
void EEPROM_write(uint8_t ch) {
    auto&& strm = EEPROM.get_stream_helper();
    strm.seek(1024 + (IRBUFLEN + 5 + sizeof(datalen)) * ch);
    uint8_t id[5] = "IRDT";

    strm << id;
    strm << datalen;
    strm << irdata;

    Serial << "Save OK";
}

void EEPROM_read(int8_t ch) {
    auto&& strm = EEPROM.get_stream_helper();
    strm.seek(1024 + (IRBUFLEN + 5 + sizeof(datalen)) * ch);

    uint8_t msgid[5];
    strm >> msgid;

    if (strncmp("IRDT", (const char *)msgid, 4)) {
        Serial << "Invalid Data";
        return;
    }

    strm >> datalen;
    strm >> irdata;
    Serial << "Load OK";
}
```

```
/*** setup procedure (run once at cold boot) */
void setup() {
    // M1ディップスイッチによる子機・親機判定
    u8devid = (digitalRead(M1) == HIGH) ? 0x00 : 0xFE;

    // twelite メインクラスの初期化
    the_twelite
        << TWENET::appid(APP_ID)     // アプリケーション ID
        << TWENET::channel(CHANNEL) // チャンネル
        << TWENET::rx_when_idle();  // アイドル時の受信する

    // Register Network
    auto&& nwk = the_twelite.network.use<NWK_SIMPLE>();
    nwk << NWK_SIMPLE::logical_id(u8devid); // 論理 ID（親か子か）

    // ピンモードの設定
    pinMode(BTN_RECORDING, INPUT_PULLUP);
    pinMode(BTN_PLAYING, INPUT_PULLUP);

    pinMode(M1, INPUT_PULLUP);
    pinMode(M2, INPUT_PULLUP);
    pinMode(M3, INPUT_PULLUP);

    pinMode(IR_INPUT, INPUT);
    pinMode(IR_OUTPUT, OUTPUT);
    pinMode(LED_1, OUTPUT_INIT_HIGH);
    pinMode(LED_2, OUTPUT_INIT_HIGH);

    // ボタンの監視設定開始
    Buttons.setup(5);
    Serial << int(pack_bits(BTN_RECORDING, BTN_PLAYING));
    Buttons.begin(pack_bits(BTN_RECORDING, BTN_PLAYING), 5, 10);

    // the_twelite 開始
    the_twelite.begin();

    Serial << "--- Start ---" << mwx::crlf;
}

/*** begin procedure (called once at boot) */
void begin() {
    Serial << "..begin (run once at boot)" << mwx::crlf;
    // PWM を有効にする
    vAHI_TimerSetLocation(E_AHI_TIMER_1, TRUE, TRUE); // DIO5, DO1, DO2, DIO8
    // PWM1 の出力として、38khz に設定した Timer1 を使う
    Timer1.begin(38000, false, true);
    Timer1.change_duty(0);
}

void record() {
    if (!isRecording) {
        // レコーディング開始
        Serial << "RecStart" << mwx::crlf;
        isRecording = true;
```

```
        digitalWrite(LED_1, LOW);

        // 1発目の信号が届くまで待つ
        Serial << "Waiting" << mwx::crlf;
        while ((beforeValue = digitalRead(IR_INPUT)) == HIGH) {
            delayMicroseconds(10);
        };
        Serial << "Start" << mwx::crlf;
        ircounter = 0;
        iroffset = 0;

        // 4000Khz のタイマ開始
        Timer0.begin(4000);
    } else {
        // レコーディング中断
        Serial << "RecAborted" << mwx::crlf;
        digitalWrite(LED_1, HIGH);
        Timer0.end();
        isRecording = false;
    }
}

void play(uint8_t ch) {
    if (!isPlaying) {
        // 再生開始
        Serial << "PlayStart" << mwx::crlf;
        isPlaying = true;
        digitalWrite(LED_2, LOW);

        EEPROM_read(ch);

        ircounter = 0;
        iroffset = 0;
        nowValue = HIGH;
        Timer1.change_duty(341);
        digitalWrite(LED_2, nowValue ? HIGH : LOW);

        // 4000Khz のタイマ開始
        Timer0.begin(4000);
        Timer1.change_duty(0);
    } else {
        // 再生中断
        Serial << "PlayAborted" << mwx::crlf;
        digitalWrite(LED_2, HIGH);
        Timer0.end();
        isPlaying = false;
    }
}

/*** loop procedure (called every event) */
void loop() {
    // ボタンの変化を確認
    if (Buttons.available()) {
        uint32_t bm, cm;
```

```
        Buttons.read(bm, cm);

        if (u8devid == 0x00) {
            // 親機
            if ((bm & (1UL << BTN_PLAYING)) == 0) {
                uint8_t ch = getCh();

                // 電波の送信
                auto&& pkt = the_twelite.network.use<NWK_SIMPLE>().
prepare_tx_packet();
                pkt << tx_addr(u8devid == 0 ? 0xFE : 0x00)  // 親機 or 子機
                            << tx_retry(0x1) // リトライ回数
                            << tx_packet_delay(0,50,10); // 遅延設定

                pack_bytes(pkt.get_payload()      // データを設定
                    , make_pair(APP_FOURCHAR, 4) // 識別子
                    , ch // 何番目（M2、M3で設定）の学習項目を送信するか
                );
                pkt.transmit();
                Serial << int(ch) << " send";
            }
        } else {
            // 子機
            // DO1（学習のボタン）が押された
            if ((bm & (1UL << BTN_RECORDING)) == 0) {
                record();
            }

            // DO2（学習結果の出力）が押された
            if ((bm & (1UL << BTN_PLAYING)) == 0 && (!isRecording) &&
 (!isPlaying)) {
                uint8_t ch = getCh();
                play(ch);
            }
        }
    }

    // タイマー処理（受信・送信）
    // Timer0は4000kHzで、定期的に赤外線モジュールからのデータを取り込むのに利用
    if (Timer0.available()) {
        if (isRecording) {
            // 受信（学習）
            // DIO1の値を読む
            nowValue = digitalRead(IR_INPUT);
            digitalWrite(LED_1, nowValue ? HIGH : LOW);
            // 前回と値が変わったか？
            if (beforeValue != nowValue) {
                Serial << int(ircounter) << ",";
                // 持続時間を記録
                irdata[iroffset] = ircounter;
                iroffset ++;
                // バッファが大きくなりすぎたときは終了
                if (iroffset > IRBUFLEN) {
                    Timer0.end();
```

```
                isRecording = false;
                datalen = iroffset;
                for (int i = 0; i < datalen; i++) {
                    Serial << int(irdata[i]) << ",";
                }
                Serial << mwx::crlf;

                // EEPROMに書き込む
                uint8_t ch = getCh();
                EEPROM_write(ch);
            }
            beforeValue = nowValue;
            ircounter = 0;
        } else {
            ircounter ++;
            // 256だけ変化がなかったら終了
            if (ircounter > 255) {
                Timer0.end();
                isRecording = false;
                datalen = iroffset;
                for (int i = 0; i < datalen; i++) {
                    Serial << int(irdata[i]) << ",";
                }
                Serial << mwx::crlf;

                // EEPROMに書き込む
                uint8_t ch = getCh();
                EEPROM_write(ch);
            }
        }
    } else if (isPlaying) {
        // 再生
        if (ircounter == 0) {
            ircounter = irdata[iroffset];
            Serial << int(ircounter) << ",";

            // PWM出力を設定することで38kHz変調をかける
            if (nowValue == HIGH) {
                Timer1.change_duty(341);
                nowValue = LOW;
            } else {
                Timer1.change_duty(0);
                nowValue = HIGH;
            }

            digitalWrite(LED_2, nowValue ? HIGH: LOW);
            iroffset++;
            if (iroffset >= datalen) {
                // 終了
                Timer1.change_duty(0);
                isPlaying = false;
                Serial << "PlayEnd" << mwx::crlf;
            }
        } else {
```

```
                ircounter--;
            }
        }
    }

    // packet
    if (the_twelite.receiver.available()) {
        // パケットを受信した
        auto&& rx = the_twelite.receiver.read();

        // パケットの解析
        // 何番目の学習データを出力するかという設定を取り出す

        char fourchars[5]{};
        auto&& np = expand_bytes(rx.get_payload().begin(), rx.get_payload().end()
            , make_pair((uint8_t*)fourchars, 4)
        );

        if (strncmp(APP_FOURCHAR, fourchars, 4)) { return; }

        uint8_t ch;
        expand_bytes(np, rx.get_payload().end()
            , ch
        );

        Serial << ch << " received.";

        // 該当の学習データを赤外線リモコンとしての送信
        play(ch);
    }
}
```

■各種初期化

このプログラムでは、次のように初期化しています。

●PWMの有効化

起動時に1回だけ実行されるbegin関数内 において、PWMの有効化と、その周波数を設定しています。

> **メモ** begin関数は、setup関数の実行後、初回のloop関数の直前に実行される関数です。

ここでは、2つの処理をしています。

①「5番ピン」のPWM有効化

PWM出力として利用できるピンは、**表8-8**のように、「主」と「副」のいずれかに決まっています。

今回、赤外線LEDは、「5番ピン」に接続しています。そこでvAHI_TimerSetLocation関数を使って、Timer1を「5番ピン」に変更します。

メモ 詳細については、TWELITE SDK マニュアルの「Timer」(https://sdk.twelite.info/hw-api-rifurensu/perifuraru/timer) を参照してください。

```
vAHI_TimerSetLocation(E_AHI_TIMER_1, TRUE, TRUE); // DIO5, DO1, DO2, DIO8
```

表8-8 PWMの割り当て

タイマ番号	主	副	副2	解説
Timer0	8、9、10	2、3、4		汎用タイマー機能
Timer1	11	5		PWM出力専用
Timer2	12	6	DO0	PWM出力専用
TImer3	13	7	DO1	PWM出力専用
Timer4	17	8		PWM出力専用

※ DO0、DO1は、電源投入時にVccレベルになっていないと「TWELITE」が正常起動しないことがあります。

② PWM周波数の設定

すでに説明したように、赤外線リモコンは38khzで変調します。そこでPWMを38kHzに変更します。

```
Timer1.begin(38000, false, true);
```

最初は信号を出したくないので、デューティ比を「0」にして、出力を止めておきます。

```
Timer1.change_duty(0);
```

●ピンの初期化

今回利用するピンは、ソースの冒頭で、次のように定義しています。

```
// DIOピン定義
const uint8_t BTN_RECORDING = 12;    // 学習開始ボタン（DI1）
const uint8_t BTN_PLAYING = 13;      // 再生ボタン（DI2）
const uint8_t IR_INPUT = 14;         // 赤外線モジュール接続先（SCL）
const uint8_t IR_OUTPUT = 5;         // 赤外線LED接続先（PWM1）
const uint8_t LED_1 = 18;            // 学習中にチカチカするLED（DO1）
const uint8_t LED_2 = 19;            // 再生中にチカチカするLED（DO2）
const uint8_t M1 = 10, M2 = 2, M3 = 3;  // M1、M2、M3
```

setup関数において、これらのピンを「入力」か「出力」かに設定します。

```
// ピンモードの設定
pinMode(BTN_RECORDING, INPUT_PULLUP);
pinMode(BTN_PLAYING, INPUT_PULLUP);

pinMode(M1, INPUT_PULLUP);
pinMode(M2, INPUT_PULLUP);
pinMode(M3, INPUT_PULLUP);

pinMode(IR_INPUT, INPUT);
pinMode(IR_OUTPUT, OUTPUT);
pinMode(LED_1, OUTPUT_INIT_HIGH);
pinMode(LED_2, OUTPUT_INIT_HIGH);
```

■赤外線を受信して記録する

赤外線の受信は、「押しボタン1」を押したときに始めるようにしています。

●赤外線の最初の信号が来るまで待つ

赤外線を受信する開始処理は、「record関数」のところに書いています。

開始に当たっては、赤外線受信モジュールが、「何か信号を取得する」まで待ちます。待つには、delayMicrosecond関数を使って、ポーリングするようにしました。

```
// 1発目の信号が届くまで待つ
Serial << "Waiting" << mwx::crlf;
while ((beforeValue = digitalRead(IR_INPUT)) == HIGH) {
    delayMicroseconds(10);
};
```

ポーリングの待ちは簡単ですが、その間、イベントが発生しません。

つまり、この例では、赤外線受信モジュールに光が当たるまで、延々と待ちっぱなしになります。

「TWELITE」には、暴走を発見してリセットする「ウォッチドッグ・タイマ機能」があるため、あまりに長い時間（4秒）、この状態が経過すると、強制的にリセットがかかります（vAHI_WatchdogRestart関数を呼び出すと、あと4秒寿命が延ばせます）。

この「赤外線リモコン」の作例では、リセットがかかっても問題ないので、こうしたコードにしてありますが、「処理に時間がかかりすぎると、強制リセットがかかる」ということは、覚えておいてください。

1発目の信号が来たら、定期的に信号を確認するため、「Timer0」を起動します。

今回は、4000Hzに設定しています。

```
Timer0.begin(4000);
```

●定期的に赤外線信号を受信して記録する

これで loop 関数内の「Timer0.available()」が、4000kHz の周期（250 μ秒ごと）に「true」になります。

この処理では、digitalRead 関数を使って、赤外線モジュールの信号を取得します。

```
if (Timer0.available()) {
    if (isRecording) {
        // 受信（学習）
        // DIO1 の値を読む
        nowValue = digitalRead(IR_INPUT);
        digitalWrite(LED_1, nowValue ? HIGH : LOW);
…
}
```

そして前回の値と変わったときは、それまでに「何回、この処理が実行されたか」、言い換えると、「250 μ×何回」だけ、その信号を持続しなければならないのかを irdata 変数に格納していきます。

```
// 前回と値が変わったか？
if (beforeValue != nowValue) {
    Serial << int(ircounter) << ",";
    // 持続時間を記録
    irdata[iroffset] = ircounter;
    iroffset ++;
…
}
```

● EEPROM に記録する

信号が一定時間来なかったり、バッファを使い切ったときは、学習を終了します。

学習したデータは、TWELITE 内部の「EEPROM」に保存するようにしました。

そうすることで、電源を切っても消えなくなります。

(下記のコードにおいて、getCh() には、「M2 ピン」と「M3 ピン」の状態を読み取って、それに「0 ～ 3」の学習先の切り替え先とするコードが書かれています)。

```
// EEPROM に書き込む
uint8_t ch = getCh();
EEPROM_write(ch);
```

「TWELITE」は、アドレス「0x000 ～ 0xeff」までの 3480 バイトの「EEPROM」を内蔵しています。

このうちの前半は、インタラクティブモードの設定に使われているため、1024 バイト目以降を使うことが推奨されています。

【EEPROM】

https://mwx.twelite.info/v/v0.1.7/api-reference/predefined_objs/eeprom

EEPROMに書き込むには、「EEPROM.get_stream_helper」を使うのが簡単です。
書き込む場所を「seekメソッド」で設定し、「<<演算子」で書き込んでいきます。

```
void EEPROM_write(uint8_t ch) {
    auto&& strm = EEPROM.get_stream_helper();
    strm.seek(1024 + (IRBUFLEN + 5 + sizeof(datalen)) * ch);
    uint8_t id[5] = "IRDT";

    strm << id;
    strm << datalen;
    strm << irdata;

    Serial << "Save OK";
}
```

読み込むときは、同じく「EEPROM.getstream_helper()」を使い、「>>演算子」を使って読み込んでいきます。

■赤外線を送信する

赤外線を送信する処理は、play関数にまとめています。

●送信開始の処理

play関数では、引数に「送信する学習した番号(0～3。M2ピンとM3ピンで設定する値)」をとります。最初に、「EEPROM」に保存しておいたデータを読み込みます。これで学習したときのデータがirdata変数に入るようにしています。

```
void play(uint8_t ch) {
…略…
    EEPROM_read(ch);
…
}
```

そして学習のときと同様、4000khzのTimer0を開始します。

```
// 4000Khzのタイマ開始
Timer0.begin(4000);
```

●送信処理

送信処理は、loop関数内の「Timer0.available()」のところに書いています。

irdata変数の値に、学習したときの、「0」または「1」の信号を持続しなければならないタイマ回数が書かれているので、それを読み込んで、タイマが発生するたびに減算します。

そして「0」になったときに、出力の「0」と「1」を切り替えます。

出力の際には、38khzでデューティ比1/3にするため、Timer1.charge_duty関数を使って出力します。ここで指定している「341」は、おおよそ1024を3で割った値です。

```
// PWM出力を設定することで38kHz変調をかける
if (nowValue == HIGH) {
    Timer1.change_duty(341);
    nowValue = LOW;
} else {
    Timer1.change_duty(0);
    nowValue = HIGH;
}
```

■無線通信する

以上が、「子機単体」での「学習」と「送信」の処理です。
次に、「無線通信するコード」を説明します。

●親機から子機に送信するデータ

親機では、赤い押しボタンが押されたときに、次のようにしてデータを送信しています。

```
uint8_t ch = getCh();

// 電波の送信
auto&& pkt = the_twelite.network.use<NWK_SIMPLE>().prepare_tx_packet();
pkt << tx_addr(u8devid == 0 ? 0xFE : 0x00)  // 親機 or 子機
    << tx_retry(0x1) // リトライ回数
    << tx_packet_delay(0,50,10); // 遅延設定

    pack_bytes(pkt.get_payload()      // データを設定
    , make_pair(APP_FOURCHAR, 4) // 識別子
    , ch                         // 何番目（M2、M3で設定）の学習項目を送信するか
);
pkt.transmit();
Serial << int(ch) << " send";
```

実際に送信するデータは、pack_bytes関数で固めている「APP_FOURCHJAR」と「ch変数」だけです。
ch変数は、0～3の値で、「どの学習番号のものを送信するか」を示します。

●受信処理

子機側では、無線パケットを受け取ったときの処理を次のように記述しています。

```
if (the_twelite.receiver.available()) {
    // パケットを受信した
    auto&& rx = the_twelite.receiver.read();

    // パケットの解析
    // 何番目の学習データを出力するかという設定を取り出す

    char fourchars[5]{};
    auto&& np = expand_bytes(rx.get_payload().begin(), rx.get_payload().end()
```

```
        , make_pair((uint8_t*)fourchars, 4)  // 4bytes of msg
    );

    if (strncmp(APP_FOURCHAR, fourchars, 4)) { return; }

    uint8_t ch;
    expand_bytes(np, rx.get_payload().end()
        , ch
    );

    Serial << ch << " received.";
     // 該当の学習データを赤外線リモコンとしての送信
    play(ch);
}
```

受信したパケットをexpand_bytesで解析し、「ch」として受信した学習番号をplay関数に渡すことで、「子機上の緑の押しボタン」と同様の処理で、赤外線出力します。

■MONOSTICKから電波を送信できるようにする

「MONOSTICK」から、この「子機」をコントロールできるようにするには、いま説明した「無線パケット」と同じ構造のものを送信する機能だけを実装すれば充分です。

具体的なソースは、**リスト8-7**の通りです。

リスト8-7 「MONOSTICK」のコード

```
#include <TWELITE>
#include <NWK_SIMPLE>

// アプリケーションIDと無線チャンネル
const uint32_t APP_ID = 0x1234abcd;
const uint8_t CHANNEL = 13;

// パケットペイロード識別子
const char APP_FOURCHAR[] = "IRDT";

/*** setup procedure (run once at cold boot) */
void setup() {
    the_twelite
        << TWENET::appid(APP_ID)
        << TWENET::channel(CHANNEL)
        << TWENET::rx_when_idle();

    // Register Network
    // 親機に設定
    auto&& nwk = the_twelite.network.use<NWK_SIMPLE>();
    nwk << NWK_SIMPLE::logical_id(0);

    the_twelite.begin(); // start twelite!

    /*** INIT message */
    Serial << "--- IR SEND ---" << mwx::crlf;
```

```
}

/*** loop procedure (called every event) */
void loop() {
    while(Serial.available())  {
        int c = Serial.read();
        if (c >= '1' && c <='4') {
            uint8_t ch = uint8_t(c - '1');
            // 電波の送信
            auto&& pkt = the_twelite.network.use<NWK_SIMPLE>().prepare_tx_packet();

            pkt << tx_addr(0xFE)
                << tx_retry(0x1)
                << tx_packet_delay(0,50,10);

            pack_bytes(pkt.get_payload()
                , make_pair(APP_FOURCHAR, 4)
                , ch
            );
            pkt.transmit();
            Serial << "--- IR SEND OK---" << mwx::crlf;
        }
    }
}
```

パソコンのターミナル（シリアルポート）から何か文字を送信すると、「Serial.available()」がtrueになり、送信された文字をreadメソッドで取得できます。

```
while(Serial.available())  {
    int c = Serial.read();
…
}
```

プログラムでは、「1」から「4」の文字が届くことを想定しており、その場合、学習リモコンの「0」～「3」に相当するものとしてデータを作って送信しています。

```
if (c >= '1' && c <='4') {
    uint8_t ch = uint8_t(c - '1');
    …略…
    pack_bytes(pkt.get_payload()
    , make_pair(APP_FOURCHAR, 4)
    , ch
    );
    pkt.transmit();
```

送信パケットは、TWELITEの親機で送信するものと同じにしています。

そのため、このパケットを受け取った子機は、赤外線を送出します。

ここでは「ターミナル」から出力する例を示しましたが、Pythonで「PySerial」を使ってリスト8-8のコードを書けば、もちろん、プログラムからもリモコン操作できます。

メモ この作成では、コマンドが「1」「2」「3」「4」という単一の文字なので、実用的に使うには、誤操作が怖いかも知れません。そうしたことを気にするのであれば、「超簡単！標準アプリ」と同じく「チェックサム」付きのコマンド列を使うとよいでしょう。「serparser」というクラスを使うと簡単です（https://mwx.twelite.info/v/v0.1.7/api-reference/classes/ser_parser）。

リスト8-8　プログラムからリモコン操作する例

```
import struct, binascii, serial
# COM3 を開く
s = serial.Serial("COM3", 115200)
# 文字「1」を送信する
s.write('1')
# COM を閉じる
s.close()
```

8.8 まとめ

この章では、「TWELITE」のプログラミングについて説明しました。

「Arduino」のプログラムと似ていて「setup」と「loop」を書くので、作るのは難しくありません。

タイマやボタン、送受信の処理は、基本的にイベントとして記述します。

＊

本書で説明したのは、MWXライブラリがもつ機能の、ほんの一部です。「SPI」や「I2C（Wire）」の機能もありますし、「TWELITE PAL」に搭載されている「センサー」を扱う機能もあります。

豊富なサンプルも提供されているので、サンプルを見ながら、是非、無線マイコンの「TWELITE」を活用していってください。

[Appendix A] インタラクティブモード
[Appendix B] Pythonのインストール

Appendix A インタラクティブモード

「TWELITE STAGE APP」で「インタラクティブモード」のメニューを選択して「インタラクティブモード」に入ると、各種設定を変更できます。

■ インタラクティブモードのコマンド

「超簡単！標準アプリ（App_Twelite)」におけるインタラクティブモードのコマンドは、**表A-1**の通りです。
(設定できる項目は、バージョンによって異なります。**表A-1**は、バージョン1.8.2のものです)。

コマンドは「大文字・小文字」を区別するので注意してください。

また、設定は、「S」キーを押して保存しないと、有効になりません。

※「インタラクティブモード」で設定できるすべての項目については、「https://mono-wireless.com/jp/products/TWE-APPS/interactive.html」を参照してください。

表A-1　インタラクティブモードのコマンド

コマンド	機 能	解 説	初期値
a	アプリケーションIDの設定	アプリケーションをグループ化するID値を32ビットで指定する。同じ値のTWELITE同士だけが通信する。 任意の値を設定したいときは、「0x00010001 ～ 0x0x7ffffe」の範囲の値を指定する。 ほかのユーザーと重複しないアプリケーションIDを設定したい場合は、使用するTWELITEのシリアル番号に「0x80000000」を加えた値を指定する（例：シリアル番号が2010CD3の場合は0x82010CD3にする）	―
b	UARTボーレートの設定	ボーレートを設定する。この設定は、TWELITEのBPS端子をGNDに接続したときに限って、有効。そうでないときは、115200bps固定	38400
p	UARTパリティビット	「N（無し）」「O（奇数）」「E（偶数）」のいずれか。ストップビットは1固定、ハードウェアフローは設定できない	N（無し）
c	周波数チャンネルの設定	利用する通信チャンネル（11～26）を指定する。カンマで区切って、最大3チャンネルまで指定したときは、複数チャンネルを使って通信するチャネルアジリティ機能（電波干渉会回避機能）が有効になる	18
x	送信出力と再送回数	再送回数（X）と送信出力（Y）を2桁の「XY」の形式で指定します。Xは再送回数。0がデフォルトの2回、1～9は指定した回数、Fは再送なし。Yは送信出力。0～3の範囲で指定でき3が最強。1段階小さくなると、-11.5db出力が低下する	03
f	子機連続0.03秒モードの送信回数の変更	標準では、毎秒32回送信しているが、16回、8回、4回に変更できる	32
t	子機間欠1秒モードの間欠時間の変更	間欠1秒モードにしたときの間欠時間をミリ秒単位で指定する	1000（1秒）
y	子機間欠10秒モードの間欠時間の変更	間欠10秒モードにしたときの間欠時間を秒単位で指定する。「0」を指定したときは、タイマーでの起床はせず、DIが「Hi → Lo」に変化するタイミングで起床するモードになる	10

i	論理デバイスIDの指定	子機を区別する論理デバイスID。1～100までを指定できる。「121」を指定すると、M1、M2、M3の設定にかかわらず、親機に固定できる。 同様に、「122」を指定すると中継機に固定できる。	自動
z	PWM周波数の設定	「1～64kHz」までの範囲で設定できる。単位はHz。PWM1～4に個別の値を指定でき、個別に設定する場合はカンマで区切って指定する。(PWM1,PWM2,PWM3,PWM4)	1000,1000, 1000,1000
o	オプションビット	オプションビットを設定する（表A-2）	0x00000000
S	保存と再起動	設定を保存し、再起動する	―
R	初期値に戻す	設定を初期値に戻す。この後、Sキーを押して保存・再起動する必要がある	―

■ オプションビット

oコマンドでは、**表A-2**に示す値の組み合わせ（和）で、詳細な動作を設定できます。

表A-2　オプションビット

設定値(16進表記)	機能	解説
00000001	低レイテンシモードに切り替える	Hi→Loの検出を割り込みで処理するなどして、相手先への遅延を小さくする
00000002	定期送信しない	通常モードにおいて、始動直後以外の、1秒ごとの定期送信を抑制する（連続・間欠モード時は無効）
00000004	UART出力しない	1秒ごとの定期送信や連続モードのパケットをUARTに出力しない（間欠モード時無効）
00000010	ADC変化に基づいた送信を抑制する	ADCの変化でデータを送信しない。アナログ入力ポートをVCCに接続しないときには、この設定を使って、送信パケットを抑制するようにする（間欠モード時無効）
00000020	ADC値を報告しない	ADCを計測せず、常に、0xFFFFとして扱う
00000040	PWM出力をADCの生の値を基準にする	ADCの生の値を基にPWM出力する。指定すると0～1800mVでフルスケール、2000mV以上は未使用ポート扱いになる。
00000100	押しボタン中のみ 送信する	電波が届かなくなったときに、確実に出力をHiにしたいときのモード。送信元のDIのいずれかがLo（オン）のときは、1/32秒の間隔でパケットを送信し続け、DIすべてがHi（オフ）になったときは、1秒間パケットを送信する。受信側では、Loの状態が到着して0.5秒間パケットが届かないときは、電波が届かなくなったとみなして、出力DOを、すべてHi（オフ）に設定する(間欠モード時無効)
00000800	入力のプルアップを停止する	DI1～DI4のプルアップをすべて停止する
00008000	子機設定で中継する	中継機ではない子機で中継できるようにする（間欠モード時無効）
00001000	最大中継ホップ数を「2」にする	中継ホップ数を「2」にする（間欠モード時無効）
00002000	最大中継ホップ数を「3」にする	中継ホップ数を「3」にする（間欠モード時無効）
00010000	PWMの波形を反転する	PWM波形を反転し、アナログ入力に最大値を入力したときに、Loが出力されるようにする（間欠モード時無効）
00020000	PWM起動時にLoにする。	電源投入、リセット直後のPWMピン出力をLoにする（間欠モード時無効）
00080000	PWMポートの出力先を変更する	PWMポートの出力先を次のように変更する。 「PWM1～PWM4→DIO11、DIO12、DIO13、DIO17」「DI1～DI4→DIO5､DIO8､DIO15､DIO16」「BPS→DUI14」「I2C→無効」
00100000	始動時2秒だけDOをLoにする	起動時に2秒間だけDoをLoにする(ただしハードウェアの仕様上、起動直後の約1ミリ秒はHi)（間欠モード時無効）
00400000	出力を反転する	DO1～DO4の出力をすべて反転する（ただしハードウェアの仕様上、起動直後の約1ミリ秒はHi）
00800000	出力のプルアップを停止する	DO1～DO4のプルアップをすべて停止する

■「親機・中継機アプリ」におけるインタラクティブモードのコマンド

「親機・中継機アプリ（App_Wings）」におけるインタラクティブモードのコマンドは**表 A-3** の通りです。
(設定できる項目は、親機・中継機アプリのバージョンによって異なります。**表 A-3** は「バージョン 1.1.4」のものです。)

表 A-3 「親機・中継機アプリ」におけるインタラクティブモードのコマンド

コマンド	機能	解説	初期値
a	アプリケーション ID の設定	アプリケーションをグループ化する ID 値を 32 ビットで指定する。 同じ値の TWELITE 同士だけが通信する。 任意の値を設定したいときは、「0x00010001 ～ 0x0x7ffffffe」の範囲の値を指定する。 ほかのユーザーと重複しないアプリケーション ID を設定したい場合は、使用する TWELITE のシリアル番号に「0x80000000」を加えた値を指定する (例：シリアル番号が 2010CD3 の場合は 0x82010CD3 にする)	67720102
c	周波数チャンネルの設定	利用する通信チャンネル（11 ～ 26）を指定する。カンマで区切って、最大 3 チャンネルまで指定したときは、複数チャンネルを使って通信するチャネルアジリティ機能（電波干渉会回避機能）が有効になる	18
x	送信出力と再送回数	再送回数（X）と送信出力（Y）を 2 桁の「XY」の形式で指定します。X は再送回数。0 がデフォルトの 2 回、1 ～ 9 は指定した回数、F は再送なし。Y は送信出力。 0 ～ 3 の範囲で指定でき 3 が最強。1 段階小さくなると、-11.5db 出力が低下する	03
b	UART オプションの設定	ボーレートとパリティの設定をカンマで区切って指定する。パリティは「N(無し)」、「O(奇数)」、「E(偶数)」のいずれか。ストップビットは 1 固定。ハードウェアフローは設定できない。オプションビットを設定したときのみ有効。そうでないときは 115200bps、8N1 固定	38400,8N1
o	オプションビット	オプションビットを設定する（**表 A-4**）	0
k	暗号鍵の設定	暗号化通信をするときの鍵を 32bit の 16 進数で設定できる。キューアプリ、パルアプリ、無線タグアプリのパケットを受信するときに使用できる	A5A5A5A5
m	動作モードの設定	動作モードを設定する。設定値ごとの動作モードは以下の通り。 0：親機モード 1：中継モード 2 ～ 63：中継ネットを使用したアプリのパケットを多段中継するときに使用する	0
A	接続先の設定	中継機モード時に接続する上位段の TWELITE の SID を指定する。0x00000000 のときは自動で上位段を検索し、発見した TWELITE と通信する	00000000
S	保存と再起動	設定を保存し、再起動する	
R	初期値に戻す	設定を初期値に戻す。この後、S キーを押して保存・再起動する必要がある	
!	モジュールの再起動	設定を保存せずに再起動する	

コマンド	機 能	解 説	初期値
M	ルードメニューへの移行	不具合時に使用するコマンド。1:EEPROM UTIL > Eで全内容を消去できる	

■「親機・中継機アプリ」におけるインタラクティブモードのオプションビット

oコマンドでは、**表A-4**に示す組み合わせ（和）で、詳細な動作を設定できます。

表A-4 「親機・中継機アプリ」におけるオプションビット

設定値(16進表記)	機 能	解 説
00000200	UARTオプションの適用	UARTのボーレートやパリティの設定を反映させる
00000400	定期送信パケットのUART出力の停止	「超簡単！標準アプリ」と「リモコンアプリ」の1秒毎の定期送信と連続モード時のUART出力を停止する。
00001000	暗号化通信の設定	暗号化通信を有効にする。暗号化されているパケットのみ受信するようになるため、通信相手も暗号化機能も有効にすること
00002000	暗号化通信時の平文受信	暗号化通信が有効な場合に暗号化されていないパケットも受信する

■TWELITE APPSの「アプリケーションID」と「周波数チャンネル」の初期設定値

「親機・中継機アプリ（App_Wings)」は、アプリケーションIDと周波数チャンネルを通信相手に合わせることで、ほかのアプリの電波を受信することができます。

表A-5は、「TWELITE APPS」の「アプリケーションID」と「周波数チャンネル」の初期設定値です。これを参考にアプリを設定してください。

表A-5 「アプリケーションID」と「周波数チャンネル」の初期設定値

アプリ名	アプリケーションID	周波数チャンネル
超簡単！標準アプリ（App_Twelite）	67720102	18
リモコンアプリ（App_IO）	67720107	16
シリアル通信アプリ（App_Uart）	67720103	18
無線タグアプリ（App_Tag）	67726305	15
パルアプリ（App_PAL）	67726305	15
キューアプリ（App_CUE）	67720102	18
親機・中継機アプリ（App_Wings）	67720102	18

Appendix B　Python のインストール

本書では、「Python（パイソン）」というプログラミング言語を使って、「TWELITE」をシリアル・ポートから制御するプログラムを記述しています。
ここでは、「Windows に Python をインストールする方法」「シリアル通信ライブラリである pySerial をインストールする方法」「Python で作ったプログラムを実行する方法」を説明します。

■ Python のインストール

Python は、Python のサイト（https://www.python.org/）のダウンロード・ページ（https://www.python.org/downloads/）から入手できます。

ダウンロード・ページから、最新版をダウンロードしてください（図 B-1）。

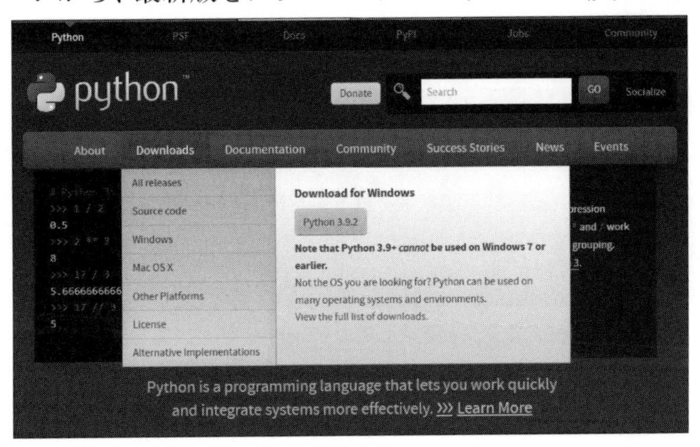

図 B-1　Python をダウンロードする

ダウンロードしたファイルを実行すると、インストールが始まります。このとき、[Add Python 3.9 To PATH] にチェックを付けておきましょう。そうしないとコマンドプロンプトから python コマンドや各種インストールに使う pip コマンドが見つからないことがあります。（図 B-2）。

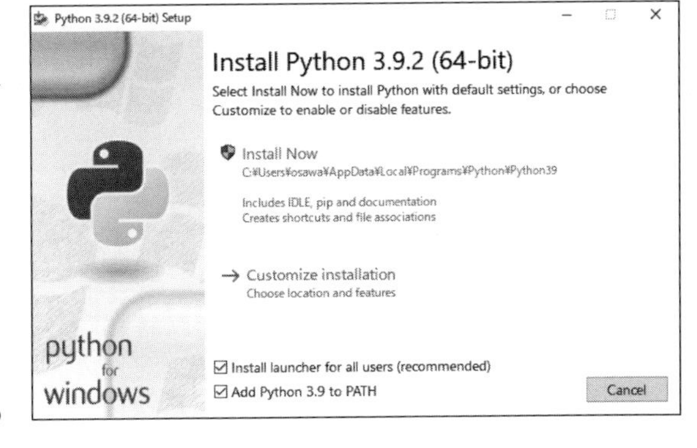

図 B-2　Python をインストールする

■ pySerial

次に、シリアル通信ライブラリである「pySerial」をインストールしてください。
「pySerial のサイト（https://pypi.org/project/pyserial）」で提供されています。
pySerial は、次のように pip コマンドを入力するとインストールできます（図 B-3）。

```
pip install pyserial
```

コマンドプロンプトを起動して、上記のように入力してください。するとインストールできます。もし、

```
WARNING: You are using pip version 20.3.1; however, version 21.0.1 is available.
You should consider upgrading via the 'c:¥users¥osawa¥appdata¥local¥programs¥python¥python38¥python.exe -m pip install --upgrade pip' command.
```

のようなメッセージが表示されたときは、さらに

```
python -m pip install --upgrade pip
```

と入力して pip をアップグレードするとよいでしょう。

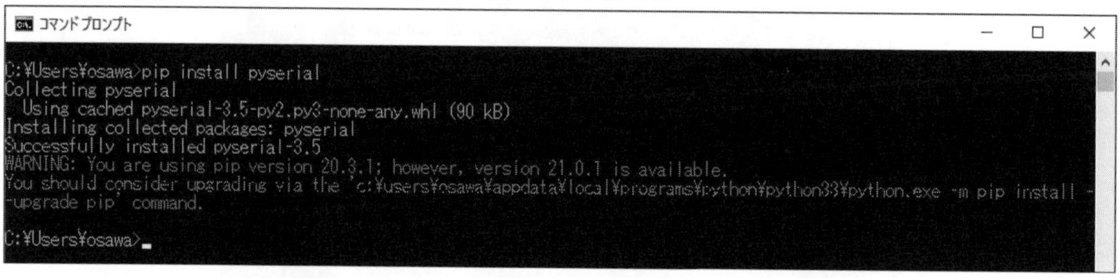

```
コマンドプロンプト

C:¥Users¥osawa>pip install pyserial
Collecting pyserial
  Using cached pyserial-3.5-py2.py3-none-any.whl (90 kB)
Installing collected packages: pyserial
Successfully installed pyserial-3.5
WARNING: You are using pip version 20.3.1; however, version 21.0.1 is available.
You should consider upgrading via the 'c:¥users¥osawa¥appdata¥local¥programs¥python¥python38¥python.exe -m pip install --upgrade pip' command.

C:¥Users¥osawa>
```

図 B-3　pip コマンドを使って pySerial をインストールする

なお、**図 B-1** で［Add Python 3.9 to PATH］にチェックを付けなかったときは pip コマンドが見つからないことがあります。

その場合は自分でパスを見つけて、たとえば、

```
C:¥Users¥マシン名¥AppData¥Local¥Programs¥Python¥Python39¥Scripts¥pip install pyserial
```

のようにフルパス名で入力してください。

■ 統合開発環境「IDLE」で実行する

Python で開発するには、いくつかの方法がありますが、ここでは、統合開発環境の「IDLE」を使う方法を説明します。

「IDLE」は、［スタート］―［すべてのプログラム］―［Python 3.9］―［IDLE（Python 3.9)］から起動できます。

IDLE を起動すると、シェルが表示され、ここから Python のプログラムを実行したり、編集したりできます（**図 B-4**）。

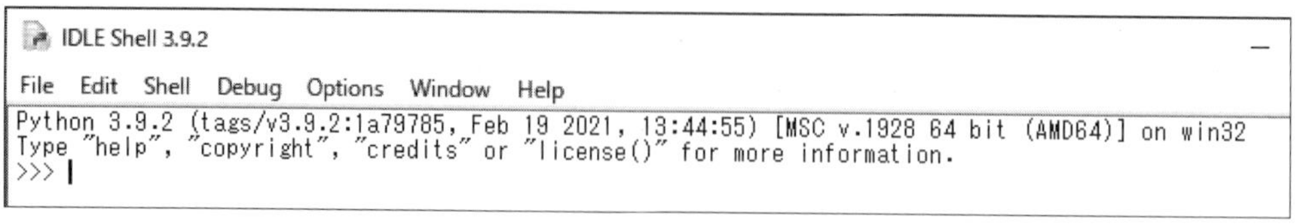

```
IDLE Shell 3.9.2
File Edit Shell Debug Options Window Help
Python 3.9.2 (tags/v3.9.2:1a79785, Feb 19 2021, 13:44:55) [MSC v.1928 64 bit (AMD64)] on win32
Type "help", "copyright", "credits" or "license()" for more information.
>>> |
```

図 B-4　統合開発環境「IDLE」

● プログラムを入力する

プログラムを入力するには、[File] メニューから [New File] をクリックしてください。すると、エディタが起動して、新しいプログラムが入力できるようになります (図 B-5)。プログラムを入力したら、[File] メニューから [Save] を選択して、保存してください。Pythonのプログラムには、「*.py」の拡張子を付けるのが一般的です。

> **メモ** 本書で掲載しているプログラムは、本書サポート・ページからダウンロードできます。なお、ソース・コードで、「s = serial.Serial("COM3", 115200)」のように、ポート番号をしている箇所（この例では、「COM3」）は、環境によって、ポート番号を調整してください。

```
*list5_05.py - C:¥OldDocuments¥TWELITE改訂¥原稿¥TWELITE_Example¥TWELITE_Example¥Python¥list5_05.py (3.9.2)*
File Edit Format Run Options Window Help
        if parsed[12] & (1 << i):
            digitalchanged[i] = 1
        else:
            digitalchanged[i] = 0

        # アナログ入力
        if parsed[13 + i] == 0xff :
            analog[i] = 0xffff
        else:
            analog[i] = (parsed[13 + i] * 4 + ((parsed[17] >> (2 << i)) & 3)) * 4


    # 結果を返す
    result = {
        "from" : parsed[0],
        "lqi" : parsed[4],
        "fromid" : parsed[5],
        "to": parsed[6],
        "timestamp": parsed[7],
        "isrelay": parsed[8],
        "baterry" : parsed[9],
        "digital" : digital,
        "digitalchanged" : digitalchanged,
        "analog" : analog
    }
    return result

# COM3を開く
s = serial.Serial(3, 115200)

while 1:
        data = s.readline()
        parsed = parseTWELite(data)
        # 電圧を温度に変換する
        t = (parsed["analog"][0] - 600.0) / 10.0
        print t

# COMを閉じる
s.close()
                                                        Ln: 1  Col: 0
```

図 B-5　Pythonのプログラムを編集する

● プログラムを実行する

編集したプログラムを実行するには、[Run] メニューから [Run Module] を選択します。すると、Pythonのシェルが起動して、実行結果が表示されます (図 B-6)。
本書では、いくつかのサンプルは、無限ループとして構成してあります。
無限ループのプログラムは、[Ctrl] + [C] キーを押すと、終了できます。

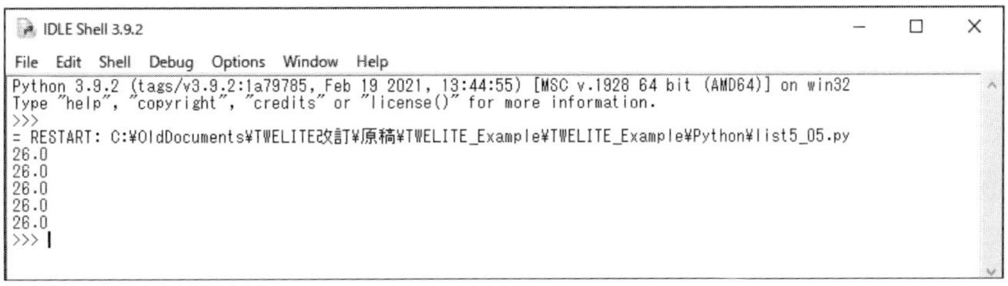

```
IDLE Shell 3.9.2
File Edit Shell Debug Options Window Help
Python 3.9.2 (tags/v3.9.2:1a79785, Feb 19 2021, 13:44:55) [MSC v.1928 64 bit (AMD64)] on win32
Type "help", "copyright", "credits" or "license()" for more information.
>>>
= RESTART: C:¥OldDocuments¥TWELITE改訂¥原稿¥TWELITE_Example¥TWELITE_Example¥Python¥list5_05.py
26.0
26.0
26.0
26.0
26.0
>>> |
```

図 B-6　プログラムの実行例

索 引

数字

0x や &H……87
16 進数……87
16 進数と 2 進数の計算……94
1N4148……67
28 ピン DIP……28
2SA1015……57,61,65
2SC1815……49,52

五十音順

≪あ行≫

あ アイ・ツー・シー……112
アイ・スクエア・シー……112
アクエスト社……130
アスキーコード表……119
アナログ温度計……106
アナログコントロール回路……27
アナログ出力……11,44,95
アナログ入力……29,46,49
アナログ入力の値と補正値……87
アノード……41
アノード・コモン……56
アプリケーション ID……19,201,202,223
暗号化……152,173
アンプ……132
い イベント処理の流れ……203
インタラクティブ・モード……84,233
え 液晶モジュール……113
お オプション・ビット……163,241
親機……18,31,178
親機と子機の切り替え……36
音声合成……113
音声合成 LSI……129
温度センサー……108,135

≪か行≫

か カソード……41
カソード・コモン……56
可変抵抗器……29,44
カメラのシャッターを切る……69
間欠モード……38,110,113
き 逆電流……68
く グループ化……19
こ 子機……18,41
子機の論理 ID……143
個体識別番号……87
コマンド番号……87,95,121,122

≪さ行≫

さ 採用事例……20
サンプル・プログラム……178
受信電波品質……87
制御プログラム……101
し 書式モード……155,171
シリアル……74
シリアル・バス……112
シリアル・ポート……76
シリアル通信アプリ……145,152
す スイッチ……39
スイッチング回路……58
ステータス……122
スリープ……200
スレーブ・アドレス……112,117
せ 正論理……44
センサー……73,113
そ ソルダーレス・ブレッドボード……34

≪た行≫

た ダイオード……68
タイマー処理……228
タイム・スタンプ……89
ち チェック・サム……87,95,122,123
チェック・サムの計算……97
チャット・モード……154,157
中継機……37
中継フラグ……89
超簡単！ 標準アプリ……17,27,44,144
て 抵抗……41
データ受信コマンド……87
データ送信コマンド……95
データの取りこぼし……44
デジタルコントロール回路……26
デジタル出力……30,40
デジタル出力の状態……95
デジタル出力マスク……96
デジタル入力……30,41
デジタル入力の値……89
デジタル入力の変更状態……90
デューティ比……49
電源……28,89
電磁石……66
電力モード……38
透過モード……155,159
と 独自のプログラム……175
トランジスタ……53,57
取扱店……20
トワイライター……17,146

≪な行≫

に 入出力端子……30
入力制御プログラム……106
ね ネットワークの初期化……201
の ノート・オン / ノート・オフ……169

≪は行≫

は バージョンの確認……150
配線（親機）……36,41,46,48,54,71
配線（子機）……35,39,44,48,54,72,……102,115,134,137,168
配線（電源）……33
パケット識別子……88
パソコンに接続……73
パルス波……49
ひ ビヘイビア……200
標準アプリケーション……146
標準以外のプログラム……144
ピン間の無線通信……30
ピン配置……28,153,174

ピン名とピン番号……186
ふ フォト・トランジスタ……69
フォトカプラ……69
複数の子機……142
フルカラー LED……55
ブレッドボード……34,69
プログラミング言語……101
プログラム・ピン……63
プロトコル・バージョン……88,96
負論理……44
ほ ボリューム……27,44

≪ま行≫

む 無線機能……11
無線タグアプリ……145
無線チャンネル……174
も モード切り替え……37

≪や行≫

よ 要求番号……121,123

≪ら行≫

り リモコンアプリ……145,172
リレー……66
れ レリーズ……70
連続 003 秒……38
連続モード……38,110
ろ 論理デバイス ID ……88,89,95,120,122

アルファベット順

≪A≫

accessI2C 関数……127
ACM1602……113,117
act プログラミング……183
ADT7410……135
Analog Devices 社……135

≪C≫

COM ポート……76
C++ 言語……177

≪E≫

EOS Kiss……70
E 系列……60

≪F≫

FTDI シリアル変換チップ……76

≪G≫

GND……30
GROVE……22,215

≪H≫

hFE……57

≪L≫

I2C……29,74,112
I2C アドレス……121
I2C 受信コマンド……119,121
I2C 出力プログラム……124
I2C 送信コマンド……119,121
I2C 読み取りプログラム……140
IEEE802154……43

≪J≫

JN5164……13

≪L≫

LED……26,41,69
LED の明るさ 53
LM61……108,136
LQI……88

≪M≫

MIDI インターフェイス……162
MIDI 機器を制御……162
MIDI 制御プログラム……170
MONOSTICK ……11,14,20,73,75,146
MONOSTICK の通信速度を変更 ……163

≪N≫

NPN 型……57
NPN 型のスイッチング回路……58

≪P≫

PNP 型……57
PNP 型のスイッチング回路……62
PWM3 ピン……63
PWM 出力……11,29,45,49,97
pySerial……101,243
Python……101,123,243

≪R≫

Raspberry Pi……14

≪S≫

sendTWELite 関数……103

≪T≫

Tera Term……83,156,158
TLP621-2……72
TWELITE……11
TWELITE BLUE……12,13
TWELITE CUE……14,81,175
TWELITE DIP……13,16,75
TWELITE R2……17,25,75,146,178
TWELITE RED……12,13
TWELITE SDK……231
TWELITE STAGE APP……239
TWELITE STAGE BOARD ……21,50,182,216
TWELITE プログラマ……146

≪U≫

UART……29,74

≪V≫

VCC……28
Visual Studio Code……178,184

≪Y≫

Y14H-1C-3DS……68,69

[著者略歴]

大澤　文孝（おおさわ・ふみたか）

テクニカルライター。プログラマー。
情報処理技術者（情報セキュリティスペシャリスト、ネットワークスペシャリスト）。
雑誌や書籍などで開発者向けの記事を中心に執筆。主にサーバやネットワーク、
Webプログラミング、セキュリティの記事を担当する。
近年は、Webシステムの設計・開発に従事。

[主な著書]

「ゼロからわかる Amazon Web Services超入門 はじめてのクラウド」（技術評論社）

「ちゃんと使える力を身につける Webとプログラミングのきほんのきほん」（マイナビ）

「UIまで手の回らないプログラマのためのBootstrap 3実用ガイド」（翔泳社）

「さわって学ぶクラウドインフラ　docker基礎からのコンテナ構築」（日経BP）

「Jupyter Notebook レシピ」
『「TWELITE PAL」ではじめるクラウド電子工作』「M5Stackではじめる電子工作」
「Python10行プログラミング」「sakura.ioではじめるIoT電子工作」
「TWELITEではじめるセンサー電子工作」「Amazon Web Servicesではじめる Webサーバ」
「プログラムを作るとは？」「インターネットにつなぐとは？」
「TCP/IPプロトコルの達人になる本」（以上、工学社）

質問に関して

本書の内容に関するご質問は、

①返信用の切手を同封した手紙
②往復はがき
③ FAX（03）5269-6031
（ご自宅の FAX 番号を明記してください）
④ E-mail　editors@kohgakusha.co.jp

のいずれかで、工学社編集部あてにお願いします。
なお、電話によるお問い合わせはご遠慮ください。

I/O BOOKS

TWELITEではじめるカンタン電子工作［改訂版］

2021年3月25日　初版発行　ⓒ 2021

著　者　大澤　文孝
発行人　星　正明
発行所　株式会社**工学社**
〒160-0004 東京都新宿区四谷 4-28-20 2F
電話　(03)5269-2041(代)［営業］
　　　(03)5269-6041(代)［編集］
振替口座　00150-6-22510

※定価はカバーに表示してあります。

［印刷］シナノ印刷（株）

ISBN978-4-7775-2136-4